低碳能源技术丛书
Low Carbon Energy Technology Series

Nuclear Power and the Environment

核能与环境

Ronald E. Hester · Roy M. Harrison　主编

朱安娜等　译

HENENG YU HUANJING

高等教育出版社·北京

内容简介

　　这是一本全面介绍当前核放环境研究领域主要理论和观点的科技书籍。全书共分9章,内容包括核能发电的技术和社会背景、核燃料循环及其对环境的影响、核事故的发生原因及影响、核废物的处置方法、放射性物质污染环境的途径、环境辐射防护技术等,可帮助读者对该领域涉及的理论和技术有比较全面和系统的认识。

　　本书的读者对象主要为政府相关部门人员以及涉核领域的政策制订者、工程设计者、运行管理者以及环境保护者,同时也可为能源科学、环境科学、环境工程及环境管理等专业相关的院校师生、科研院所研究人员提供参考。

译 者 序

随着科技的进步和国民经济的发展,核能在民事及军事领域的应用范围和应用途径越来越广泛,这不仅有力地保障了人民生活和国民经济的发展,也壮大了军事核威慑力量,在维护国土安全和大国地位上发挥了重要作用。

然而,"科技是把双刃剑",在我们利用好核能的同时,还应当清醒地认识到它也可能给人类带来灾难,2011年发生在日本福岛的核事故即证实了此点。任何工程设施都不可能保证百分之百的安全,核事故的发生并不是没有可能性,与此同时,核材料的使用过程也会产生各种各样的核废物,如果处置不当,对人类和自然亦会造成危害。因此,关于核能的安全利用、核事故起因、核废物处置、放射性核素对人类及动植物的影响等,均需要加以充分认识和高度重视。正是基于这种想法,我们选择翻译了这本科普性较强的专业书籍,目的是希望通过引入该书,为国内核电行业、军事核技术领域、政府涉核政策制订部门以及其他涉核领域的工作者提供较为全面且浅显易懂的阐述核能与环境相互关系的知识。该书是2011年英国皇家化学会出版的"环境科学与技术"丛书中的一本,该丛书由32本专业书籍构成,涉及空气环境、水环境、食品安全、环境影响评估等多个领域,有兴趣的读者可以自行查阅相关书籍。

本书在核能发电的历史、核电站事故、核电站退役方面着墨较多,书名译成《核能发电与环境》可能更加贴切。但考虑到本书的很多内容(如核废物的深层地质处置、放射性核素在环境中的迁移、公众及涉核职业人员的安全防护等)不仅仅局限于核能发电领域,为此,译者经过再三考虑,最终将书名定为《核能与环境》。

该书由朱安娜副研究员主持翻译,周海龙和张凤波负责统稿,参与翻译工作的还有王晓晨、王志甄、李颖、安艳、李战国。邹士亚研究员进行审校,此外,本单位的研究生赵红杰、李阳绘制了部分插图。

在本书的翻译过程中,得到了刘景全研究员、习海玲研究员和周文高工的大力支持,在此深表感谢!

由于本书涉及内容广泛,译者经验和水平有限,错误和疏漏之处在所难免,敬请读者批评指正。

译者

2015年8月31日

主编简介

罗纳尔德 E. 赫斯特（Ronald E. Hester）：理学学士、理学博士（伦敦大学），哲学博士（康奈尔大学），英国皇家化学学会院士，特许化学家。约克大学化学系名誉教授。1965年任命为约克大学化学讲师前，曾任剑桥大学助理研究员、康奈尔大学助理教授。1983—2001年任约克大学教授。曾发表300余篇著述，主要集中于振动光谱学领域，近期重点从事光化学反应中间体的时间解析以及溶液中生物分子系统研究。活跃于环境化学领域，是英国皇家化学学会（the Royal Society of Chemistry, RSC）环境组的创始人之一和前主席，也是《工业与环境发展前沿》（*Industry and the Environment in Perspective*，英国皇家化学学会出版社，1983）、《了解我们的环境》（*Understanding Our Environment*，英国皇家化学学会出版，1986）的编辑。作为英国科学与工程研究委员会及下辖的数个分委员会、事务专家组和董事会的成员，他一直积极参与国家科技政策与管理等事务。1991—1993年，担任危险物质环境咨询委员会英国分会的委员。1995—2000年，担任英国皇家化学学会出版和信息委员会委员。

罗伊 M. 哈里森（Roy M. Harrison）：理学学士、理学博士、哲学博士（伯明翰大学），英国皇家化学学会院士，特许化学家，英国皇家气象学会高级专业会员，研究型艺术专业荣誉硕士。伯明翰大学环境卫生专业，伊丽莎白二世伯明翰百年纪念教授。曾任兰卡斯特大学环境科学专业讲师、埃塞克斯大学气溶胶研究所的审稿人和所长。曾发表350余篇著述，主要集中于环境化学领域。目前主要从事大气污染对人体健康影响以及化学污染现象的研究。曾担任英国皇家化学学会环境组委会主席，期间出版了《污染：起因、后果及控制》

(*Pollution: Causes, Effects and Control*,英国皇家化学学会出版社,1983;第四版,2001)和《了解我们的环境:环境化学和污染简介》(*Understanding Our Environment: An Introduction to Environmental Chemistry and Pollution*,英国皇家化学学会出版,第三版,1999)。他密切关注环境污染方面的科学和政策,曾任城市空气环境质量审查组委会主席,环境、交通和区域部门(Department of the Environment Transport and Regions,DETR)大气颗粒物专家组成员。现任环境、食品和农村事务部(Department for Environment,Food and Rural Affairs,DEFRA)空气质量专家组成员、空气质量标准专家组成员、空气污染医学效应健康委员会成员。

编者列表

Anthony Banford,国家核实验室(Chadwick House, Risley, Warrington, Cheshire WA3 6AE, United Kingdom)

Nick Beresford,生态与水文学研究中心,兰卡斯特环境研究中心(Library Avenue, Bailrigg, Lancaster LA1 4AP)

Diana R. Brookshaw,曼彻斯特大学地球、大气和环境科学学院(Manchester, M13 9PL, United Kingdom)

Nick Bryan,曼彻斯特大学化学学院放射性研究中心(Manchester, M13 9PL, United Kingdom)

Stephanie Handley-Sidhu,伯明翰大学地理、地球与环境科学学院(Edgbaston, Birmingham B15 2TT, United Kingdom)

Laurence Harwood,雷丁大学化学系(Whiteknights, Reading RG6 6AD, United Kingdom)

Brenda Howard MBE,生态与水文学研究中心,兰卡斯特环境研究中心(Library Avenue, Bailrigg, Lancaster LA1 4AP)

Richard Jarvis,英国国家核实验室(Chadwick House, RisleyWarrington WA3 6AE, United Kingdom)

Rick Kimber,曼彻斯特大学地球、大气和环境科学学院(Williamson Building, Sackville Street, Manchester M13 9PL, United Kingdom)

Gareth Law,曼彻斯特大学地球、大气和环境科学学院(Sackville Street, Manchester M13 9PL, United Kingdom)

Francis Livens,曼彻斯特大学道尔顿核研究所(Sackville Street, Manchester M13 9PL, United Kingdom)

Jon Lloyd,曼彻斯特大学地球、大气和环境科学学院(Williamson Building, Sackville Street, Manchester M13 9PL, United Kingdom)

Katherine Morris,曼彻斯特大学地球、大气和环境科学学院(Sackville Street, Manchester M13 9PL, United Kingdom)

Richard(Jan)Pentreath,普利茅斯海洋实验室(Prospect Place, The Hoe, Plymouth PL1 3DH, United Kingdom)

Joanna Renshaw,伯明翰大学地理、地球与环境科学学院(Edgbaston, Birmingham

B15 2TT, United Kingdom)

Clint Sharrad, 曼彻斯特大学化学学院（Sackville Street, Manchester M13 9PL, United Kingdom）

Jim Smith, 普利茅斯大学地球与环境科学学院（Burnaby Building, Burnaby Road, Portsmouth PO1 3QL, United Kingdom）

John Walls, 伯明翰大学地理、地球与环境科学学院（Edgbaston, Birmingham B15 2TT, United Kingdom）

前　言

人类是在充满天然放射源的环境中进化而来的，这一点常常被人们所忽视和淡忘。这些天然放射源多种多样，包括太空的宇宙射线粒子、火成岩中的钾-40、氡的放射性衰变产物（一种从我们脚下的土地中产生的气体）。对于许多人来说，所谓的"氡子体"确为室内空气中存在的最大健康威胁源。然而，公众还是普遍认为人工放射性的危害更大，自从大气层核武器试验中止后，与核燃料循环有关的活动就成为主要的放射源。人工放射性已经造成了重大污染问题，如果不具备强有力的处置能力，未来它仍可能造成重大危害。核电发展的早期，受"核电能为所有人提供廉价电力"这种华而不实的论调所影响，人们对核电站的建设充满激情。但是随着对核电站建设、发电和退役所需实际成本的认识逐步深入，人们的期望破灭了，于是大多数投资都转到了化石燃料能源上。然而，近些年来越来越多的政治家和普通民众认识到"除非控制温室气体排放，否则气候变化的破坏程度必然加剧"，而采用核能发电作为能源产生的一种主要方式则正是减少温室气体排放的少数有效手段之一。

本书对核能与环境领域的一些最重要的方面进行了综述。第1章，John Walls描绘了自首个实验反应堆建立以来有关核能发电的技术和社会背景，引出了后续章节探讨的许多重要问题，包括铀作为核燃料的可行性、燃料后处理的后果、发电的经济性和退役的成本等。另外也涉及一些其他章节没有深入探讨的问题，例如公众对核能的态度等。第2章，Francis Livens、Clint Sharrad和Laurence Harwood阐述了核燃料循环及其副产品以及它们对环境的影响问题。在这一章中特别强调了采用铀作为一种燃料的局限性以及燃料后处理的优缺点。最初是为了得到军用的钚而进行燃料后处理，但由于其存在环境排放问题而声名狼藉，以至于当前大多数国家更倾向于对乏燃料进行储存而不进行后处理。

公众关注核能的主要原因之一就是核事故的发生，众所周知的有温茨凯尔、三哩岛和切尔诺贝利核事故（苏联对公众也隐瞒了一些其他核事故），这些事故都造成了持续至今的污染。第3章中，Jim Smith描述了这些核事故的原因和影响并作为一个专题进行了分析。大大小小的核事故以及放射性物质的有计划排放均造成了土地的污染，并且产生了需要安全储存的低放废物。第4章，Jon Lloyd、Francis Livens和Rick Kimber概述了这种放射性污染带来的问题，并对其后果及可行的补救技术进行了描述。核能发电的最大风险或许在于核电站结束工作后所面临的退役问题，尽管暂时"封存"可以使半衰期较短的放射性核素产生衰变而冷却下来。第

5 章，Anthony Banford 和 Richard Jarvis 描述了遗留的受污染核设施及其污染的消除方法，以及这些方法的优缺点。第 6 章，Katherine Morris、Gareth Law 和 Nick Bryan 介绍了高放废物的地质处置方法。当前很多国家均面临着高放废物的处置问题，相关国家已经公布了为高放废物和中放废物建造地质处置设施的政策，从而使其能安全储存至少 100 万年以上。本章还详细讲解了储存设施的选址及设计中的诸多需考虑的事项。第 7 章，Joanna Renshaw、Stephanie Handley-Sidhu 和 Diana Brookshaw 描述了放射性物质污染环境的途径，强调了锕系元素及其裂变产物的化学性质对其环境行为的影响，反过来环境又会影响其流动性，并最终影响到人类和其他动植物遭受辐射的可能性。第 8 章，Brenda Howard 和 Nick Beresford 描述了放射性物质进入生物有机体的途径以及相应的放射剂量学方法。第 9 章，Richard (Jan) Pentreath 描述了环境辐射对人类的影响。多年来，辐射防护都是基于"能够对人类健康提供充分保护的措施必然也适用于其他动植物"的理念，目前已经转变为"分别针对有代表性的动植物所受剂量以及这些剂量可能造成的后果进行评估"的模式。

总体而言，本书选取当前核能与环境领域中的主要研究课题进行概述，该领域的研究已经持续多年且日益深入，我们相信本书不论是对政府、咨询机构和工业界，还是对环境保护者、政策制订者以及环境科学、工程及管理专业相关的学生，都有着直接而持久的价值。

收到各章作者提供的素材之后，到校正工作完成之前，日本发生了海啸，导致福岛核电站损坏甚至部分损毁。在本书的制作发行过程中，形势继续恶化且缺少权威的可用信息。在可能的情况下，作者在各章节中均对该事件有所涉及，但是关于此次事件更全面的看法只有在本书出版发行之后才能完全浮现出来。（译者注：原著出版于 2011 年，在书稿定稿之日，福岛核事故刚发生不久）。

Ronald E. Hester
Roy M. Harrison

目　录

第 1 章　核能发电：历史、现状与未来 …… 1
- 1.1　引言 …… 1
- 1.2　核电的起源：核武器计划 …… 2
- 1.3　核电的扩张 …… 5
- 1.4　衰退期 …… 10
- 1.5　核能复兴？机遇和挑战 …… 12
  - 1.5.1　铀：一种可持续能源？ …… 16
  - 1.5.2　核电经济 …… 17
  - 1.5.3　熟练劳动力和原材料的短缺 …… 19
  - 1.5.4　核安全 …… 20
  - 1.5.5　核废物处理与核电站退役 …… 22
  - 1.5.6　核扩散风险 …… 25
- 1.6　结论 …… 26
- 参考文献 …… 27

第 2 章　核燃料循环：与环境的相互关系 …… 33
- 2.1　核裂变能源 …… 33
- 2.2　核燃料 …… 33
  - 2.2.1　铀矿开采 …… 34
  - 2.2.2　铀燃料的生产及使用 …… 34
  - 2.2.3　现代民用反应堆燃料 …… 35
  - 2.2.4　核燃料的辐照 …… 36
  - 2.2.5　替代燃料 …… 36
- 2.3　核燃料的后处理 …… 37
  - 2.3.1　铀和钚的分离 …… 37
  - 2.3.2　后处理的其他原因 …… 38
  - 2.3.3　历史上曾采用的后处理技术 …… 39
- 2.4　核废物管理措施 …… 42
- 2.5　"全球核复兴"的影响因素 …… 43

  2.5.1 需求的增长 ·· 43
  2.5.2 核燃料循环的意义 ·· 44
 2.6 结论 ·· 45
 致谢 ·· 45
 参考文献 ··· 45

第 3 章 核事故 ·· 47
 3.1 引言 ·· 47
 3.2 温茨凯尔大火 ··· 48
  3.2.1 事故经过 ·· 48
  3.2.2 环境污染 ·· 49
  3.2.3 对环境和健康的影响 ·· 50
  3.2.4 对社会和心理的影响 ·· 51
 3.3 克什迪姆核爆炸 ·· 51
  3.3.1 事故经过 ·· 51
  3.3.2 环境污染 ·· 52
  3.3.3 对环境和健康的影响 ·· 53
  3.3.4 对社会和心理的影响 ·· 55
 3.4 三哩岛核事故 ··· 55
  3.4.1 事故经过 ·· 55
  3.4.2 环境污染 ·· 55
  3.4.3 对环境和健康的影响 ·· 56
  3.4.4 对社会和心理的影响 ·· 57
 3.5 切尔诺贝利事故 ·· 57
  3.5.1 事故经过 ·· 57
  3.5.2 环境污染 ·· 58
  3.5.3 对环境和健康的影响 ·· 59
  3.5.4 对社会和心理的影响 ·· 61
 3.6 结论 ·· 62
 参考文献 ··· 63

第 4 章 核废物污染土地的管理 ·· 69
 4.1 引言 ·· 69
 4.2 世界范围内的核设施污染 ··· 70
  4.2.1 英国 ··· 70
  4.2.2 俄罗斯 ·· 75
  4.2.3 美国 ··· 76

4.3　贫铀(DU) ………………………………………………………… 80
　　4.4　修复 …………………………………………………………… 81
　　　　4.4.1　生物修复法 …………………………………………… 84
　　　　4.4.2　化学氧化还原反应法 ………………………………… 85
　　　　4.4.3　可渗透反应格栅法 …………………………………… 86
　　　　4.4.4　土壤淋洗法 …………………………………………… 87
　　　　4.4.5　动电修复法 …………………………………………… 87
　　4.5　案例研究 ……………………………………………………… 88
　　　　4.5.1　汉福德案例研究 ……………………………………… 88
　　　　4.5.2　莱夫勒案例研究 ……………………………………… 89
　　　　4.5.3　橡树岭案例研究 ……………………………………… 90
　　4.6　结论 …………………………………………………………… 91
　　致谢 ………………………………………………………………… 91
　　参考文献 …………………………………………………………… 91

第5章　核设施退役 …………………………………………………… 99
　　5.1　引言 …………………………………………………………… 99
　　5.2　核设施退役的目标 …………………………………………… 99
　　5.3　退役的阶段 …………………………………………………… 100
　　5.4　英国核设施退役所面临的挑战 ……………………………… 101
　　5.5　退役技术 ……………………………………………………… 104
　　5.6　退役方法的选择 ……………………………………………… 104
　　5.7　退役对环境的影响 …………………………………………… 105
　　5.8　结论 …………………………………………………………… 108
　　参考文献 …………………………………………………………… 108

第6章　高活度废物的地质处置 …………………………………… 111
　　6.1　引言 …………………………………………………………… 111
　　6.2　放射性废物 …………………………………………………… 111
　　　　6.2.1　高放废物(HLW) ……………………………………… 112
　　　　6.2.2　中放废物(ILW) ……………………………………… 113
　　　　6.2.3　低放废物(LLW) ……………………………………… 113
　　　　6.2.4　其他潜在的核废物 …………………………………… 113
　　6.3　地质处置 ……………………………………………………… 113
　　　　6.3.1　地质处置设施(GDF)的概念 ………………………… 113
　　　　6.3.2　国际经验 ……………………………………………… 119
　　　　6.3.3　英国地质处置设施的实施 …………………………… 120

6.4 地质处置给环境化学研究带来的挑战 ……………………………………… 126
致谢 …………………………………………………………………………………… 127
参考文献 ……………………………………………………………………………… 127

第7章 环境中放射性物质的传播途径 ……………………………………… 131
7.1 引言 ……………………………………………………………………………… 131
7.2 环境中放射性核素的来源 ……………………………………………………… 132
　　7.2.1 核武器 ……………………………………………………………………… 132
　　7.2.2 核燃料循环 ………………………………………………………………… 133
　　7.2.3 贫铀 ………………………………………………………………………… 135
　　7.2.4 天然放射性物质 …………………………………………………………… 135
　　7.2.5 事故性排放 ………………………………………………………………… 135
7.3 主要污染物的环境化学研究 …………………………………………………… 136
7.4 影响放射性核素在大气中迁移的过程和因素 ………………………………… 137
7.5 影响放射性核素在水生系统中迁移的过程和因素 …………………………… 139
　　7.5.1 矿物质表面吸附 …………………………………………………………… 140
　　7.5.2 氧化还原反应 ……………………………………………………………… 141
　　7.5.3 络合反应 …………………………………………………………………… 143
　　7.5.4 共沉淀作用 ………………………………………………………………… 145
　　7.5.5 胶体传输 …………………………………………………………………… 145
7.6 结论 ……………………………………………………………………………… 146
参考文献 ……………………………………………………………………………… 146

第8章 环境的辐射防护：当前陆地生态系统辐射评估方法 ……………… 153
8.1 引言 ……………………………………………………………………………… 153
8.2 野生生物的辐射防护 …………………………………………………………… 154
8.3 陆地生态系统的环境迁移 ……………………………………………………… 155
　　8.3.1 大气沉降 …………………………………………………………………… 156
　　8.3.2 土壤中的放射性核素 ……………………………………………………… 156
　　8.3.3 迁移到植物中的放射性核素 ……………………………………………… 157
　　8.3.4 迁移到陆地动物体内的放射性核素 ……………………………………… 158
8.4 野生生物的放射性测定 ………………………………………………………… 160
8.5 对野生生物的影响 ……………………………………………………………… 162
8.6 野生生物评估基准 ……………………………………………………………… 163
　　8.6.1 国际放射防护委员会制订的导出参考水平 ……………………………… 164
　　8.6.2 其他辐射风险评价方法 …………………………………………………… 164
致谢 …………………………………………………………………………………… 166

参考文献 ·· 166

第 9 章 职业人员和一般公众的辐射防护 ·· 171
9.1 引言 ·· 171
9.2 辐射对健康的影响 ··· 173
9.3 人类辐射防护的科学体系 ·· 175
9.4 国际放射防护委员会提出的辐射防护体系 ·· 177
    9.4.1 正当性原则 ··· 179
    9.4.2 最优化原则 ··· 179
    9.4.3 剂量限值应用原则 ·· 180
    9.4.4 剂量约束和参考水平 ··· 180
9.5 英国实践中所采取的辐射防护措施 ··· 182
    9.5.1 职业人员遭受的辐射 ··· 182
    9.5.2 公众遭受的辐射 ·· 183
9.6 英国境外发生核事故的启示 ··· 185
9.7 结论 ·· 187
参考文献 ·· 187

索引 ··· 189

第 1 章

核能发电：历史、现状与未来[①]

JOHN WALLS

摘要：本章简要回顾了核工业起源于第二次世界大战中核武器计划的历史，追踪了核工业在20世纪五六十年代的兴起及其后来在七八十年代因日益高昂的成本和经济危机加上备受关注的三哩岛和切尔诺贝利核电站事故而逐渐衰落的过程。随后探讨了"我们正在见证'核能复兴'"的观点，"核能复兴"表现为：在西方（但特别是在亚洲）出现的大规模核电站建设。核能发展的3个主要推动力是：对全球气候变化的担忧以及发展低碳能源技术的需要；增强能源安全的需要；满足各国尤其是发展中国家用电需求快速增长的需要。接下来概述了可能限制核能大规模扩张的6个可变因素。最后探讨了2011年3月发生在日本福岛核电站的灾难可能给"核能复兴"带来负面影响的程度。

1.1 引言

直到几年前，核能发电在西方的能源远景规划里似乎都没有什么地位。三哩岛和切尔诺贝利核事故的发生，加之新建核电站运行成本严重超支、核废料处理以及退役成本持续攀升等问题不断涌现，核能的发展前景一度非常渺茫[1]。但是近年来，我们看到了核能作为一种具有吸引力选择的回归，核能能够满足日益增长的电力需求，特别是对发展中国家颇具吸引力。同时它也能够作为缓解气候变化和加强能源安全的潜在对策。当前全球有55个核反应堆在建，还有更多核反应堆处于规划中，于是就有了"核能复兴"的说法[2]。目前，新建核电站的热情主要集中在亚洲和俄罗斯，欧洲和北美发展要慢得多[②]。

本章简要回顾了核工业起源于第二次世界大战中核武器计划的历史；探讨了核能在战后时期的扩张及其在现代化和工业化进程中的作用；追踪了核工业的没落及其作为缓解气候变化的潜在手段在当代的回潮。我们认为，尽管在未来的几十年里新核电站的数量会越来越多，但是由于下文所讨论的一系列因素，它们的建设步伐将远远低于预期。尽管人们正努力发展更多的可持续能源，但是核能仍将继续在很多发达国家和发展中国家的能源系统中占据一席之地，这一地位将取决于国家应对

[①] 这项研究得到了世界废料规划署经济和社会研究委员会的部分资助（RES000230007），同时要感谢 Galina Walls 博士和 Roy Harrison 教授对初稿的审阅。

[②] 目前在30个国家中有440多个商用核反应堆在运营，总装机容量为376 000 MW，供应了全球15%的电量。

新建核电站规划所带来的挑战的能力。

1.2 核电的起源：核武器计划

为了成为世界上首个拥有核武器的国家，美国、英国和苏联所设计的第一个核反应堆都用来为各自的核武器计划生产钚①。这些早期的反应堆都采用最原始的设计，将石墨块置于铀燃料中，再使用化学方法从用于制造原子弹的乏燃料中提取钚。作为曼哈顿计划的一部分，1942年12月世界上第一个核反应堆达到临界工作状态②。随后为了给首批原子弹生产钚，在华盛顿州的汉福德核基地修建了大量的核反应堆。曼哈顿计划动用了10万余人，耗资达220亿美元（以当前购买力计）。

第二次世界大战后，原子弹的"魅力"非常大，成为反映一个国家实力的王牌。由于地缘政治的持续影响，许多发展中国家都希望通过获取核武器来提高自己在地域和全球的影响力。

在曼哈顿计划所开展的研究中，西方及苏联科学家发现，可以利用核裂变产生的热量发电以供能源需求量较大的国家使用，也可以为潜艇和航空母舰提供推动力。第一个用来发电的核反应堆（规模很小，可供4个电灯泡发光）是建在美国爱达荷州的一个小型实验性增殖反应堆（experimental breeder reactor，EBR-1），于1951年12月启用。它和战后建造的许多反应堆一样，均属于"快中子增殖反应堆"（fast breeder reactor，FBR），靠从标准反应堆的乏燃料中提取钚来运转。这些核电站在发电的同时会"繁殖"更多的钚，因此会不断生产出发电厂所需的所有燃料（至少在理论上如此）③。

从一开始人们就认识到，军事与和平应用之间存在千丝万缕的联系：

"用于和平目的的原子能开发与用于原子弹目的的原子能开发之间是相互转换、相互依存的"[3]。

时任美国国务卿的Dean Acheson在1946年撰写的《艾奇逊-利连萨尔报告》（*Acheson-Lilienthal Report*），意义深远，广为人知。报告提议将核燃料循环的所有权和控制权从单个国家移交给联合国原子能委员会（the United Nations Atomic Energy Commission，UNAEC）。美国和苏联原则上都支持这个提议，并于1945年在同盟国之间开展了初步讨论。作为曼哈顿计划的主要研究者之一，Niels Bohr（尼

---

① 加拿大是唯一一个出于非军事目的而建设核反应堆的国家，它以零功率实验性反应堆（zero energy experimental pile，ZEEP）为基础构建了加拿大国产核反应堆——坎杜型堆（CANDU），它使用天然铀而非价格昂贵的浓缩铀。然而加拿大、英国和法国的科学家都参与建造了曼哈顿工程的第一个反应堆，该反应堆试图为原子弹生产钚。尽管战后加拿大没有发展自己的核武器计划，却向英国出售钚，以资助建设加拿大的民用反应堆。

② 芝加哥堆。直到1952年才被命名为"核反应堆"。

③ 早期对快中子增殖反应堆的关注反映出当时要获得满足全球核电站所需的铀是极其困难的。然而运行这些快中子增殖反应堆价格昂贵，存在诸多技术难题，同时"钚经济"也伴生着较高的核扩散风险。随后在加拿大和澳大利亚发现的大量铀矿也否定了建设快中子增殖反应堆的初衷。

尔斯·玻尔)越来越确信：作为一种平衡手段，美苏两国在战争期间应该共享原子能研究，他甚至提议两个国家之间共享曼哈顿计划的细节①。

最引人注目的提议是：联合国原子能委员会应当实际拥有和管控从铀矿开发到后处理的核燃料循环全过程，并负责向那些仅出于发电目的而想要建设核电站的国家提供铀。这个报告建议，作为国际核能技术控制的一部分，美国应该放弃对核武器的垄断，并与苏联共享核技术，作为交换，苏联不再发展核武器。这看起来是一个双赢的局面：各国可以充分利用核电站产生的廉价电能，同时国际社会可以将核扩散的危险扼杀在萌芽阶段。

然而，这个在《巴鲁克计划》中提出的建议失败了②。人们彻底失去了唯一一次可以实现国际核能合作的机会，同时也宣告了核军备竞赛和冷战的开始，其影响波及至今。1946年美国通过了《麦克马洪法案》，坚决反对外国(含战时同盟国)获得美国的核数据。每个国家必须独立进行自己的核武器和核能开发项目，并承担"单干"所带来的花费和风险。

于是，曾在曼哈顿计划中合作过的战时同盟国纷纷开始发展自己的核武器计划。例如，在英国，Clement Attlee 组建了一个内阁小组委员会(Gen 75)，也称为非正式的"原子弹委员会"，并于1945年8月29日召开了首次会议。同年12月，该委员会批准了数座核反应堆的建设(英国核能计划的一部分)。之后西欧开始建设第一个核反应堆，即位于牛津郡哈威尔(Harwell, Oxfordshire)的低功率石墨实验堆(the graphite low energy experimental pile, GLEEP)，它于1947年开始运作，并成为新武器计划的组成部分，用来研究核反应堆设计与运行。3年后的1950年，位于坎布里亚郡(Cumbria)的"温茨凯尔核反应堆"达到了临界状态，它采用将石墨置于铀燃料中的方式引发链式反应，并于1952年通过乏燃料原位后处理技术提取武器级钚。由此拉开了"飓风行动"的帷幕，1952年10月2日，英国的第一颗原子弹在蒙地贝罗群岛爆炸，随后英国的第一个自由落体核炸弹"蓝色多瑙河"在1953年11月服役③。

温茨凯尔(Windscale)核反应堆与华盛顿州的汉福德(Hanford)产钚反应堆不同，它采用空气制冷，空气通过"核反应堆"后从烟囱直接排入大气④。总部设在哈

---

① 丘吉尔反对这一提议，并向罗斯福建议阻止尼尔斯·玻尔前往苏联进行研究，甚至一度建议软禁他[4]。

② 导致该计划失败的原因很多，其中包括苏联拒绝接受对其领土的核查，也包括美国的立场问题，美国声称除非已明确证实国际控制和监管规程行之有效，否则不会销毁其核武器。在开始谈判两年后美苏关系破裂，联合国原子能委员会也撤销了。10年后，在 Oppenheimer 和 Ascheson 的提议下，建立了一个原子能委员会的替代机构——国际原子能机构(the International Atomic Energy Agency, IAEA)，由它对任何在核问题上企图逃脱国际监管的行为进行监督[5]。

③ 第二次世界大战前，法国曾经是世界上为建设第一个核反应堆投入最多的国家，但是随着德国的入侵以及科学家的分散，导致荣誉的光环最终落在了恩里科·费米(Enrico Fermi)的头上，他对曼哈顿计划的成功做出了贡献。第二次世界大战结束后，资金匮乏导致法国的核研究远远落后于英国和美国。

④ 英国最严重的一次核电站事故是发生在1957年的温茨凯尔核电站火灾。即使是在今天，如何让其退役仍是财政和技术上的难题。当时媒体和公众尚不关注那场大火，这反映出早期核工业发展的保密措施非常严密。与现在的情况不同，当时的反应堆设计并未受到公众或议会的监督。

威尔的原子能研究组织(the Atomic Energy Research Establishment，AERE)主要从事军用和民用核裂变的研究及开发，在它的指导下，英国开展了大规模的核科学研究与开发。自 20 世纪 40 年代末，哈威尔原子能研究中心一直在开展民用核反应堆的设计研究。

可以明确的是，"离开了核武器计划，如果按照正常的商业发展模式，民用核工业能否兴起尚不得而知"。通过改变这些产钚反应堆的设计，可以使得热能生成蒸汽，从而利用蒸汽驱动涡轮机发电，这些变化奠定了英国民用核反应堆的基础[7]。

战后，英国仍然不得不继续大量进口价格昂贵的石油和煤，当时的决策者认为核电有可能成为一种廉价的替代方案。由于核电起源于核武器计划，因此相关信息受到严密封锁。在这种保密的大环境下，由于难以开展广泛的研讨，核能的积极方面被过度夸大，而其负面影响却很少被公众认知。这不仅有利于政府在公众监督之外发展核武器计划，而且有利于参与军事核技术应用的跨国公司在开发和销售核反应堆等领域找到新的盈利机会[8-9]。

如果说西方核技术的发展围绕着保密和精英决策，在苏联则是另外一种情况，那里创建了大量的"封闭城市"，并在其中建造生产钚的设施，例如奥焦尔斯克(Ozyorsk)也就是车里雅宾斯克-65(Chelyabinsk-65)。苏联公民必须获得特别许可才能访问这些城市。位于莫斯科西南 100 km 处也有一个类似这样的城市，名为奥布宁斯克(Obninsk)，这里建有世界上第一个并入国家电网的核电站。AM-1(Atom Mirny)反应堆采用水冷和石墨减速方式，设计容量为 30 MWt(或 5 MWe)(译者注：MWt—兆瓦(热)；MWe—兆瓦[电])，但它总计仅发出了 5 MWt 的电量，这也是苏联在那 10 年间唯一拥有的核电站①。

在曼哈顿计划中，海军军官 Hyman Rickover②(后任海军司令)提出了核能应用于潜艇的构想，并发起了研发工作，之后诞生了广为人知的美军第一艘核潜艇——"鹦鹉螺"号，它由原理型压水反应堆驱动，该反应堆采用浓缩铀氧化物做燃料，用普通的水(轻水)进行减速和冷却。"鹦鹉螺"号于 1954 年下水，比同样由 Hyman Rickover 监管的第一个商用核电站早 3 年运行。这种以铀为燃料、以加压水为冷却剂和减速剂的紧凑型反应堆最终进化成压水反应堆(pressurised water reactor，PWR)，并逐渐成为美国和国际市场的主导。压水反应堆和沸水反应堆(boiling water reactor，BWR)统称为"轻水反应堆"(light water reactors，LWRs)，至今仍主导着美国和国际核反应堆设计市场。在苏联进行了首次原子弹试验后，轻水反应堆得到了快速推广，但是众多研究人员认为，这种反应堆与其他备选方案相比，未必就是最好的反应堆设计模式。

1947 年 1 月成立的美国原子能委员会(Atomic Energy Commission，AEC)有效地推动了核能从军用向民用的转变。虽然原子能委员会早期主要从事军用核弹

---

① 这是早期的大功率沸腾管式堆(RBMK)，与切尔诺贝利采用的设计相同。
② Hyman Rickover 被称作海军核动力之父。

头制造,但现在它还需要兼顾民用核能的发展和规范,这就产生了一定的利益冲突①。

核能主要用于军事目的的情况于 1953 年得到改变,时任总统的艾森豪威尔(Eisenhower)提出了致力于核能发电研究的"和平使用原子能"计划,制订了民用核电发展规划[10]。他建议利用核原料为"世界上电力需求量较大的地区提供充足的电力"。这为后续一系列致力于实现该远景的国际行动奠定了基础,例如,1955 年召开了"日内瓦和平利用原子能国际会议",组建了职责为"加速和扩大原子能对世界和平、健康和繁荣的贡献"的国际原子能管理局(International Atomic Energy Authority,IAEA)。

和平利用原子能的多种可能性所带来的乐观主义激活了作家和科学家们的想象力。他们声称,除了廉价的电力,人们还将看到"核动力驱动的飞机、轮船、火车等,核能还能够从基因上改良作物并保护谷物和鱼类"[11]。当时,这种"核乌托邦"式的观点得到了民众和决策者的广泛支持,很少受到挑战。

冷战使核能成为了国家安全保障的关键,同时在 20 世纪 50 年代美国盛行"麦卡锡主义",在这种政治氛围下,使得对核能潜在安全问题和危害的研究四处碰壁[12]。任何关注原子弹试爆影响的人都被认为是危险分子和反美分子[13]。某种程度上,"和平利用原子能"计划是为阻止外国发展核武器而制订的。为了达到这个目的,美国政府向那些承诺不发展原子弹的国家提供了高浓缩铀(highly enriched uranium,HEU)[14]。可以这么说,当前并不是所有的高浓缩铀都是有记录的。这个繁荣的新原子时代充满了利用原子贸易优势进行商业活动的机会。1954 年美国修改了《美国原子能法(1946)》,允许私营公司建设和运营核电站[15]②。

1.3 核电的扩张

20 世纪五六十年代,核电的大规模使用集中在美国、英国、俄罗斯和加拿大。同时一些西欧国家开始发展研究项目(多采用实验性反应堆),瑞典、日本、西德建成的很多核电站直到 20 世纪 60 年代末和 70 年代才开始发电。1960 年 11 月,西德成为率先启动核电站的非核武国家。建立核能的相关约定是欧盟当时的核心议题。1957 年签订的《欧洲原子能联营条约》(简称《条约》)是欧盟的基础条约之一。《条约》认识到欧洲经济增长对电力的迫切需求,阐述了"核能代表了一种满足工业发展和振兴的必要资源"。核电还被认为能够解决由近郊燃煤发电站所造成的城市污染问题,该问题曾在战后困扰了很多欧洲城市[17]。

---

① 这一矛盾最终导致 1974 年《能源法》的出台,将监管和推广职能部门分开:核管理委员会负责监管,美国能源部负责民用推广。
② 反应堆的设计师承担着各种压力,既要持续降低成本、确保绝对的安全,还要面临煤和石油发电站带来的激烈竞争[16]。

在很多欧洲国家,政府部门掌控着核电站的规划和建设,而在美国,联邦政府则热衷于私营部门投资核电站。当时,能源企业能够获得便宜的石油和煤炭,在这种情况下要让这些企业投入核电产业是极其困难的。因此联邦政府出资建立了大量示范性反应堆,以向私营部门证明发展核电是可行的。随后西屋公司在杨其罗(Yankee Rowe)设计了一个装机容量为 250 MWe 的反应堆,并于 1960 年开始运行,这是第一个完全商业化的压水反应堆。同时,通用电气公司设计了一个装机容量为 250 MWe 的沸水反应堆(德雷斯顿-1),也于 1960 年开始运行①。

最初几年,试图建立核反应堆市场的两家公司(西屋公司和通用电气公司)承受着每个核电站超过 10 亿美元的连续亏损。这种高风险策略最终获得了回报,能源公用事业部门的订单接踵而至,仅在 1966—1967 年就发展了 44 个反应堆[11]。截止到 20 世纪 60 年代末,建设压水反应堆和沸水反应堆订单的单机容量已经超过 1 000 MWe②。

西屋公司在 1967 年印制的宣传手册反映出当时对核电发展普遍存在的乐观主义态度:

"它会提供我们所需的所有能源,甚至更多。这就是核电!它取之不尽、用之不竭,能满足人类的一切能源需求。我们已经找到了传说中的终极能源"[18]。

第一个向国家电网供电的纯民用核反应堆是英国卡德豪尔(Calder Hall)核电站(与温茨凯尔钚反应堆在同一个地点)的一个气冷石墨反应堆,英国女王伊丽莎白二世在 1956 年 10 月 17 日主持了盛大的正式运营仪式。卡德豪尔核电站最终由 4 个发电功率为 50 MWe 的镁诺克斯(Magnox)型反应堆(燃料棒周围覆盖着合金包壳)组成,该核电站可以军民两用③。

1955 年 2 月,《核能计划》白皮书宣布,将在 1957—1962 年间建设 12 个镁诺克斯型核电站,这使工程业界措手不及[19-20]。白皮书认为,煤炭行业将无法满足电力增长的需求,随着时间的推移,核能发电将比煤炭发电更便宜[21]。它错误地认为,核电站建设不会比火力发电站建设更难。白皮书对核电站建设充满信心,认为仅需投入 57 亿美金(以当前购买力计),就能满足英国 25% 的电力需求④。苏伊士危机突出了能源独立的重要性,进一步引领了对更多核电站的需求[23]。但是最终该项目既超支又超时,这些问题在招投标过程中就初见端倪,各个竞争公司都只是在单个电站上中标,也就意味着每个站点都有不同的设计,因此,打算以增加规模来节约

---

① 一种沸水反应堆,称为 Vallecitos,运行期是从 1957 年到 1963 年。
② 不是所有的反应堆都是轻水反应堆。加拿大率先采用了一种完全不同的使用天然铀作燃料、重水作减速剂和冷却剂的反应堆方案。第一座这种重水铀堆"CANDU"于 1962 年开始运行,它也是第一个没有军方介入的反应堆。随后德国和瑞典也采用了这种重水/天然铀的技术路线,这样它们就可以摆脱对昂贵的进口浓缩铀的依赖。
③ 直到 1995 年才停止钚的生产。
④ 最后预计将有 12 个核电站项目(总容量约为 1 400~1 800 MWe)于 1965 年实现并网[22]。

成本的目的根本无法实现①。

哈威尔的前负责人 John Cockcroft 劝诫政府说，核电极有可能会比其他电力（比如煤电）更昂贵，最终国家劳动局承认燃煤火力发电确实比核电便宜25%。核电还被认为具有"可以削弱煤矿工会讨价还价能力"的额外作用，因为核反应堆只需要少量的铀[24]。事实上，英国最早爆发的反核电运动就是由国家煤炭局（National Coal Board，NCB）发起的②，他们试图揭发政府提供给核电工业的补贴。国家煤炭局不相信中央电力局（Central Electricity Generating Board，CEGB）发表的关于核电比煤电便宜的声明，但是罢工最终失败了，因为他们无法获得受保密法所保护的核电成本数据，也不可能获得核事务方面的相关信息。

1964年发布的《第二期核能计划》白皮书，政府选择了600 MWe改进型气冷反应堆（advanced gas reactor，AGRs），使得发电量在原有镁诺克斯型核电站4 190 MWe的基础上再增加8 380 MWe（由改进型气冷反应堆提供）。最终英国在7个地区建设了改进型气冷反应堆[25]。同镁诺克斯型一样，每个改进型气冷反应堆核电站均由不同的财团建设，抬高了建设成本，规模效益难以体现。1967年发布的关于燃料政策的白皮书进一步强调了核电相对于煤电的优越性③。1963年，一份提交给下议院（the House of Common，HC）的政府报告声称，核能发电的成本是煤炭发电的两倍以上。"钚收益"（译者注：指钚的产出收益与投入量的比值）用来表示核能对经济所起的促进作用（这个名词最初是秘密地使用的），尽管核电站的运营者从未实现过这份收益。在这段历史期间，英国的自然资源保护论者也认为核电优于煤电，因为它对自然环境产生的负面影响较小[27]。事实上，直到1972年一篇发表在《环境》杂志上的文章还认为："在英国基本上没人公开反对核电④"。

政府的调控和担保对核电成功起到了极其重要的作用。比如在美国，1957年颁布的《安德森价格法》给私营部门的核事故制订了一个5.6亿美元的赔偿上限，使私营部门的核电生产得以持续⑤。

1973—1974年的欧佩克（Organization of Petroleum Exporting Countries，OPEC，译者注：即石油输出国组织）石油危机曾经大力推动了核电工业的发展。危

---

① 在实施过程中存在着诸多技术问题，比如，建造时间比预期长，结果导致成本严重超支。
② 由时任国家煤炭局经济主管 Fritz Schumacher 领导，他后来前往宾夕法尼亚大学宣传环保名著《小即是美》(Small is Beautiful)。
③ 时任首相哈罗德·威尔逊（Harold Wilson）及能源部长 Tony Benn 都倾向于发展核电。基于偃武修文的观点，Tony Benn 对私营核电的方案非常认可。但是在与技术部长讨论过核电成本后改变了立场，并辩称他被误导了，因为有人告诉他甚至与他公开争辩，导致他相信核电是便宜的、安全的、和平的，后来才知道这些都是不真实的。实际情况是在核电站的整个生命周期内，如果算上开发的全部费用和长期储存核废料的成本，核电的成本将是煤电的3倍[26]。
④ 当时对核能的监管框架也比现在宽松，这部分反映在20世纪50年代人们对专家和科学家的信任。过去的监管由英国原子能机构内部安全部门执行，基本上依赖于"如果反应堆工作，那么它就必然安全"的运作经验，这与当今监管机构采取的基于风险的方法形成了鲜明对比[28]。
⑤ 到1988年增至70亿美元。

机期间,石油价格一夜之间暴涨4倍,使能源独立和能源安全成为全球关注的热点问题。例如法国政府就出台了旨在确保能源独立的"梅斯默计划",据此,法国建立了56个核反应堆[29]。

石油危机暴露出依赖他国能源存在着巨大的隐患。在1973年以前,法国大部分电力来自石油,而法国自身匮乏矿物燃料,这使其极易受到石油价格突涨的侵害。为此,政府领导人启动了与法国电力公司(Électricité de France, EdF)的合作,以核电计划为核心来解决这一问题。选择核电也被描绘为法国的复兴,其核电站常被拿来与巴黎圣母院和埃菲尔铁塔等神圣的纪念遗址相提并论。在快速发展的几年中,核电看起来似乎代表了理想的现代化、工业化和科技成就。在法国,核电被誉为"法国之光",挽回了该国在世界上政治影响力急剧下降的局面[30-31]。就像Hecht所描述的:"一个容光焕发的、辉煌的法国形象再次出现在工程师、管理者、武装人员、新闻记者和地方民选官员的话语中。这些人积极培育着'国家荣耀源于超凡技术'的理念"[32]①。

在这种情况下,法国的核电比例从1973年的7%增长到1994年的78%,并且一直持续到今天[33]。由于石油危机,日本等其他国家都积极加快新核电站的建设,这种现象在那些本土没有充足能源供给而依赖于进口石油、煤炭和天然气的国家尤为严重。日本自1973年起就将核电视为国家的战略重点。事实上,20世纪七八十年代,很多亚洲国家开始购买西方的核技术,才有了日本、韩国、印度和中国核能研发蓬勃发展的局面②。

石油危机之后,法国、比利时、瑞典、日本和苏联的核电站订单大幅增长[34]。当时核反应堆数量呈指数级增长,1966—1985年,共建成了423座核反应堆(IAEA, 2008)。苏联开始出售核反应堆给保加利亚、捷克斯洛伐克、东德、波兰甚至芬兰。

在此期间,核工业煞费苦心地证明核电能够造福消费者。1975年,在对美国24个核电站经营企业进行的一项调查中,核工业声称,相对于化石燃料发电,核电仅在1974年就为客户节省了7.5亿美元[35]。我们可以看到,这个时期的政策制订者对核能成为电力主要来源充满信心。1974年,尼克松政府启动的"独立计划"乐观地提出,到2000年核电将提供国家能源需求量的50%[36]。但是,石油危机带来的经济衰退导致很多国家的电力需求急剧下降,使得核电(以及煤电)建设对各国企业和政府的吸引力逐渐减小③。

---

① 法国电力公司高级副总裁Laurent Striker声称,法国之所以选择核能,是因为没有石油、天然气和煤等资源。

② 实际上,阿联酋在2009年与韩国财团达成协议,截至2020年韩国财团将为其建设4个APR-1 400反应堆。据报道,中国在未来10年内将投资1 750亿美元在130 km²的海盐县建设核电城。

③ 核电快速发展时期,与较先进的快中子增殖反应堆(钚元素"增殖"量超过消耗量,一些反应堆中"增殖"量甚至可以超出其消耗量30%)相比,以金属铀为基础的热反应堆被核工业视为"原始"堆型[37]。目前,印度、俄罗斯、日本和中国都有实施快中子增殖反应堆的计划,而英国、法国和德国实际上已停止了建设快中子反应堆的计划。

虽然我们认为这个时期核电发展具有乐观扩张和公众认可的特征,但同时也逐渐出现了一些"反对专家",他们主要是环保领域的非政府组织和学者。虽然决策权依然牢牢掌握在工程师手中,且政府只是企图安抚公众而不是增加决策透明度,但是一些国家仍试图将 DAD 模式(decide-announce-defend,决定—宣布—防护)转为决策模式。例如 1971 年著名科学家 Glenn Seaborg 编著的《人类和原子:核能将建设一个新世界》(Man and the Atom:Building a New World through Nuclear Energy)等,对原子能研究的无限潜力大唱赞歌。然而也有一些反对核乐观主义的观点,比如 1969 年 Curtis 和 Hogans 编著的《和平利用原子的风险:核电站安全的神话》(The Perils of the Peaceful Atom:The Myth of Safe Nuclear Plants)。尽管乐观主义依然占据优势,但是针对早先极度乐观主义的质疑逐渐浮出水面。

与普遍观念相反,在法国甚至也有人反对使用核电,特别是在建设核电站当地。1976 年,55%的法国人对核电怀有敌意,反核运动还设法渗透到地方议会政治中[38]。但是,亲核工会、在能源政策上立场一致的多党派以及法国选举的现状等因素导致小政党很难进入议会,阻碍了这项运动对国家政策的影响[39]。

20 世纪 70 年代,英国核电工业的保密和封闭决策形式也开始受到挑战,政府被迫采取更加开放的政策模式,于 1977 年进行了一项为期 6 个月的温茨凯尔公共调查。这份调查主要针对英国核燃料有限公司(British Nuclear Fuels,BNFL)提出要为本国及国际上的乏燃料建立热中子堆氧化物燃料后处理厂(thermal oxide reprocessing plant,THORP)的申请而发起,批评家们认为这个项目会把英国变成"世界核垃圾桶"[40]。该调查涉及范围广泛,方式多样,它也被认为是"英国核政策制订的里程碑"[41-42],但最终提交的报告因为没有足够的证据"否决反对派的观点"而受到了指责[43]。

石油危机对当前积极发展核电的国家所造成的影响并不像西方国家那么严重。例如,中国的能源需求绝大多数依赖于本土的煤炭,过去并没有投资核电的冲动。1970 年,时任总理周恩来坚持认为中国必须探索核能的和平应用,但中国直到 1985 年才开始建设首个核电站并于 1991 年投入运行①。造成中国核电建设滞后于西方的因素有:20 世纪 70 年代到 90 年代期间政府可用于核电站建设的资金不足;领导人认为本国煤炭储量能充分满足日益增长的能源需求;由于先前的发展"随意且缺乏战略规划",至 2005 年核能仍未成为国家能源战略计划的一部分[45]。但是,当西方舆论对核能的支持由盛转衰时,中国开始强烈支持核电建设[46]。

在核电站投入运行的前 20 年里,加拿大、英国、美国和瑞士都发生过反应堆事故,导致少数人死亡和数百万美元的损失,虽然这并不足以使核工业陷入混乱并进而丧失公众信心,但这种情况即将发生变化。

---

① "优先军用"转向"军民结合"的政策导致某国家职能部门的重组,并于 1989 年更名为中国核工业集团公司(China National Nuclear Corporation,CNNC)[44]。

1.4 衰退期

1973年石油危机发生时,已经有17个国家拥有了167个核反应堆,总装机容量接近61 000 MWe[47]。核工业界当时认为,如果石油价格提高4倍,将会使核电比煤电更经济,这的确一度成为事实。但是日益恶化的通胀环境导致利率逐步上升,使得核电站这种资本密集型的项目代价高昂。此外,20世纪70年代末期,全球经济深度衰退,导致电力需求急剧下降,这对一些国家的核雄心产生了消极影响,甚至包括法国这类愿意并且能够承担更高成本的国家在内。1973—1974年,尽管美国有大量新建核电站的订单,但是很多根本就没有完成[48]。事实上,1978年以后美国再未建设新的核电站,很多核电站在建设到90%的时候被取消了[49]。1973年是从黄金时代开始急速逆转的转折点,而正是在这一年,美国原子能委员会曾预测,到2000年时仅美国就将有1 000个正常运转的核反应堆。

英国也面临着相似的情况,中央电力局(Central Electricity Generating Board, CEGB)曾规划于1973年建设32个压水反应堆以从某种程度上应对石油危机(最终只建成了一个反应堆:赛兹韦尔B)。1974年,能源部(Department of Energy, DOE)订购了6个产汽重水反应堆(steam generating heavy water reactors, SGHWR),但是该项目因为经济衰退的加剧于1978年被封存,此时该项目已经投入了1.45亿英镑[50]。

20世纪70年代后期,越来越多的人开始加入到反对建设核电站的队伍中,特别是在欧洲大陆。例如,1977年7月法国马勒维尔(Malville)地区,60 000人参加了游行示威,以反对快中子增殖反应堆的建设,其中一名示威者被打死;在西德全国范围内掀起的大规模抗议活动中,警察第一次使用防暴水枪和催泪瓦斯驱散示威者。当时一位作家将这些抗议集会形容为"反核情绪爆发"[51]。

20世纪70年代后期,一些国家也决定放弃其核计划中挑战性较大的部分,特别是快中子增殖堆工艺学和后处理技术。这种变化源于美国,1977年,时任总统卡特(Carter)颁布了停止后处理的法令,官方说法是考虑到核扩散问题,同时也是对发展快中子增殖反应堆和后处理设备所面临的巨大技术难度和经济成本所做出的决定[52]。

从20世纪70年代后期到2002年,核电工业趋于衰落,特别是在欧洲和北美洲。从20世纪80年代中期开始,尽管通过优化现有反应堆的负载参数使装机容量增加约1/3、电力输出增加60%,但是投入运行的反应堆却少于退役反应堆的数目。20世纪80年代中期起,核电在世界电力市场中的份额一直稳定在16%~17%。1986—2005年,全球仅新建了71座核电站,其中只有少数建在了已经拥有核电站的国家,而之前20年建设了436座核电站。正因为如此,加上后处理铀供应量的增长,铀的价格开始下跌。

此外,在曾经是核电站最大市场之一的美国,核反应堆在与燃煤发电站及新兴的联合循环燃气轮机发电厂的竞争中逐渐丧失了优势[53]。"20世纪70年代早期的核乐观主义者逐渐对核电的未来感到悲观"[54]。在整个20世纪70年代,尽管在美国颁布《美国清洁空气法》的初期,核电曾一度比煤电更有吸引力,但是这种吸引力也往往被成本上升和工期延误等困扰核电站建设的影响所抵消。20世纪70年代中期到80年代中期,仅美国就取消了100个核电站建设项目[55]。

与此同时,两起核事故敲响了核电工业的丧钟,它们强化了自20世纪70年代起就不断涌现的公众和企业对核能的否定态度。第一起事故是在1979年宾夕法尼亚州三哩岛反应堆发生的部分堆芯损毁,尽管没有引起人员死亡,却致使100多万人逃离家园,耗费了巨额的社会资金(25亿美元)。这一事故导致意大利、比利时、瑞典等许多欧洲国家暂停建设新的核电站,也加速了美国核电工业的没落。

第二起是1986年切尔诺贝利核事故,其中一个RBMLK反应堆发生大火,并造成堆芯熔化,事故产生的核污染通过大气传播扩散到数十个国家,造成50人直接死亡、成千上万人在随后几年中患上癌症,同时使苏联的乌克兰及白俄罗斯十余万人背井离乡。这起事故激化了整个欧洲(特别是德国)的反核电情绪[56],相对亲核的芬兰也搁置了新建核反应堆的计划。覆盖整个欧洲的民意调查采集了切尔诺贝利核事故对公众核电态度的影响。在切尔诺贝利核事故后,即便是在芬兰这个公众相对支持核电的国家,支持逐步淘汰核能的民众数量也从1983年的21.3%[57]增长到1986年的34.5%[58]。1989年英国公布了一项5年内暂停审批新建核电站的禁令[59-60]。切尔诺贝利核事故标志着核电工业在历经20世纪70年代后期衰退后的复苏希望被终结。人们越来越多地关注核电的风险,而不是核电所带来的效益。强调核能风险的新思维并未完全浇灭"民用核能的希望",二者既相互竞争又共同发展[61]。

20世纪80年代,关于核电的经济性问题逐渐成为讨论的核心。由于欧佩克的影响力下降,国际原油价格下调以及北海油气田能够为本国提供廉价的能源,很多国家已经淡化了能源供给的安全保障意识。另外,电网的私有化也暴露了核能经济的脆弱。1989年英国的核电站私有化后,核电的隐性成本被赤裸裸地暴露出来,私营部门拒绝承担核电站老化所带来的潜在巨额债务风险①。1995年,白皮书《英国核电站发展前景》最终导致7个改进型气冷反应堆电站和1个压水反应堆电站于1996年以"英国能源"的名义被投放到股票市场,市值21亿英镑(事实上仅赛兹韦尔B的建设就耗资28亿英镑)。私营企业主以1个核电站的成本获得了8个核电站的所有权[63],这反映出当时的政府迫切摆脱这些核电站的愿望②。私营公用事业部门

---

① 一些业内人士认为,引入私营化机制后,因为只注重短期效应而未进行有效的技术管理,致使这些问题加剧,"没有认识到应当从技术层面上维持资产、技能基础或者长期的商业需求,这样就导致了股东的大量亏损"[62]。

② 寿命不足10年的镁诺克斯型反应堆无法出售,而是给了英国核燃料有限公司。

发现,燃气发电站明显比核电站或者燃煤发电站经济很多。同样清楚的是,离开政府补贴,处于自由化能源市场环境中的公用事业部门不再将核电站看作最划算的投资①。

1.5 核能复兴? 机遇和挑战

21世纪,重新唤起核能应用前景的因素有很多。首先是全球电力需求预期的增长,尤其是在快速发展中的国家,核能越来越被视为一种解决方案;其次是能源安全意识的逐渐加强;再次是迫切需要发展低碳能源发电技术,以缓解气候变化所带来的威胁。过去10年间,有关核能的讨论和新建核反应堆的订单越来越多,产生了"核能复兴"的说法[64]。千年之交之际,核工业及其支持者认识到,为了确保得到公众认可并使决策者认为核能是一个颇具吸引力的选项,有必要进行更多主动的工作。诸如《为核能的重生铺路》(*Preparing the Ground for Renewal of Nuclear Power*)等书籍反映了核工业界日渐增强的信心[65]。著名环保人士对核工业的公开支持也增强了这份信心[66],他们认为:"核能是唯一的绿色解决方案"[67]②,而且"可能出现的最糟糕的核事故也没有气候变化灾难恶劣"[68]。政府机构资助的诸如"低碳未来的选择"等研究加快了核电建设的步伐,它将核能看作一种在与气候变化抗争中能够减少碳排放量的潜在武器。一份著名的报告中写道:

"目前的研究已经证实了皇家环境污染委员会(Royal Commission on Environmental Pollution,RCEP)的结论,即以新的核电站替换现有核电站并且发展新的核能,将会使英国2050年的二氧化碳排放量降低60%以上"[69]。

按照政府间气候变化专业委员会(Intergovernmental Panel on Climate Change,IPCC)的说法,核能的吸引力在于"每千瓦时核电所产生的温室气体(green house gas,GHG)排放量比化石燃料发电低2个数量级,与大多数可再生能源相当"[70]。

我们能用什么来改变全球电力主要依赖煤和石油的现状呢? 此时,通过节约能源来降低需求量是非常重要的,但依然需要寻求能够替代化石燃料的能源③。

法国在这方面经常被树立为榜样,核电构成了其电力供应的主体部分,在减少碳排放方面成绩斐然。法国有75%的电力来自于核能,人均二氧化碳排放量为6.6 t,而德国人均排放量为10.4 t[71]。麻省理工学院(MIT)近期的报告《核能的未来》建议,到2050年核能的发电量应增加3倍以达到10 000亿瓦,将每年减少煤电企业18亿

---

① 由于缺乏长效的废物处理途径和监管机制,阻碍了新核电站的建设。
② 即使将现有的核电生产能力提高1倍,使核电达到能源生产总量的1/3,也只能减少8%的温室气体排放量。
③ 虽然很明确的是,核电不是真正意义上的无碳能源(无论是铀矿开采还是核电站建设,都依赖于化石燃料所产生的能源),但它总体上优于煤和石油。

吨的碳排放量(如果是按照目前情况发展,其碳排放量预计还要增加约25%)[72]①。

从气候变化的严峻形势来看,核电优于常规的煤电。核电站不直接产生温室气体(空转、燃料加注或者运行备用发电机除外),它在整个生命周期内产生的二氧化碳排放量,相当于同等规模的常规化石燃料发电站的1/10～1/20[74-75]。但是,后处理和铀浓缩过程需要大量电力,且通常来自于化石燃料发电站,而且铀矿的加工、开采和设备建造、退役均会产生温室气体。近期的一份评论对低碳发电技术的性价比进行评估,得出了"核能是最廉价的选择,并且最易满足政府间气候变化专业委员会为减少温室气体所制定的时间表"的结论[76]。虽然新建任何核电项目都会涉及大量的经济成本,但支持者认为,相对于气候变化所带来的风险而言,这些潜在的花费是微不足道的[77]。

这些争议使我们看到,过去10年里公众围绕核电的关注点发生了本质的变化。那些曾经使人们排斥核电的因素(比如成本、废物处理、事故、核扩散等)逐渐弱化,因为核电已经被重新构造并被包装成为一种应对气候变化、能源安全[78]以及满足发展中国家日益增长的用电需求的解决方案[79]。民意调查显示,公众对核能的态度变得更积极了。

2005年[80]和2006年(YouGov)在英国进行的调查显示,分别有35%和40%的受访者支持新的核电建设。如果将新建的核电站与可再生能源协调发展政策联系起来,这一支持率则分别上升到62%和68%[81]。英国最近的民意调查结果显示,公众对核能的支持率达到了10年间的最高水平,40%的人支持核能(比2009年增长7%),17%的人持反对态度(比2009年下降了3%)[82]。2008年,43%的芬兰人支持建设新的核电站,而25%的人则希望逐步淘汰核能[83]。欧盟民意调查结果显示,欧盟25个国家中有8个国家的大多数人支持核能②。然而,2011年3月发生在日本福岛的核电站事故给不断高涨的核乐观主义和支持率当头一击。虽然该事故对于公众在对待核能态度方面的中长期影响尚不明确,但其直接影响已经相当突出。事故发生1周后进行的盖洛普(Gallup)民意调查发现:"全世界范围内对于核能的支持率从日本核灾难前的57%降到了当前的49%,不过支持者的数量仍然超过反对者"。但是,在不同地区和国家,其调查结果差异巨大。例如,美国近期的一项调查发现,44%的公众支持、47%的人反对"在美国建造核电站"[167],仅仅一年之前支持率还高达62%[168]。

在欧盟范围内,最新的一项调查发现,虽然福岛核灾难导致整个欧盟对核电站的安全更为担忧,但是德国例外,该国民众普遍相信国家对核电站的管理。事实上

---

① 在芬兰等一些国家,天然气价格的上涨对新建核电站计划起着关键性作用[73]。另外,核能被描绘成最便宜的低碳选择。2002年5月,芬兰议会对新建反应堆进行了投票,并最终通过了决议,使之成为近年来第一个决定新建核反应堆的经济合作与发展组织成员国。然而投票结果非常接近,107票同意,92票反对。

② Bickerstaff等将英国公众对新建核电站的态度描述为"勉强接受"。也就是说,当气候变化带来的威胁已经迫在眉睫时,哪怕是那些对核能怀有强烈恐惧感的人,似乎也能够接受其风险。虽然科学本身是可信的,但是政府部门却被认为是不可靠、过于保密、在服务于公众利益方面不称职[84]。

"现在有66%的德国人反对核能,只有19%支持。法国基本上平分秋色,分别有36%,而英国的支持率和反对率分别为35%和30%"[169]。

在全世界范围内,目前有60个正在建设的新核电站,同时还有131个正在规划中,其中大部分是建在那些还没有核能的国家,例如阿联酋、孟加拉、越南、埃及、印度尼西亚、泰国和土耳其①。全球经济衰退已经削弱了那些在初期投资之后就打算不再继续进行核能开发的国家(例如土耳其)的希望②。在欧洲(除俄罗斯之外)③,只有芬兰、法国、罗马尼亚和斯洛伐克这4个国家共计6个核反应堆在建。新的核电站建设项目始于2004年,当时芬兰订购了首个第三代反应堆:1 600 MWe的欧洲压水反应堆(European PWR,EPR)。在法国的弗拉芒维尔(Flamenville)也将建设一个相似反应堆,另一个反应堆处于订单阶段(用于部分替代法国在20世纪七八十年代建设的压水反应堆)。在很多国家都有新建核电站的计划,比如英国、保加利亚、捷克共和国和斯洛文尼亚。福岛核灾难之前,意大利和瑞典等多个国家④考虑重启已经停止的核项目,即使在那些坚定的反核国家亦有此打算。比如德国,10年前还在承诺"全面彻底终止核能",现在也宣称要将现有核反应堆寿命平均延长12年。核能是可再生能源发展的过渡手段,最终可再生能源将在2050年满足大多数国家的能源需求(当前约占16%)。从这个角度来看,核能将为可再生能源的发展与成熟争取时间,"同时缓和全球气候变暖的恶劣影响"[86]。

但是,由于福岛核灾难的影响,许多国家都对延长现有核电站使用寿命施加了一些限制,且/或控制未来核电站新建计划。例如欧洲最反核国家之一的德国,把已经在2010年通过的延长核反应堆使用寿命的计划暂停了3个月。此外德国还决定暂时关闭17个反应堆中的7个,而意大利将新核电站的建设延期一年。一些其他国家(英、美、法)也安排执法机构调查福岛核事故,为本国日益增长的核电站安全需求吸取经验教训,中国宣布将削减核扩展计划,还有斯洛伐克等少数国家愿意继续进行新的核电建设。瑞士联合银行(United Bank of Switzerland,UBS)近期发布的报告指出,由于福岛核事故,至少有30个左右的核电站可能要关闭,尤其是处于地震带或者国家交界地带的那些地区[170]。

---

① 同时,国际原子能机构的最新报告《国际核电的现状和展望》中提到,目前约有65个没有核电站的国家"对建设核电站感兴趣、考虑或者积极筹划核电站建设"。然而由于电网规模小于5 GW,至少有17个国家面临着核电技术瓶颈,因为"电网能力太小将不能容纳反应堆产生的能量"。此外,这些国家中有很多都不具备"必要的核法规、核监管与核维护能力,没有熟练的劳动力来运行核电站。据法国核安全管理局负责人估计,这些国家从零开始建立必要的监管框架至少需要15年[85]",同时对10 GW电网是否适合采用核电还存在疑虑。

② 许多发展中国家,甚至是没有核技术储备的国家,也往往以经济发展为由进行核能投资。

③ 俄罗斯的近邻乌克兰目前正在建设2个核反应堆,并计划到2030年前再建设11个,以减少对俄罗斯的能源依赖(特别是鉴于2006年和2009年发生了天然气纠纷)。该战略还设想,到2017年,在赫梅利尼茨基(Khmelnitsky)建成2个反应堆(这2个核反应堆的建设曾于1990年中止)。

④ 最近麻省理工学院的报告《核能的未来》指出,鉴于电力需求的日益增加,到2050年将核电在世界电力的占有率从目前的17%增加到19%,需要扩建近3倍的核电容量,即全球需要建设1 000到1 500座大型核电站。

与中国、印度、日本和韩国的核电站建设计划相比,欧洲和北美的建设计划就显得逊色很多。新核电站建设的中心已经移向了亚洲[87],特别是中国。仅中国就规划了超过100个大型核电站,计划到2020年将其装机容量增加6倍,并且得到了决策机构和公众的支持。其中很大一部分是采用西方最新的设计方案和模块化建设,以加速完成。可以说,核电的历史是:始于欧洲,发展于英美,萎靡了几十年后在东亚获得重生。拥有世界近一半人口的中国和印度,正处于电力需求增加和减少贫困的关键时期,引领了新一轮的核电建设。中国已有17个第三代核反应堆在建,还有124个正在规划中。

从中国官方近来对核能发展的政策上来看,其态度已经从"积极"发展成"激进"[88]。蓬勃发展的经济提供了核电建设所需的巨额花费,参与企业也可以享受税收优惠政策[89]。有3个国有企业准备投入巨资(仅中国核工业集团公司就投入1 170亿美元),至少其中之一有可能首次公开发行股票,以吸引国际市场上的投资。新建核电站的举措部分源于2002年出现的情况,当时"供电不足、工厂断电;10年的工业化发展消耗了电网的所有电量;石油和天然气越来越少"[90]。

中国的用电量从1980年到2000年翻了两番。化石燃料对空气污染的累积影响预计每年致死75万人,其经济损失占了GDP的6%[91]。此外,中国约30%的地方遭受酸雨污染,元凶就是煤电产生的大量二氧化硫[92],而在中国每周仍将新增3个燃煤发电站[94]。英国石油公司近期的研究表明:"按照现在的生产速度,中国的煤储量只能持续38年,而美国还能持续245年,印度也能坚持105年"[95]①。

为了尽量缓解能源供给、环境污染和气候变化等问题,中国也正在寻求从多种渠道获取能源。因为中国已经认识到煤炭仍会持续占据能源的主体部分,而核能只能作为它的补充。煤炭的运输是最让人头疼的问题,因为煤炭主要储存在北方和西北地区,因而中国将近一半的铁路运输能力都被用来运输煤炭[96]。

作为核电应用的领头羊,美国已经有17份申请递交给核管理委员会(Nuclear Regulatory Commission,NRC),希望获得25个新建核反应堆的联合建造和运营许可。然而,私营企业的主要合作者最近发布通告表示,他们已经撤出该计划,主要是由于这些看起来雄心勃勃的计划耗费严重超支。目前只有位于田纳西州瓦茨巴(Watts Bar in Tennessee)的一个核反应堆正在建设中。

实际上,在北美和欧洲限制新建核电站项目蓬勃发展的主要障碍之一就是核电站的成本问题。成本超支已经导致美国的私营企业承包商退出承建计划,在保加利亚也无法找到愿意投资核电站建设的公司,而法国和芬兰那些承建核电站的公司,其时间和花费均已超支。政府为应对这些问题,对其进行直接或间接的补贴以促进

---

① 中国约有25万个煤矿,从业人员约340万人。研究人员认为2020年以后煤炭的供应情况将会下滑,目前没有哪种化石燃料能像煤炭那样可以提供足够的能量来维持未来几年的经济增长率。对非化石资源的需求是前所未有的(也许是一个无法达到的水平),以弥补煤炭产量下跌的影响,但是却远不能满足每年7%~10%的能源增长需求[93]。

投资,这也导致政府受到民间组织和其他能源供应商的谴责。同时,对于核电站的电价、铀来源问题,以及技术劳动力和反应堆容器的短缺也存在一些疑虑。接下来,我们将探讨制约未来核能复兴的几个因素及其在向低碳能源系统转化过程中存在的问题。

1.5.1 铀:一种可持续能源?

核能依赖于一种特定的资源——铀。铀在地球上普遍存在,它是一种近似于锡或锌的金属,是大多数岩石的成分之一[97]。确定当前核能发展可行程度的核心就是评估铀的供应储量。目前,铀的使用量大约是每年6.8万吨,而已探明的铀矿储量约为540万吨。按照当前的消耗速度计算,可以维持80年。从长远来看,开展后续勘探以及改良提取技术至少可以使铀的维持时间翻倍,特别是日益上涨的铀价会促使矿业公司开展更进一步的勘探。铀的勘探历经了这样一个过程:最初1945—1958年是由军事需求驱动的,然后1974—1983年依赖于民用核电站的需求,而1985—2003年间则没有进行任何铀的勘探。随着亚洲新建核电站带来全球需求的日益增长,铀矿开采公司利用新技术和新的地质学分析手段,开始着手进行新一轮的勘探工作[98]①。2005—2006年间,由于投资和勘探活动的增加,世界上探明的铀矿储量增加了17%。此外:

"矿产品的价格也直接决定了可商业开采的已知资源数量。与其他金属矿物质类似,价格提高一倍,将造成勘探活动的增加,以及对经济可行的再生资源进行重新分级,于是随着时间的推移,将可能会获得10倍的储量增长"[99]。

澳大利亚铀信息中心认为,如果铀价翻倍,那么已探明储量有望提高10倍,从300万吨增长到3 000万吨[101]。很多时候,核工业利用人们对裂变材料长期可保障性的担忧来证明发展快中子增殖堆工艺学的合理性。这种类型的反应堆可利用从传统反应堆乏燃料中提炼的钚来启动,并配套后处理装置,形成闭环式运转。这种利用自然铀或贫铀的反应堆,每吨矿石产生的能量可以比传统反应堆多60倍。以当前的核电输出能力计,增殖反应堆可以提供3万年的电能。但是据估计,快中子增殖反应堆每千瓦电力的成本约为传统核电站的3倍,在投入商用之前有必要在研究与开发方面投入大量资本。印度连同其他许多国家正在这一领域进行广泛的研究与开发。但是该研究在中短期内不会取得突破性进展②。此外,近期麻省理工学院的一份报告称,研究增殖反应堆的初衷是基于铀匮缺这种过时的观点,考虑到它需要一个轻水反应堆运行30年来产生可用于启动增殖反应堆的钚,这显然是不经济的。

---

① 在第三次铀矿勘探期内(2003年到2009年底),大约有57.5亿美元用于铀矿的勘探和600余个矿床的划分[100]。

② 从海水中提取可生产45亿吨铀,以当前的消耗速度计算,可以使用60 000年,但是目前它代价昂贵[102]。

报告建议,较为实用高效的核电站应该是由浓缩铀引发的增殖反应堆(具备单一转化率)。在这种设计中,将天然铀或贫铀填充到反应堆堆芯中,与同比例的浓缩铀一起燃烧,且不产生多余的核物质。该报告认为这样的反应堆才是"一个更简单且高效的自给自足式燃料循环装置"。他们认为,"至少在本世纪内"有充足的铀来维持全世界最乐观的核能应用[103]。

当然还有其他的技术解决方案。例如,进行进一步的改进可以减少轻水反应堆30%的低浓铀需求;从使用过的低浓铀中分离钚和铀,并用它们制造新燃料还可以再减少30%的需求量。采取这两个步骤可使轻水反应堆的铀需求量减半。

已探明的铀矿大多集中在相对稳定的工业化国家,例如澳大利亚(23%)、哈萨克斯坦(15%)、俄罗斯(10%)、加拿大(8%)、南非(8%)、美国(6%)。如 Montgomery 所说:"这种分布情况可能会令印度或中国不满,但这样的分布至少可以确保能够从稳定的国家获得可靠的供应"[104]。不论国家之间是否"和睦",有些国家都不得不进口铀,这个确凿的事实沉重地打击了核电可以实现"能源独立"的论断,特别是对于像法国这种在 20 世纪七八十年代就致力于发展核能以实现能源独立的国家。

加拿大皇家银行近日表示,在短短的几个月内,铀市场已经从供过于求转向供不应求,原因就是中国开始给新反应堆购买长期储备量。价格的上涨也是缘于中国媒体报道说,到 2020 年该国的核电规模将超出规划的 60%①。一些国家在获取铀原料方面比其他国家面临更大的困难,比如根据与俄罗斯签订的条约,美国从退役的俄罗斯核武器中提取铀,以提供其当前 40% 的反应堆燃料,这个条约在 2013 年到期。铀矿仅能提供全世界铀需求量的 2/3,剩下的 1/3 来自于军事资源(铀/钚储备和退役核弹中的铀)。

1.5.2　核电经济

相对于其他形式的发电站,核电站的建设非常昂贵,这是逃避不了的事实。核能的实际成本和预期成本取决于多种因素,根据近期麻省理工学院的报告,建设一个核反应堆的成本(初始投资很高,后期运行成本相对较低)约为每千瓦 4 000 美金,即一个典型的 10 亿瓦的核电站耗资约 40 亿美元。实际上,业内人士估计,当前建设一个核反应堆至少耗资 60 亿美元,甚至高达 100 亿美元。"如果建成一个核电站并且运营良好,将产生源源不断的收入",但是"核能的缺点就是前期需要投入巨额资金"[105]。

该报告还指出:"美国 20 世纪 80 年代到 90 年代初建造的核电站很少记录成本。实际成本比预期成本高出很多……美国最初的几个核电站对参与各方都是严峻的考验"[106]。

但是,"新核电站的设计寿命将长达 60 年且不需要重大改造,而石油、煤炭以及

---

① 加拿大皇家银行据此认为,到 2012 年铀的现货价格将翻一番。最近中国与法国阿海珐(AREVA)公司合作,该公司将对中国出售价值 35 亿美元的铀。

大多数可再生能源发电站的寿命只有 30～40 年。同时，核能产生的电能将等同于最大的化石燃料发电站甚至更多，可以达到 1.6 GW 以上，并且每年可以减少 700～800 万吨的碳排放"[107]。由于资本密集、建设周期长且成本难以控制，核反应堆的建造极其昂贵，而且投资者还面临许多不确定因素带来的困扰①。

华尔街金融公司表示，新建核反应堆的金融风险导致在资本市场销售这些项目的债券非常困难。即便是美国 2005 年《能源政策法》（简称《法案》）②批准了约 185 亿美元的贷款担保（占新反应堆一期建设款项的 80%），但仍不足以激发大型私营企业的投资兴趣[109]。1983 年华盛顿公共电力供应系统（Washington Public Power Supply System, WPPSS）之殇至今仍刺激着资本市场的神经，由于时间和成本的连续超支，其在建的 4 个核电站被封存，留下价值 20 亿美元的债务。依据某大型工程部门的统计，英国公共事业公司已经将规划的核电联网规模削减 28% 至 18.4 GW，最终甚至可能减至 13 GW。此外，核工业发展需要政府继续提供担保。"核电站选址、电网连接、许可证发放、核废物处理和经费保障等的不确定性"加剧了投资方的焦虑[110]③。

很明确的是，在自由竞争的能源市场（政府不再设立目标或进行市场刺激）中，公共事业部门将不会再新建核电站。这就是碳排放成本对未来核电发展经济可行性至关重要的原因，因为这将提高两个主要竞争对手（燃煤发电站和燃油发电站）的成本。除去欧洲碳排放交易体系（Emission Trading Scheme, ETS）或者其他机构附加于碳排放上的价格，煤炭和石油是最便宜的选择，其次才是核能。但是，如果碳排放的价格是每吨 25 欧元，那么核能就是最便宜的。英国政府重塑能源市场的措施之一就是给碳排放设置一个合适的"最低"价[112]。

反应堆的实际成本与预期成本往往有较大出入。一份评估报告发现，1966—1977 年美国（美国大多数反应堆都建于这一时期）每个核电站建设的实际花费至少是预算的 2 倍[113-114]。英国最近建设的赛兹韦尔 B 反应堆花费 18 亿英镑，而预算仅为 3 亿英镑。芬兰和法国新建的欧洲压水反应堆均超时超支。因为亚洲和俄罗斯的能源市场不透明，对其建设费用进行评估相当困难[115]。然而，法国和芬兰核电站工期延误所造成的负面影响导致一些主要的核电建设公司在《国际核电杂志》等核

---

① 国家投资核电行业时还承担着必须直接拨款的额外负担，有些国家还会通过政府征收发电税来支付核废物处理和核电站退役的费用。

② 此外，该《法案》精简了监管部门此前耗时较长的批准流程。根据以前的制度，核电站一旦建成就可以对其提出反对意见。该《法案》还允许设立"风险保险"，以保护公用事业免受联邦政府或州政府对在新许可架构下的 6 个新建核反应堆监管滞后的影响。贷款担保提供项目耗资的 80%，其偿还时间超过 30 年。然而这些贷款担保并没有收到预期效果，由于政府贷款建设核电站的成本问题，联合能源集团公司近期决定退出与法国电力公司合资新建核电站的事宜。这凸显了核电站建设的复杂性，即使有政府的补贴，在开放的能源市场中依然存在不利于核电的经济因素[108]。

③ 政府表示：与不干涉自由市场的做法相一致，它将通过减少或者消除新建核项目的障碍来推动核电市场的发展[111]。

工业知名杂志上登出整版广告,强调其在中国新建的核电站工期正常、造价可控①。在美国,虽然有少数新建核电站项目正处于规划中,但是有同等数量的新建项目已经失败,原因在于即便有联邦政府的贷款保证,投资方中仍有一些合作伙伴决定不再增加新的投资。事实上,由于"监管环境恶化",佛罗里达电力和照明公司(Florida Power & Light,FPL)已经暂停了2个反应堆的建设工作[116]。

核电站建造需要面对业内"创新工程"(first-of-a-kind engineering,FOAKE,译者注:该词原意为某类工程领域的第一个项目)的挑战。该行业最不确定的因素集中于设计施工、财政支持、政治环境和气候因素,因为难以估计它们对工程的总体影响并对其进行恰当的控制。"重复工程"(nth-of-a-kind,NOAK,译者注:该词原意指的是参照创新工程设计的第n次重复建设项目)建设的反应堆由于可以借鉴早期反应堆施工和调度的经验、教训,其成本应该要比"创新工程"减少10%~20%[117]。此外,"通常建造成本在5~7次'重复工程'后趋于稳定……",即便如此,核反应堆的建造成本依然很高,而且受政府利率波动影响较大。法国和日本等国已经证明,核电站的成本结构使得只有大型的新建核电站才能"在缺乏碳排放交易的情况下与燃气发电相抗衡,从某种意义上说,核能是一个要么全赢、要么全输的选择"[118]。

目前亚洲的核电实际成本明显低于北美和欧洲。中国在建的两个主要的反应堆分别采用本土设计的 CPR-1000 和西屋电气公司的 AP-1000,成本为每千瓦 1 296~1 790 美元[119]。韩国自主设计的 APR-1400 隔夜成本是每千瓦 2 333 美元。近期阿联酋(United Arab Emirates,UAE)与韩国 KEPCO 财团签订了一份价值 204 亿美元的合同,将在阿联酋建设 4 个 APR-1400 反应堆,全包费用是每千瓦 3 643 美元。值得注意的是,该价格近似于"创新工程"价格,因为这将是阿联酋的第一个核电站。

核反应堆建设成本的地区差异很大,绝大部分是支付给建设及操作核电站的工人的工资。此外,还需要考虑是否有充足的熟练工人来操作新建的核电站。

福岛核事故暴露了新建核电站的安全问题,造成保险费用的上涨,目前尚不明确具体的经济后果。最近一份评论认为:"在人们彻底认清福岛核事故的问题所在并找到防止这类事故再次发生的办法之前,管理者恐难以批准任何新型核反应堆的设计。因此美国和英国将会推迟其通用评价工作。需要附加设计的程度仍有待观察,但是这很有可能将增加的成本(也许是大幅度的)强加给所有新设计的反应堆"[171]。

1.5.3 熟练劳动力和原材料的短缺

当前全球供应链的瓶颈问题可能会破坏新建核电的计划,包括熟练工人的缺乏、零部件与反应堆容器订单的大量积压。从工程学角度看,新建反应堆的订单越

---

① 在中国,在建的 4 个新型 AP-1000 反应堆正在按时保质地建设中,并计划于 2013 年实现首次并网 (Nuclear Power International Magazine,2010)。

多,公司投资开发劳动技能的效益越高。据总部设在华盛顿的核能研究所(Nuclear Energy Institute)2009 年的调查表明:美国现有核工业 38% 的劳动力将在 2014 年达到退休条件[120]。于是,美国的职业教育学院为核工业量身打造了为期两年的教育和培训项目。但是这些工人受到了来自全球核工业界的需求,现在已经有大量美国熟练核能工程师和管理人员在英国核退役机构工作,因为英国的核工业停滞不前,其本土核能技术基础力量已经耗尽。

还有一些国家更容易受到劳动力短缺的影响,这可能会影响到雄心勃勃的新建核项目。法国就面临着熟练工人的严重短缺,法国电力公司 40% 的操作员和维护员将于 2015 年前退休,为此法国向留学生推荐其核能工程及相关专业的硕士学位。"未来 10 年,对原子能专业学生的需求量约为每年 1 200 人,而现在毕业生的数量仅为每年 300 人"[121]。如果法国能吸引海外留学生留在法国从事其核能项目,那将造成购买法国核技术的国外客户缺乏相应的核劳动力[122]。

在那些奉行核扩张政策的发展中国家,缺乏熟练核劳动力的现象尤为严重。例如在中国,核能工程专业的很多大学生毕业后仅有 30% 从事相关领域工作[123]。鉴于到 2020 年中国至少需要 6 000 名核能工程师,人手紧缺将成为影响其核能发展的潜在问题[124]。

一直以来,技术差距和供应链问题都影响着核电站建设的核心成本和工期。专业人员的短缺将造成建设成本进一步上升。例如,当前世界上只有三菱重工业有限公司具有大型反应堆容器制造能力①,但问题是其能力难以满足全球日益增长的需求。所以有必要对能够制造反应堆承压容器的企业进行更多投资。随着越来越多的核反应堆即将达到设计使用寿命,更换核部件的需求也将越来越大,这都需要重型机械制造商提高制造技术、扩大生产能力。

1.5.4 核安全

核电站建设之初,人们就提出了一个问题:核电安全吗? 在全球核电站商业化运营以来的 40 年里,已经发生了 80 余起严重事故,尤其是温茨凯尔(1957)、切尔诺贝利(1986)和福岛(2011)核事故。切尔诺贝利核事故造成 31 名工人当场死亡,横跨欧洲的核辐射在事故之后数年时间里造成 5 900 多人死亡。1979 年三哩岛核事故后,对反应堆设计进行了升级改进,专门开发了多层安全冗余系统以避免发生此类事故。比如,在西方国家,任何类似切尔诺贝利那种没有任何防护层的核反应堆都将即刻遭到处罚。这两起事故激发了很多改进,引导国际原子能机构建立全球性的网络以监视核电场所、设计方案和操作规程,创建"最佳工业实践"的汇总机制。如今的核电站设计都注重被动安全措施(译者注:核电站实现安全的方式可分为主动安全和被动安全。主动安全方式依赖于安全设备或人员的监控,核设施发生异常

---

① 气候变化科学与技术联合委员会于 2009 年讨论了这一问题。

时,这些设备或人员采取动作将核设施重新置于安全状态,一旦安全设备发生问题,核电站的安全就会失去保护;被动安全方式则不需要安全设备或人员的主动介入,一旦出现意外,反应堆会自动熄灭,从根本上避免核事故的发生),任何安全异常都将自动关闭反应堆。

然而经实践证实,这些指导措施并未有效防止福岛核事故的发生,因为该核电站的灾害管理计划未曾考虑到如此糟糕的情况,其海上危险防御工事无法有效应对如此严重的灾害,最终海啸漫过海堤造成应急柴油发电机组无法正常工作,而备用电池能量最终耗尽,许多反应堆因无法快速冷却而部分融毁。事后,日本官方承认福岛核事故和切尔诺贝利核事故一样严重,并将事故的危害等级提高到最高的7级。

虽然过去20年间核工业的发展越来越安全,但是核电站的缺点就在于结构太复杂,几乎每个反应堆都要历经几次小事故或小故障,尽管彻底损毁的概率很低,但是这类事故的影响却十分巨大[125]。随着时间的推移,现有核反应堆的安全薄弱环节已经得到改进,安全操作规程得以更新,安全记录也将得到大幅改善。核工业还与国际原子能机构、世界核电厂营运者联合会(Worldwide Association of Nuclear Operators,WANO,成立于1986年切尔诺贝利事故后)合作,对人为因素和安全文化进行研究[126]。

麻省理工学院某项研究的人员乐观地认为,到2050年全世界核能容量将增加3倍。他们推断,根据概率风险评价(probabilistic risk assessment,PRA),预计在此之前将发生4起堆芯损坏事故(以现阶段统计出的"堆芯损坏事故概率为每1万堆年发生1起"计)。这一结论是令人难以接受的,人们期望该值应该在1以下[127],理想的堆芯损坏事故发生概率应为每10万堆年1起,即目前的1/10。在建新型轻水反应堆的设计者表示,他们已经通过增加安全措施和采用更多被动安全机制实现了这一目标①。在反应堆许可证发放期间(或之前),监管者也会重点关注新一代轻水反应堆的安全性。

技术和劳动力因素决定了完全没有风险的核电站设计方案是不存在的。安全运行需要有效的监管、安全至上的管理者和熟练的劳动力。全世界电力部门的重组使一些操作者将利润置于安全之上,核电站发生事故的原因正在于此。越是过分自信,或者越是强调利益最大化,核电也就越不安全。我们需要持续关注"核反应堆安全目标是否兼容于电力市场的竞争性要求"[129]。核电站的拥有者和管理者表示,相比核事故带来的巨额经济损失,提高核电站运行的安全等级更有利于节约成本。然而,建立有效的监管机构,确保核电运营商们重视对运营核电站的安全检查也是至关重要的。

---

① 采用高温气冷反应堆将带来额外的收益。原则上说,高温气冷反应堆比轻水反应堆优越,因为燃料形式以及低功率密度、高热容量的核心设计使其可以保持足够低的核心温度,即使在意外缺失冷却剂的情况下,它依然能够保持裂变反应,虽然研发过程并未实际验证这一极端情况[128]。同时在防扩散能力方面,高温气冷反应堆也有优势。

正是福岛核电站所有者（东京电力公司）的管理失策与削减成本的做法，加剧了事故的严重性。早在2000年7月，"日本最大的实业公司东京电力公司负责运营的核电站就发生过4起突发性意外停机事故，致使释放的辐射剂量超出了可接受水平。2001年，有人检举揭发该公司的17个核电站存在虚假测试问题，因此政府强制东京电力公司关闭了一些核电站"[172]。此外，"2002年，该公司预计其拥有的17个核电站都可能要被迫关闭以进行检查和维修。因为在政府的强制性检查中发现，该公司存在虚假测试且隐瞒设备故障等问题，其中某些故障具有潜在的灾难性"。一名公司高管因被指控"签署虚假检查报告，隐瞒了13个反应堆中的2个反应堆'护罩'（或围绕反应堆堆芯的金属罩）存在巨大裂缝的事实"。根据东京电力公司的文档，该公司"截止到3月11日灾难前两周的10年里再三回避安全检查，并允许铀燃料棒堆积在已经使用了40年的设备中"[173]。该文档还揭露，在首席执行官Masataka Shimizu授意下，该公司为了降低成本，将乏燃料堆放在核电厂内，而不是选择其他更安全的储存方式。

1.5.5 核废物处理与核电站退役

核燃料循环过程中的任何环节，从铀矿开采、燃料浓缩、电站排放到乏燃料后处理以及污染场所退役等，都将产生高放废物[130]。处置放射性废物是目前核工业面临的最大难题之一，尤其是对高放废物和乏燃料的处置更为困难，因为它们是目前已知毒性最高、半衰期最长、致死性最强的物质[131]。

核电站投入运营的前几十年，早期全球的规划者都没有考虑到核废物处理问题。也许让很多人诧异的是，直到1973年，也就是第一个核反应堆建成20年后，国际原子能机构才举办了第一届有关核退役和核废物永久储存的会议[132]。核废物在技术上是很难处理的，令国际社会感到棘手，因此过去一些国家往往将核废物倾入大海草草了事。例如，法国1967—1969年将位于马尔库尔（Marcoule）的后处理工厂所产生的1.2万余立方米核废物倾入海洋[133]。从1946年开始，各国分别在大西洋和太平洋海域的50个不同地点向海洋倾倒低放废物[134]。在20世纪70年代之前，都没有引起太多担忧，直到1982年才达成了一份禁止再向海洋倾倒核废物的国际协议①。

20世纪70年代以来，人们为寻找放射性废物处理方法进行了不懈努力，英国皇家环境污染委员会（Royal Commission on Environmental Pollution，RCEP）1976年发布的第六次报告突出强调了这个问题。著名的《Flowers报告》（以主席Brian Flowers的名字命名）建议，在核废物处置问题得到解决之前，英国不应该新建核电站。核废物处置问题正逐渐成为核电领域的"阿喀琉斯之踵"[136]。

最初，由于许多国家难以找到适合核废物地质处置的场所，曾有段时间核工业

---

① 低放废物通常被包装在金属桶里，并在上面浇灌混凝土和沥青。正如一位评论家指出的，"目前为止，除有时在临近废物包掩埋地点的海水、底泥、深海生物取样会发现铯和钚浓度较高外，未发现由核武器放射性落下灰造成的放射性核素水平超标"[135]。

与其政府决策机构饱受指责。于是,曾经封闭的、秘密的决策过程被公开,出现了一种新型的、试探性的、更加开放的管理模式,使以前被排除在外的利益相关方可以参与决策制订。这就需要转变组织观念,并寻求建立允许持不同立场的团体进行充分辩论的民主决策机制[137-138]。很明显的是,许多国家对发展核能所持的立场都是:在制订出可行的高放射性遗留核废物长期储存方案之前,不再新建核电站。

以英国为例,在塞拉菲尔德建立岩石力学实验室以测试地质处理场所可行性的提议被否决后,饱受指责的核工业和政府于2001年制订了《放射性废物安全管理条例》,否定了过去封闭的决策过程,并寻求一条在利益相关方之间建立对话与审议机制的新途径。

作为"新透明性"决策的一部分,2003年成立了由具备科学、技术以及社会科学背景者组成的放射性废物管理委员会(Committee on Radioactive Waste Management,CoRWM)。该委员会的新特点在于其多元的组成,它试图将科学分析与公众和利益相关方的参与(public and stakeholder engagement,PSE)相结合。放射性废物管理委员会有助于获得公众对决策的信任,这种信任曾因核废物政策的失败以及近期爆发的疯牛病等危机而遭受沉重打击[139-140]。该委员会运行了3年,期间致力于公众和利益相关方参与过程,在英国这种方式持续至今。在其2006年7月的最后一份报告中,曾提出将核废物进行深层地质处置的建议,同时呼吁建设短期储存等配套设施以及对深层地质处置进行深入的研究与开发[141]。这与发表在其他文献中的综合分析结果不谋而合。这些结果建议,从科学的角度看,长期地质隔离是彻底的,高放废物进行深层地质处置是最适宜的方案[142]。据估算,采用这种处置方式的成本变化范围很大,平均花费约为120亿英镑。虽然大多数利益相关方支持这一建议,但也有一些利益相关方(例如"绿色和平"组织)和地方政府(例如苏格兰)反对,他们倾向于在地面上临时储存。最近1份报告对放射性废物管理委员会的这个建议进行了评论[143]。

放射性废物管理委员会的作用证实,原先持不同立场的利益相关方可能利用充足的时间、资源和良好的意愿来共同合作解决某个问题①。虽然很多国家在探索解决核废物长期储存方案的过程中变得越来越开放和合作,但是迫于新建核电站的压力,关于核废物长期储存解决方案的可靠性还有待验证[144]。在能源安全性是当代政策重点的情况下,新政策的制订模式往往使人回想到早期的核政策制订。Blowers评论说"管理模式缺少包容性和参与性",在许多方面具有"积极独有的状态"(据Dryzek如此描述),这一特征在20世纪90年代初曾流行于英国[145]。虽然2007年政府在新建核电站的磋商中强调了公众参与,但是却被许多问题所困扰,并最终导致在法庭上输给了英国"绿色和平"组织。法院的裁定对政府很不利,它认为这一提案存在"严重缺陷"、"明显不充分且不公平",由于政府提供的信息不充足且

---

① 20世纪90年代中期以来利益相关方的对话经验说服核工业内部和外部相关人员协同开展核领域合作。

部分"误导"公众,使得公众评审顾问不能作出"理智判断"[146]①。

同样在法国,1991年制订的关于放射性废物管理的《巴塔耶法》标志着核政策制订模式更接近于民主的决策制订过程,它将终止目前还在流行的"保密原则",同时也促进了对不同政策制订模式的探索[148]。欧洲立法的透明性和全民参与性也迫使法国核能政策制订过程更加公开。虽然专家和公众共同参与这种新式的咨询和讨论过程受到很多问题的困扰,但是它可以暴露传统代议民主制的局限性,研究人员已经对这一新领域进行了分析,并建议有必要推动"科技民主"这种新兴形式[149],它可以增加公众对核废物管理与处置技术及组织效能的信心和信任[150]。

尽管核废物处置所需的费用惊人,但相对于核电站退役成本却是微不足道的。与燃煤发电站不同,核电站退役时不能仅仅拆除上层建筑并在原址上用于其他目的。废弃核电站的处理是一个复杂的过程,最初必须小心地拆卸放射性部件、建筑,有时也包括被污染的土地,并将它们作为核废物进行处理与储存。其中没有任何一项是省钱的。据估计,英国目前所有核电站退役最终将花费超过1000亿英镑[151],其中大部分用于清理早期的民用和军用核电站[152]。直到最近,大多数核电站的预算都不包括退役成本,但是退役成本可能等同甚至超过建设成本[153]。因此英国政府建议对核电征税,以满足退役和其他后续处理的成本需求,但是仍然有人担心这还远远不够。

多年来核工业界都在尽可能延迟核电站退役。直到1995年,一份官方报告仍建议将英国核电站延迟100年退役[154]。伯克利镁诺克斯(Berkeley Magnox)型反应堆于1998—1999年停止运营后不得不退役时,随之而来的退役费用就成为一个问题②。新工党1997年上任时,开始寻求省钱的办法以应对核电站退役,其中特别借鉴了美国将核退役工程承包给私营财团的经验。政府部门与私营财团"签订合约",而不是出售核债务。私营企业的参与使得人们能够更精确地获取核电站退役的真实成本,仅2007年核债务就增加了16%[156]。政府希望私营部门掌握的技术和经验能够创新解决方案,从而降低成本并削减纳税人的最终支出。不过这种愿望能否实现尚未可知。

大多数国家倾向于将核废物处置设施建在地下几百米的岩层中。到目前为止,只有芬兰正在建设一个类似的地下处置设施,而瑞典仅与拟建处置设施的当地社区达成了协议。但是最近,核废物最多的美国在进行了20年的调查后否决了一处备选场址。这对竞选者提出的新建核电计划是一个沉重打击。出于科研和政治的考虑,在花费30亿美元开展了一段时间的集中研究和辩论后,内华达州核试验场的一部分(尤卡山,Yucca Mountain)被选作放射性废物的处置场所(已获国会批准)。该

---

① 尽管放射性废物管理委员会认为对核电发展既不能禁止也不能放任,但是布莱尔政府仍然宣布将从2006年开始建造新的核电站来应对气候变化问题。政府采纳了放射性废物管理委员会提供的废物解决方案,这表明政府可以选择性和战略性地开展更加公开和透明的决策[147]。

② 英国中央电力局(Central Electricity Generating Board,CEGB)声称已经预留了核电站退役所需的资金,一旦核电站需要退役,随时都能进行适当的处理。然而这只是代理记账,钱最终还给了英国财政部,并没有明确的机制使其可以用作核电站的退役资金[155]。

场所原计划于 2010 年正式运营,但是由于环保组织的反对而搁置。奥巴马政府上台后取消了这些计划。现在美国没有地方可以存放 7 万吨核废物,它们只能被储存在核电站内以及分散在全国各地的其他设施中[157]。

1.5.6 核扩散风险

"人们无法想象,如果犯罪分子获得镭会有多么危险! 掌握自然的秘密是否就是人类的优势? 我们是否已成熟到可从自然知识中获益? 那些自然知识是否会伤害我们呢?"[158]

自 100 多年前发现放射物以来,人们就一直担忧核材料会被恶意使用。当今,与核反应堆故障或核废物带来的潜在风险相比,核武器和核材料扩散所带来的威胁更大。这些威胁并未随着冷战的结束而销声匿迹,尽管当前的威胁不像冷战中那么紧张,但是至今仍然困扰着我们。自从核能出现后,人们就开始担心核武器的扩散问题,因为当时第一个核反应堆的用途就是从乏燃料中提取钚,以制造核武器。相比之下,当今防核扩散的目标就是尽量减少核燃料循环使用过程中的扩散风险[159]。

1968 年生效的《不扩散核武器条约》规定,已经拥有核武器的国家不能将原子武器转移给"非核武器国家"。该条约还援引人权和发展的论述为核能辩护,即"和平利用核能是所有条约缔约国不可剥夺的权利"①。国际原子能机构首席主管 Mohamed El Baradei 把国家的铀浓缩能力和后处理能力视作不扩散制度的"致命缺陷"[160],因为拥有这些技术的国家都具备核武装的能力②。当前面临的另一个问题是越来越多的国家倾向于发展快中子增殖反应堆或对此感兴趣。《不扩散核武器条约》存在的某些漏洞使一些观察员质疑世界范围内的核电复兴。为什么核能的扩张是一个潜在的问题? 从乏燃料中萃取钚的普雷克斯法是众所周知且易于实现的。目前全世界有 1 000 t 的钚。

采用普雷克斯/混合氧化物(PUREX/MOX)型反应堆的国家可能既没有基础设施也没有资金来控制它的蔓延。这就意味着当前面临的真实情况是,"流氓国家"要获得用于发展核武器的武器级核材料并非是不可实现的,只是可能遇到的技术挑战会比预想大得多而已[162]。解决这种状况的办法之一就是由美国和其他核国家向小规模核电国家租借核燃料。近期一份有关《不扩散核武器条约》职能的报告认为:

"有些松散的核不扩散制度需要进行认真的复查并加以强化,这样才能应对全球经济增长所带来的挑战,因为人们已经认识到燃料循环过程中的核扩散将大大削减核电这一解决能源和环境威胁的方案对全球的吸引力"[163]。

---

① 《不扩散核武器条约》的三大基石:不扩散、裁减核武器、和平利用核技术的权利。
② 一些人认为《不扩散核武器条约》旨在防止"核东方化",因为东方会再次出现核武器,于是东方存在问题而西方没有[161]。

1.6 结论

我们已经见证了在核能的诞生、发展、衰退和复兴的过程中，多种需求维持着核技术的发展：从降低电价，到确保能源独立和能源安全，再到应对气候变化。每种需求都不得不应对建造核电站的高昂成本，以及人们对核废物处置方法与场所选择等常见安全问题和对燃料循环过程中固有的扩散风险的持续关注。

当今，核能的部分优势在于它能够满足为缓解气候变化而大力发展与促进低碳能源的需要，同时可持续能源（风能和太阳能）的并网步伐尚不足以使能源体系从以碳为主直接过渡到以低碳能源为主，这也需要核电作为一种过渡能源。因此，有的国家选择新建核能计划（有时会停滞数年），有的选择延长现有反应堆的使用寿命。欧洲和北美的核电发展相对停滞，而大量发展中国家却在积极发展核电，这不仅仅是环境原因，也是这些国家工业化进程必需的一部分，例如，中国和印度发展核电就是为了应对电力需求增长的严峻问题。电气化运输以及家用/商用热力部门用电需求量的增长也促进了核电的增长，通过发展低碳运输系统再次有效地缓解了气候变化。随着技术的发展，电动轿车和电动巴士将成为无碳运输领域的核心，人们将优先选择采用零碳排放工艺生产出的电力，其中可再生能源（主要是风能）和核能位列榜首。一些非经济因素也促进了核能的发展，例如国家的地位和威望。核能具有重大的政治和社会意义，特别是发展中国家通过发展核能来加强其统治的合法性[164]。

但是鉴于资源受限与核电所带来的挑战，我们认为核能作为一种可行的"过渡"方案也许仅能满足中短期环境和经济发展的需求[165]。尽管如此，核能仍将面对许多重大问题，其中多数目前尚未得到妥善解决。决策者们设计了一系列措施试图解决更为紧迫的问题，例如，建立贷款担保、减免税收和人为增加碳排放成本等，这些都是为了使核能比化石燃料更具竞争性。核能从诞生之日起，就需要政府通过直接补贴或间接介入的方式来帮助核电构建其市场地位，对此前文已有详尽阐述。

许多经济、技术和社会等方面的挑战仍困扰着核电行业，核废物处置就是一个典型的例子。只有芬兰在与当地团体商讨多年后，开始兴建深层地质处置设施。在核废物处置设施建设方面，公众的认可和信任极其重要，但是一些国家在核电建设方面极度缺乏公众信任。美国的核废物处理政策就相当混乱，它与内华达州（核废物储存设施目标选址地）居民的态度存在着巨大的分歧。核废物和乏燃料的处置问题也让人们格外关注核扩散问题。由于《不扩散核武器条约》存在着一些漏洞，核能的扩张使某些国家（特别是无核国家）具备了使用普雷克斯法萃取钚的能力，这尤其令人担忧。尽管通过改进在建的新一代轻水反应堆设计方案可以减少风险，但是人们对核能扩张的担心是合情合理的，因为它有可能增加堆芯发生严重事故的风险。就像上面讨论的那样，这种风险依旧很高，必须对轻水反应堆进行额外的设计改进并开展反应堆替代方案研究，以进一步将风险减小到可接受的水平。

最近福岛发生的核电站事故表明，不仅需要改进反应堆的设计，监督和高层管理工作也同样需要加以改进。福岛核事故告诉我们，疏于维护和无视安全规程将延误并加剧灾害的后果。在这个私有化和政府精减人员的时代，疏于管理以及不可避免的组织失效加剧了这种后果[172]。目前虽然在建的新核电站所处的地理位置不同，但是国家和公司所面临的挑战却是相似的，"核复兴"的速度和规模将取决于新建核反应堆是否能证明其"经济性更好、安全性更高、核废物管理更科学、扩散风险更低，以及公共政策是否能够赋予零碳排放电力以更大的价值"[166]。

参考文献

[1] S. L. Montgomery, The Powers That Be. Global Energy for the Twenty First Century and Beyond, University of Chicago Press, Chicago and London, USA and UK, 2010.

[2] W. J. Nuttall, Nuclear Renaissance: Technologies and Policies for the Future of Nuclear Power, IOP Publishing, Bristol, UK, 2005.

[3] Department of State, The Report on the International Control of Atomic Energy, Publication 2498, 1946(also known as the Acheson – Lilienthal Report).

[4] R. Rhodes, The Making of the Atomic Bomb, Simon &. Schuster, New York, 1998.

[5] S. Cooke, In Mortal Hands: A Cautionary History of the Nuclear Age, Black Inc., Bloomsbury, USA, 2009.

[6] W. C. Patterson, The Technological Demands of Nuclear Power, presented at the Nuclear Power and the Energy Future Symposium sponsored by the UK Atomic Energy Authority and Friends of the Earth, 1977.

[7] A. Ham and R. Hall, A Way Forward for Nuclear Power, Energy Rev., submitted.

[8] S. M. Cohn, Too Cheap to Meter. An Economic and Philosophical Analysis of the Nuclear Dream, State University of New York Press, Albany, NY, USA, 1997.

[9] Cooke 2009, op. cit.

[10] World Nuclear Association, Story of Nuclear Energy, 2010e, http://www.world-nuclear.org/info/inf54.html 2010(accessed 1st December, 2010).

[11] J. Scurlock, in Nuclear or Not?, ed. D. Elliott, Palgrave, London, UK, 2007.

[12] Cohn 1997, op. cit.

[13] H. Wasserman, N. Solomon, R. Alvarez and E. Walters, Killing our Own: the Disaster of America's Experience with Atomic Radiation, Delacorte Press, New York, NY, 1982.

[14] Cooke 2009, op. cit.

[15] G. Gaivoronskaia and K. E. Solem, Foresight, 2001, 3, 1.

[16] D. Ford, The Cult of the Atom, Simon &. Schuster, New York, NY, 1982.

[17] World Nuclear Association, Nuclear Power in the United Kingdom, http://www.world-nuclear.org/info/inf84.html(accessed 23rd September 2010).

[18] Cohn 1997, op. cit., pp. 18-19.

[19] R. Hawley, Nuclear power in the UK-Past, Present and Future, Proceedings of the 31st

World Nuclear Association Annual Symposium, Building the Nuclear Future: Challenges and Opportunities, 2006.

[20] Ham and Hall 2006, op. cit.

[21] W. C. Patterson, Nuclear Power, Penguin Books, London, UK, 1976.

[22] Hawley 2006, op. cit.

[23] I. Jackson, Nukenomics: The Commercialisation of Britain's Nuclear Industry, Nuclear Engineering International Special Publications, 2008.

[24] Scurlock 2007, op. cit.

[25] Jackson 2008, op. cit.

[26] T. Benn, Nuclear Power and the Bomb, http://www.tonybenn.com/nucl.html(accessed 1st December 2010).

[27] Scurlock 2007, op. cit.

[28] Jackson 2008 op. cit., p. 6.

[29] N. Fontaine, Regards sur l'Actualité, fév 2006, no. 318.

[30] J. Fagnani and J.-P. Moatti, J. Policy Anal. Manage., 1984, 3(2).

[31] M. Lehtonen, J. Integrat. Environ. Sci., 2010, 7, 3.

[32] G. Hecht, The Radiance of France: Nuclear Power and National Identity after World War II, MIT Press, Cambridge, MA, USA, 1998.

[33] J. Scurlock, Nuclear energy: an introductory primer, in Nuclear or Not?, ed. D. Elliott, Palgrave, London, UK, 2007.

[34] A. Verbruggen, Energy Policy, 2008, 36.

[35] Public Utilities Fortnightly, 1975, 95(9), April 24.

[36] V. Covello, The Politics of Nuclear Power: A History of the Shoreham Nuclear Power Plant, Kluwer Academic Publishers, 1990.

[37] P. Högselius, Challenging Chernobyl's Legacy: Nuclear Power Policies in Europe, Russia and North America in the early 21st century, in The Politics of Nuclear Energy in Asia, ed. Y.-C. Xu, Palgrave MacMillan, London, UK, in press.

[38] C. Hadjilambrinos, Energy Policy, 2000, 28.

[39] C. Hadjilambrinos 2000, op. cit.

[40] R. Williams, The Nuclear Power Decisions: British Policies 1953-78, London, UK, 1990.

[41] T. Hall, (1986), Nuclear Politics. The History of Nuclear Power in Britain, Harmondsworth, UK, Penguin, 1966.

[42] Shore cited in P. McAuslan, Urban Law and Policy, 1979, 2(2), 1-23.

[43] W. C. Patterson, Going Critical: An Unofficial History of British Nuclear Power, Paladin, London, UK, 1985.

[44] Y. Zhou, C. Rengifo, P. ChenandJ. Hinze et al., Energy Policy, 2011, 39, 771.

[45] Zhou 2011, op. cit.

[46] C. X. Liu, Z. Y. Zhang and S. Kidd, Nucl. Eng. Design, 2008, 238.

[47] W. C. Patterson, Environment, 1972, Dec.

[48] Cooke 2009, op. cit.

[49] Scurlock 2007, op. cit.

[50] Scurlock 2007, op. cit.

[51] G. Weightman, New Society, 1979, 8 Nov.

[52] Högselius in press, op. cit.

[53] A. Verbruggen, Energy Policy, 2008, 36.

[54] R. P. Ellis and M. B. Zimmerman, Rev. Econom. Statistics, 1983, 65(2).

[55] M. Freeman, Execut. Intell. Rev., 2006.

[56] F. E. Bonner, Utilities Policies, 1992, 2(4).

[57] P. Hoikka, Energia-asennetutkimus 1983 cited inMLehtonen 2010, op. cit.

[58] Kiljunen, 1986 cited in Lehtonen 2010, op. cit.

[59] Wakeham cited in T. Stenzel, What Does it Mean to Keep the Nuclear Option Open in the UK? Parliamentary Office of Science and Technology Report E-13, 2003.

[60] M. Tweena, Nuclear Energy-Rise, Fall and Resurrection, CICERO Working Paper, Oslo, Norway, 2006, 01.

[61] Rough 2006, op. cit., p. 17.

[62] Hawley 2006, op. cit.

[63] Jackson 2008, op. cit.

[64] W. J. Nuttall, Nuclear Renaissance: Technologies and Policies for the Future of Nuclear Power, IOP Publishing, Bristol, UK, 2005.

[65] B. N. Kursunoglu, S. Mintz and A. Perlmutter, Preparing the Ground for Renewal of Nuclear Power, Plenum Press, 1999.

[66] A. Blowers, in Nuclear or Not?, ed. D. Elliott, Palgrave, London, UK, 2007.

[67] J. Lovelock, NuclearPower is theOnly Green Solution, The Independent, 2004.

[68] J. Lovelock cited in A Ma'anit. A, New Internationalist, Sep. 2005.

[69] G. Boyle, A tale of two countries: non-nuclear sustainable energy futures for the Germany and the UK, in Nuclear or Not?, ed. D. Elliott, Palgrave, London, UK, 2007.

[70] IPCC, Climate Change 2001: The Scientific Basis, Cambridge Univ. Press, Cambridge, UK, 2001.

[71] Carbon Emissions per Person, by Country, Guardian Online, http://www.guardian.co.uk/environment/datablog/2009/sep/02/carbon-emissionsper-person-capita(accessed on 1st December 2010).

[72] The Future of Nuclear Power: An Interdisciplinary MIT Study, MIT, 2003.

[73] S. Kyllönen, Ydinvoiman ilmastonmuutos. In Kojo, ed. M. Ydinvoima, valta ja vastarinta, Keuruu, cited in Lehtonen 2010, op. cit.

[74] L. E. Echavarri, Electricity J., 2008, 20(9).

[75] B. K. Sovacool, J. Integrat. Environ. Sci., 2010, 7(2).

[76] M. Nicholson et al., Energy, 2011, 36(1).

[77] N. Stern, The Economics of Climate Change, Cambridge University Press, Cambridge, UK, 2007.

[78] Lehoten 2010, op. cit.

[79] Zhou 2010, op. cit.
[80] Survey results published by Deloitte & Touche LLP on 2 December 2005.
[81] Lehtonen 2010, op. cit.
[82] World Nuclear association 2010, op. cit.
[83] P. Kiljunen, http://www.sci.fi/Byhdys/eas_08/sisallys.htm(accessed 1st December 2010).
[84] K. Bickerstaff et al., Publ. Understanding Sci., 2008, 17(2).
[85] M. Schneider, Bull. Atom. Scientists, 2008, 3 Jun.
[86] P. Jackson 2008, op. cit., p. 95.
[87] S. Kidd, in Nuclear or Not?, ed. D. Elliott, Palgrave, London, UK, 2007.
[88] Zhang 2009, op. cit.
[89] Zhou 2010, op. cit.
[90] S. Reiss, Let a Thousand Reactors Bloom, Wired Magazine, 2004.
[91] X. Yi-chong, The Politics of Nuclear Energy in China, Palgrave, London, UK, 2010.
[92] W. Dazhong and L. Yingyun, Nucl. Eng. Design, 2002, 218.
[93] R. Heinberg, The Ecologist, 2008, 9th Jun.
[94] G. T. Miller and S. Spoolman, Living in the Environment: Principles, Connections and Solutions, Brooks/Cole, 2009.
[95] Wall Street Journal, 2010, 16th Nov.
[96] Zhou 2010, op. cit.
[97] World Nuclear Association, Supply of Uranium, (accessed 1st December 2010).
[98] Montgomery 2010, op. cit.
[99] WNA 2010, Supply of Uranium, op. cit.
[100] WNA 2010, Supply of Uranium, op. cit.
[101] Uranium Information Center, Nuclear Electricity, 6th edn, 2000, ch. 3, www.uic.com.au/ne3.htm(accessed 1st December 2010).
[102] B. L. Cohen, Am. J. Phys., 1983, 51(1).
[103] MIT, The Future of the Nuclear Fuel Cycle: An Interdisciplinary Study, 2010.
[104] Montgomery 2010, op. cit.
[105] MIT 2003, op. cit.
[106] MIT 2003, op. cit.
[107] Montgomery 2010, op. cit.
[108] Polson and Katz, Constellation Drops Nuclear Plant, Denting EDF's U.S. Plans, Bloomberg Online, 2010, http://www.bloomberg.com/news/2010-10-09/constellation-drops-maryland-nuclear-plant-loan-denting-edf-s-u-s-plans.html(accessed 20th December 2010).
[109] S. Wald, Scientific American Earth 3.0; Dec Special Edn, 2008, 18, 5.
[110] IME 2010, op. cit., p. 3.
[111] IME 2010, op. cit.
[112] Chris Huhne unveils plans for reform of UK energy market, The Guardian, 2010,

16th Dec.

[113] Ramana 2009, op. cit.

[114] Sovacool 2010, op. cit., p. 107.

[115] A. Frogatt, in Nuclear or Not?, ed. D. Elliott, Palgrave, London, UK, 2007.

[116] Nuclear Power International 2010, op. cit.

[117] Jackson 2008, op. cit., p. 105.

[118] Institute of Mechanical Engineers, Nuclear new build. A vote of no confidence? 2010.

[119] World Nuclear Association, The Economics of Nuclear Power, http://www.world-nuclear.org/info/inf02.html(accessed 1st November 2010).

[120] New nuke plants face skilled labor shortage, CBS News, 2010, Apr 30.

[121] Schnider 2008, op. cit.

[122] Schneider 2008, op. cit.

[123] Y. J. Guo, Perspectives on China's Nuclear Working Force, 2004, http://www.caea.gov.cn/n16/n1223/46586.html(accessed on 1st January 2010).

[124] G. J. Li and Z. Z. Ding, Chin. J. North China Electric Power Univ., 2006, 1.

[125] Sovacool 2010, op. cit., p. 108.

[126] Ramana 2009, op. cit.

[127] MIT 2003, op. cit., ch. 6.

[128] MIT 2003, op. cit., p. 49.

[129] MIT 2003, op. cit., p. 47.

[130] Frogatt 2007, op. cit.

[131] J. Byrne and S. Hoffman, Governing the Atom: The Politics of Risk, Transactions Publishers, 1996.

[132] Raffensperger 1996, op. cit.

[133] Greenpeace, Talking Nonsense-The 2007 Nuclear Consultation, 2007, Sep, www.greenpeace.org.uk/files/pdfs/nuclear/2007-consultation-nucleardossier.Pdf(accessed 1st November 2010).

[134] D. P. Calmett, Int. Atomic Energy Authority Bull., 1989, 4.

[135] Calmet 1989, op. cit., p. 47.

[136] Lowry 2007, op. cit.

[137] A. Bergmans, M. Elam, D. Kos, M. Polic, P. Simmons, G. Sundqvist and J. Walls, Wanting the Unwanted: Effects of Public and Stakeholder Involvement in the Long-term Management of Radioactive Waste and the Siting of Repository Facilities, Final Report CARL Project, 2008.

[138] A. Blowers, J. Integrat. Environ. Sci., 2010, 7(3).

[139] CoRWM 2006, op. cit.

[140] Chilvers and Burgess 2008, op. cit.

[141] CoRWM, Managing Our Radioactive Waste Safely, 2006.

[142] MIT 2003, op. cit.

[143] Wallace 2010, op. cit.

[144] Blowers 2010, op. cit.

[145] Blowers 2010, op. cit., p. 166.

[146] The Queen on the application of Greenpeace Limited-v-Secretary of State for Trade and Industry.

[147] Blowers 2010, op. cit.

[148] Y. Barthe, Le Pouvoir d'Inde'cision. La Mise en Politique des Déchets Nucléaires, Economica, Paris, France, 2006.

[149] M. Callon, P. Lascoumes and Y. Barthe, Acting in an Uncertain World: An Essay on Technical Democracy, MIT Press, 2009.

[150] MIT 2003, op. cit.

[151] Jackson 2008, op. cit.

[152] Kidd 2007, op. cit.

[153] Raffensperger 1996, op. cit.

[154] Jackson 2008, op. cit.

[155] Patterson 1990, op. cit.

[156] Jackson 2008, op. cit.

[157] von Hippel 2008, op. cit.

[158] P. Curie in 1905, cited Cooke 2009, op. cit., p. 45.

[159] MIT 2003, op. cit.

[160] N. Dombey, New Left Rev., 2008, Jul-Aug, 52.

[161] Gusterson, Cultural Anthropol., 1999, 14, 1.

[162] J. Mueller, Atomic Obsession: Nuclear Alarmism from Hiroshima to Al-Qaeda, Oxford University Press, Oxford, UK, 2010.

[163] MIT 2003, op. cit., p. 67.

[164] Montgomery 2010, op. cit.

[165] Jackson 2008, op. cit.

[166] MIT 2009, op. cit.

[167] Gallup Inc., http://www.gallup.com/poll/146660/disaster-japan-raisesnuclear-concerns.aspx.

[168] U. S. Support for Nuclear Power Climbs to New High of 62%, http://www.gallup.com/poll/126827/support-nuclear-power-climbs-new-high.aspx.

[169] J. Chaffin, Sharp rise in European anxiety on nuclear safety, 2011, http://www.ft.com/cms/s/0/a378cf98-759c-11e0-80d5-00144feabdc0.html#axzz1 Lrl524A3.

[170] Nucléaire: une trentaine de réacteurs dans le monde risquent d'êtrefermés', Les Échos, published 12th April 2011.

[171] M. Schneider, A. froggatt and S. Thomas, Nuclear Power in a Post-Fukushima World 25 Years after the Chernobyl Accident, The World Nuclear Industry Status Report 2010-2011.

[172] C. Perrow, The Next Catastrophe, Princeton University Press, Princeton, NJ, 2007, pp 133/134.

[173] J. McCurry, Japan nuclear firm admits missing safety checks at disasterhit plant, The Guardian, 22 March 2011.

第 2 章

核燃料循环：与环境的相互关系

CLINT A. SHARRAD, LAURENCE M. HARWOOD,
FRANCIS R. LIVENS

摘要： 核燃料循环产生的废物种类繁多，包括铀矿开采与加工所产生的残渣、多种化学价态的贫铀以及各种不同活度、不同性质的过程废物。事实上，产生的废物与选用的核燃料循环操作（尤其是对乏燃料的管理）密切相关。开式燃料循环会产生高放射性乏燃料，而闭式燃料循环则会产生成分复杂的废液。但是，闭式燃料循环过程有多种废物管理方式可以选择，例如减少高放废物体积、降低辐射毒性以及去除裂变材料等。人类已经提出并开发了多种核燃料循环工艺，但每种工艺都会产生特定的混合废物并对环境带来挑战。

2.1 核裂变能源

大多数正在或曾经运行的核反应堆都使用铀燃料产生能量。一个铀原子由中子诱发的核裂变通常会产生约 200 MeV 能量（一个碳原子氧化生成二氧化碳仅产生 4 eV 能量），由于核燃料的能量密度相当高，因而作为燃料时所需体积较小，使用后产生的废物相对较少。但是核废物具有辐射性，因此它们具有长期潜在危害，对这些废物的管理也往往面临着巨大的政治争议和较高的技术条件制约。在核能领域，虽然开展了大量的国际合作，例如国际原子能机构或经合组织核能机构（OECD's Nuclear Energy Agency）举办的活动，而且在核燃料制造及后处理方面也开展了一些国际性的商业活动，但是目前放射性废物的管理仍被视为国家责任。本章虽然借鉴了一些海外案例，但是讨论的重点仍是英国。

2.2 核燃料

核裂变技术最早源于天然同位素 ^{235}U 的热中子（中子能量约 0.025 eV）裂变，自然存在的 ^{235}U 仅占铀元素的 0.72%。^{238}U 是自然界中占主导地位的铀同位素，它可以通过中子辐照转变成人工同位素（尤其是转换成可裂变的 ^{239}Pu），所以 ^{238}U 也称为"增殖性"同位素。钍同位素的热裂变反应也可用于能源开发。由于通过中子辐照作用能产生钚和其他同位素，所以 ^{238}U 通过原位消耗或新燃料合成也可以进行能源开发。在以铀为燃料的热核反应堆中，约 40% 的总能量是原位生成的钚同位素裂变产生的。

2.2.1 铀矿开采

世界核能协会(World Nuclear Association)网站(http://www.world-nuclear.org/)关于铀矿开采的讨论非常广泛,下文的讨论多基于此。核燃料循环的第一步就是开采铀矿石。虽然可以使用富铀矿,但目前绝大部分铀是从露天矿山的大量贫铀矿(通常含万分之几的 U_3O_8)中提取的,因为它们易于开采。目前世界上的铀大部分产自加拿大、澳大利亚、哈萨克斯坦、尼日尔、俄罗斯和纳米比亚。过去10年,全球铀产量提高了约50%,到2009年的开采量超过了50 000 t。

除了 ^{234}U、^{235}U 和 ^{238}U 等天然同位素,铀矿石中还含有许多其他放射性同位素,它们是铀在衰变成稳态铅同位素的过程中所产生的中间体,其中主要是 ^{238}U 的衰变产物(见图2.1)。通常用硫酸或碳酸钠溶液浸渍碎矿石,然后采用溶剂萃取或离子交换对浸渍液进行浓缩得到铀。大多数衰变产生的放射性核素(镭与分子量小于镭的元素)仍保留在废渣中。贫铀矿中铀的含量越低,产生的废渣("尾矿")越多,而且铀矿厂尾矿往往具有相当强的放射性。截止到目前,全球共产生约9.4亿吨尾矿[1]。这些废物必须进行严格的监管,以防止核污染扩散及其所造成的健康风险。德国东部的厄尔士(Erzgebirge)山脉就是一个典型例子(http://www.wise-uranium.org/uwis.html),该地1945—1990年提取了21.6万吨铀,这些采矿活动影响了方圆100 km^2 的区域(尤其是5个采矿站和2个矿石加工站周边),所产生的废物包括3.11亿立方米废石和1.78亿立方米尾矿,尾矿覆盖面积近600 hm^2,最大厚度达70 m。为了稳定和修复该地区,德国提出了一项历时15年耗资约6亿欧元的修复计划,目前该计划大部分已完成。

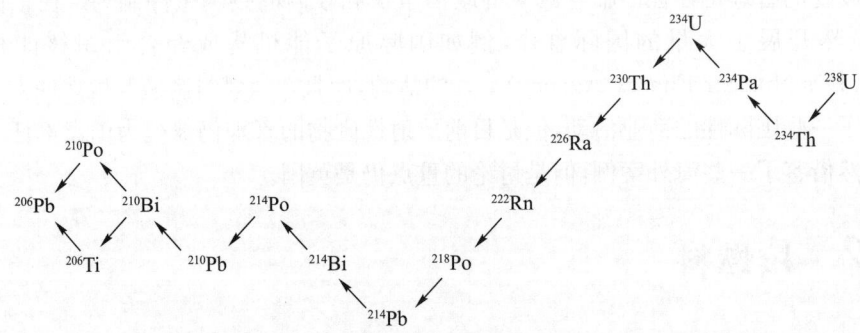

图2.1 ^{238}U 的衰变产物(向下箭头:α 衰变;向上箭头:β 衰变)

2.2.2 铀燃料的生产及使用

从矿石中提取出来的铀先制成"黄饼"(译者注:核燃料重铀酸铵或重铀酸钠的俗称),再由铀浓缩设施根据需要将其浓缩(^{235}U 的比例从自然含量的0.72%有所提高),然后再制成核燃料。当代核反应堆燃料由二氧化铀(UO_2)制成,需要进行浓缩处理,并且通常需要先将铀转化为较易挥发的六氟化铀(UF_6),因为氟是单一同位素,有利于后续采用多级膜扩散或多级离心技术进行浓缩处理。燃料生产中的铀浓缩过程会产生两种含铀流体,其中一种是 ^{235}U 含量为 3%～5% 的低浓铀,另一种是 ^{235}U 含量约为 0.2% 的贫铀。因此通常情况下,生产 1 kg 低浓铀会产生 5～6 kg 的贫铀(贫铀目前的用处很少)。当前,世界上共存有约 120 万吨贫铀,大部分以 UF_6 的形式存在,而 UF_6 是一种高活度、高腐蚀性的材料,并不适合长期储存。

当用于现有反应堆时,浓缩铀需要先从 UF_6 转化成三氧化铀(UO_3),再还原成 UO_2(一种耐用陶瓷),并最终压制成片状。随后将片状浓缩铀装入由不锈钢或锆合金(以锆为基材的合金,通常含锡或铌)材料制成的金属管,具体材质取决于反应堆类型,然后将金属管插入核反应堆中。为了降低核素浓缩的难度和成本,早期核反应堆(如美国汉福德的首个核反应堆和英国的镁诺克斯型反应堆)设计使用天然同位素化合物作为燃料。但是这种反应堆不能承受 UO_2 裂变同位素所带来的腐蚀,所以必须使用金属铀,而金属铀又限制了反应堆的工作温度和效率。

2.2.3 现代民用反应堆燃料

现代商用核反应堆使用的两种燃料都是强氧化物,非常适合反应堆内的高热、强辐射环境。UO_2 较为常见,其中 ^{235}U 的含量需要从自然丰度浓缩至 3%～5%,有时也会使用浓度高达 9% 的浓缩铀。某些反应堆需要装载铀/钚混合氧化物(mixed U/Pu oxide fuel,MOX)燃料,特别是在日本、法国、瑞士等国的反应堆。这种混合燃料通常含有低浓度的 ^{235}U(或浓缩过程中的贫铀副产物、乏燃料再生产物),通过添加钚来增强其反应性。一般情况下,Pu 占 7%、U 占 93%。现代压水反应堆的堆芯设计载荷允许添加比例高达 1/3 的混合氧化物。

钚能否作为混合氧化物燃料使用,主要取决于它的同位素组成。热辐照作用可将 ^{239}Pu 转化成 ^{242}Pu(见表 2.1)。随着辐照时间的延长,重分子量同位素所占比例增高,因而总质量数大于 239。由于在热反应器中只发生 ^{239}Pu 和 ^{241}Pu 裂变,因此从高燃耗燃料中分离出的钚裂变物含量低于低燃耗燃料。此外,由于 ^{241}Pu 的半衰期相对较短,数年后大部分钚将衰变为 ^{241}Am。这就导致了两种后果:一是钚的裂变成分减少;二是 ^{241}Am 的衰变将伴随着 γ 辐射(59.5 keV),这导致运转难度加大,因为处理镅含量较高的钚必须使用射线防护设施。因此,位于卡达拉奇(Cadarache)的梅洛克斯(Melox)混合氧化物燃料生产厂只能使用 5 年以内生产出的钚。

在发生了辐照衰变的铀中也会形成 ^{238}Pu。它由 ^{237}Np 俘获中子产生,而 ^{237}Np 则是 ^{238}U 经过 n、2n 反应,或 ^{235}U 连续捕获中子而产生的。

表 2.1　钚同位素的性质

	半衰期/年	衰变类型	镁诺克斯型反应堆燃料中的原子含量/%	改进型气冷反应堆燃料中的原子含量/%	压水反应堆燃料中的原子含量/%
^{238}Pu	87.7	α	0.1	0.6	2.7
^{239}Pu	24 110	α	80.0	53.7	50.4
^{240}Pu	6 563	α	16.9	30.8	24.1
^{241}Pu	14.35	β	2.7	9.9	15.2
^{242}Pu	3.73×10^5	α	0.3	5.0	7.1

注:不同类型燃料的数据源自 NDA[2]。镁诺克斯型反应堆燃料为天然同位素化合物,燃耗为 3 000 MW·d·t^{-1};改进型气冷反应堆燃料和压水反应堆燃料为低浓缩燃料,燃耗分别为 18 000 MW·d·t^{-1} 和 53 000 MW·d·t^{-1}。

2.2.4　核燃料的辐照

任何核燃料经过辐照后,有用的裂变同位素比例都会降低,而裂变产物的含量却会增加。其中部分裂变产物是高效的中子吸收剂,会使燃料"中毒"。因此,核燃料在使用大约 3 年后,反应性严重降低,这时就需要将其从反应堆中移除,并换上新燃料。表 2.2 列举了一种典型的铀燃料组成。

表 2.2　新燃料和乏燃料组分示例(未计算氧成分)

	新燃料/%	乏燃料/%	新 MOX/%	乏 MOX/%
裂变产物	0.0	3.4	0.0	4.7
铀	100	95.6	90~97(通常为 93)	90
Pu 同位素	0.0	0.9	10~3(通常为 7)	5
次锕系元素(Np,Am,Cm)	0.0	0.1	0.0	0.3

注:此处假设新燃料提取自非再生铀。辐照发生后,铀的同位素组成发生变化,^{235}U 捕获中子生成 ^{236}U 造成 ^{235}U 含量下降,^{236}U 含量增加。由于燃料组分和辐照过程不同,乏 MOX 中各组分的含量差异较大,因此表中的数据均为估计值。MOX 数据源自 WNA[3]。

2.2.5　替代燃料

2.2.5.1　铀/钚快中子反应堆

裂变产生的高能中子(快中子)具有 1 MeV 以上的能量,可使 ^{238}U 发生裂变。而快中子触发的高能裂变又将产生更多中子(例如 ^{239}Pu 发生 4.9 MeV 的裂变产生快中子,发生 2.6 MeV 的裂变产生热中子),于是就会有大量富余中子可以转化为燃料物质(如增殖反应堆)或破坏无用的同位素。热反应堆采用特殊设计使中子与轻原子碰撞，以吸收中子能量。不过，也可以设计由快中子而非热中子维持裂变反应的反应堆。虽然目前的铀/钍燃料循环体系经过改造后可以实现这类反应，但是依然存在着诸如堆芯能量密度高、需要腐蚀性材料(如液态金属)作冷却剂等重大工程难题。从技术上说，快中子反应堆的发展落后于热中子反应堆。

2.2.5.2 高浓缩铀

主要用于为研究目的或航海动力设计的专用反应堆，使用 ^{235}U 含量大于 20% 的高浓缩铀 (highly enriched uranium，HEU) 作为燃料。由于其中含有武器级铀，造成核扩散的风险较高，所以在过去的 20 年里，人们针对使用低浓铀 (lower enriched uranium，LEU) 代替高浓缩铀开展了大量研究。因为高浓缩铀中 ^{238}U 前体的含量较低，所以其中的钚含量通常比天然铀或低浓铀燃料中的低。由于裂变产物含量高，高浓缩铀燃料往往具有不同寻常的组分和结构，在传统的工厂里难以进行后处理。

2.2.5.3 钍

最常见的钍同位素是 ^{232}Th，它是一种"增殖性燃料"，通过中子辐照可转化成具有裂变能力的 ^{233}U。但是，自然界中满足热中子裂变需要的钍同位素数量不足，所以构建纯粹的钍反应堆是不可能的。任何使用钍作为燃料的反应堆都必须使用 ^{233}U、^{235}U 或 ^{239}Pu 等可裂变材料驱动。

因为 ^{233}U 经过 n，2n 裂变反应产生的副产物 ^{232}U 会大幅度污染 ^{233}U，而且 ^{232}U 衰变释放的高能 γ 射线也限制了 $^{233}U/^{232}U$ 混合物在核武器中的应用，所以相比而言，采用钍作为燃料具有一定优势。虽然钍燃料也会生成半衰期为 3.27×10^4 年的 ^{231}Pa，但是具有中长半衰期的超铀废料对钍燃料的影响要小得多。美中不足的是钍燃料(含铀流体)中存在的 ^{232}U 及其衰变产物要求必须在高度屏蔽的设施内运行，增加了运行难度。此外，钍燃料的大规模再生也需要革命性的新技术。

2.3 核燃料的后处理

如上所述，大部分乏燃料都具有潜在的利用价值。虽然其中的有效裂变成分减少了，但是乏燃料中依然存在一定含量的浓缩铀，而且可以再生。钚再生后可作为 MOX 燃料或其他燃料使用。此外，乏燃料的循环利用可以减少废物处置量，且(或)可将高危放射性核素分离出来加以处理。然而，从工业规模角度来看，分离乏燃料仍是一项复杂且具有挑战性的技术。

2.3.1 铀和钚的分离

从乏燃料中分离钚的工作源于 20 世纪四五十年代的核武器项目。由于核武器需要极易分裂的 ^{239}Pu，这就要求核燃料在反应堆内的辐照时间短，且燃耗值低于几百兆瓦日每吨。在这些进料中，裂变产物含量相对较低，高分子量的锕系元素含量很少,因此,当时分离铀和钚所面临的技术挑战远低于现代民用高燃耗燃料反应堆。此外,早期的核武计划也很少关注核废物的管理。

所有的大规模分离技术都基于中等分子量锕系元素的氧化还原特性(见表2.3)。从有利于分离的角度而言,以 +5 价、+6 价氧化态形式存在的线性二氧"锕酰"离子 $MO_2^{+/2+}$ 与低氧化态形式存在的简单离子 $M^{3+/4+}$ 存在着显著的化学性质差异(例如在水溶液或非水溶液中的溶解性、对配位剂的亲和性等),也正是这些化学性质差异奠定了有效分离的基础。溶剂萃取是当前的主流分离技术,它往往采用具有不同亲和力的锕系元素(通常是供氧配体)作为配位剂。下文中的示例简要描述了目前正在开发或使用的不同工艺方法及其产生的废物。

表 2.3 中等分子量锕系元素的主要氧化态(粗体为核燃料循环中的主要氧化态)

铀	镎	钚	镅
III	III	III	III
IV	IV	IV	IV
V	V	V	V
VI	VI	VI	VI
	VII	VII	

2.3.2 后处理的其他原因

除了回收利用钚和铀外,后处理还出于以下目的:

1) 控制扩散风险

核电站裂变物质的生产和分离过程都具有扩散风险,因为这些民用裂变材料有可能被用于军事目的。虽然从高燃耗燃料衍生而来的钚裂变成分并非是用于核武器的最佳选择,但是动力反应堆中的钚仍可用于制造核武器,因此确切地说,钚生产具有核扩散风险[4]。辐照过的核燃料依然具有致命的放射性,所以需要专业的设施处理裂变材料,经过几百年的衰变后才易于使钚再生。这就带来了复杂的伦理问题,无论作为核废物还是核燃料,钚的后处理和分离都具有很大争议。

2) 减少废物体积

乏燃料中 90% 以上的物质是铀。经过"单程式"或者"开放式"的燃料循环后,乏燃料将打包为废物进行处理。这就导致需要处理的核废物数量庞大,相关费用很高。例如,英国根据燃料的类型和产热量将含 2~4 吨重金属(tonnes heavy metal,tHM)[通常核材料的质量以吨重金属(tHM)计,即核材料中铀或钚的等效质量]的同类核废物用铸铁内胆包装后,装入长 2~5 m、直径 0.9 m、厚 5 cm 的铜质容器[5]。与之相比,乏燃料经过后处理并将高放废物玻璃化后,处理 1 t 铀所产生的玻璃体不到 100 kg(体积 0.04~0.05 m³),大幅减少了高放废物的数量。由于高放废物和乏燃料是散热型核废物,这就要求处置设施具有较大的存放空间以限制热负荷,所以核废物体积对处置设施的占地面积和后续成本有很大影响。如果堆放核废物的岩层容积有限,减少核废物体积将非常有益。最后,由于处置设施最大容量受限(如美国暂时搁置的尤卡山设施),这种情况下通过后处理工艺来减少核废物体积也是有益的。

3) 控制高放废物的放射性毒性

大多数乏燃料裂变产物的半衰期相对较短,因此数百年后,核废物的放射性主要来自放射性毒性相对较强的锕系元素(见图 2.2)。除了可以采用传统后处理工艺来去除铀和钚之外,如果能够进一步从高放废物中分离次锕系元素(如镎、镅、锔),那么大约 1 000 年后核废物的放射性毒性将减少几个数量级。当然,浓缩后的次锕系元素废液必须单独管理,这都引起了当前人们对其演变过程的研究兴趣。

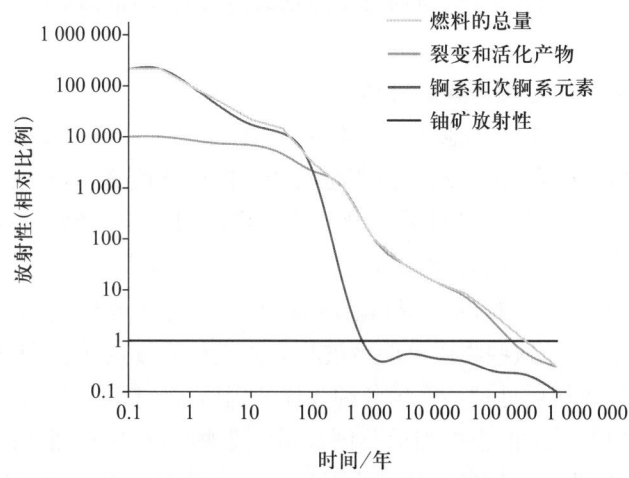

图 2.2 乏燃料放射性与铀矿放射性的比值随时间的变化

2.3.3 历史上曾采用的后处理技术

2.3.3.1 沉淀处理技术

最早的分离技术是在第二次世界大战期间曼哈顿项目的支持下发展起来的,它利用了钚(+4 价)和铀(+6 价)的不同溶解度。这些活动主要在美国华盛顿州的汉福德进行[7]。大多数裂变产物都溶于强酸,但+3 价、+4 价锕系元素的氟化物和磷酸盐却不可溶。因此,早期分离技术基于燃料在硝酸中的不溶性,通过控制铀为+6 价氧化态、钚为+3 价或+4 价氧化态,再加入铋和磷酸,析出带有钚的 $BiPO_4$ 沉淀,从而将钚元素从铀及其他裂变产物中分离出来。之后,沉淀物在强氧化条件下溶解,例如,含有 $Cr_2O_7^{2-}$、BiO_3^{2-} 或 MnO_4^- 的氧化剂溶液可将钚转化为+6 价,再通过氟化镧的沉淀作用去除镧系裂变产物和游离态钚,从而进一步纯化核废物。

1944年底至20世纪50年代初,该处理工艺流程投入了规模应用,从数百吨铀中可以提取大约1 t钚(每吨乏燃料中含钚250 mg)。20世纪50年代初,沉淀分离技术被溶剂萃取技术所取代,普雷克斯法(Plutonium Uranium Extraction, Purex)得以发展,产量也大幅增加。20世纪60年代初,汉福德每年从7 000 t辐照后的铀燃料中分离出1.5~2 t钚,其中80%采用普雷克斯法。

2.3.3.2 普雷克斯法

普雷克斯法曾是英法两国开展大规模核燃料后处理的主要工艺,这两国为完善民用核燃料循环付出了很多努力。从化学原理来看,普雷克斯法基于直接的溶剂萃取。乏燃料溶于硝酸后,铀和钚分别呈+6价、+4价氧化态。将燃料溶液与三丁基磷酸在惰性溶剂(如煤油)中接触,铀和钚被萃取到溶剂相,而几乎所有的裂变产物都保留在水相,这就形成了高放废液。接下来,将钚从+4价还原至+3价,再由稀硝酸进行反向萃取分离。最后,再通过反向萃取技术将含铀流体中的铀萃取到稀硝酸中。

2.3.3.3 燃料后处理过程形成的废物

实际上,普雷克斯法与其他化学分离过程一样也会产生多种废液。按活度可将其分为高活度到微活度废液。处理过程也会产生固体核废物,包括燃料的包装材料(如不锈钢、石墨和锆),以及各种受污染的处理构件和工业废物。在进行后处理之前,乏燃料已储存多年(英国通常存放在池塘中),因此池水就成了低放废水。乏燃料的分离准备工作包括燃料的剪切和溶解,这些过程将释放挥发性放射核素,主要有 ^{3}H、^{14}C、^{106}Ru 和 ^{129}I。这些物质可能会被收集并进行后续的固化和处置,也可能直接排放。因此,核燃料后处理会产生各种各样的固体、液体和气体废物,这些废物都会对环境造成影响。例如,根据当前英国放射性废物的库存明细,仅塞拉菲尔德就产生了180余种废物[8]。这些废物都会对环境带来潜在影响,所以需要对它们进行管理,以确保对环境的影响可控。

2.3.3.4 其他溶剂萃取工艺

为了分离特定产品和废物,人们开发了多种溶剂萃取工艺。例如,为了控制扩散风险,往往不分离纯钚流体;有时会从高放废液中将半衰期较长的同位素单独分离处理,剩余高放废物的放射性毒性可以通过快速衰变减少。在某些情况下,分离技术的设计也要符合国家管理法规的特定要求,并且其中许多过程可进行组合以获得所需的结果,见表2.4。

表 2.4 乏燃料后处理应用和参考方法实例

过程	目的	溶剂	萃取剂	产物	参考文献
TRUEX 流程	从核废物中分离超铀元素(TRU)	硝酸或盐酸	辛基(苯基)-N,N-二异丁基氨甲酰基甲基氧化膦(CMPO)、磷酸三丁酯、无味煤油(OK,稀释剂)	超铀元素，不含超铀元素的一次性核废物	[9]
DIAMEX 流程		硝酸	用于镧系元素 Ln 和锕系元素分离的酰胺(如二甲基二丁基十四烷基丙二酰胺,DMDBTDMA)，然后再用三烷基吡啶基三嗪将镧系元素从锕系元素中分离出来	超铀元素、镧系元素	[10]
UNEX 流程		硝酸	氯化钴二碳铵、聚乙二醇、N-二苯基-N-N-二甲酰胺甲基氧化膦、三氟甲基苯基砜稀释剂	^{137}Cs、^{90}Sr、锕系元素与镧系元素的分离组分	[11]
GANEX 流程	从裂变产物中分离锕系元素(An)	硝酸	N,N,N',N'-四辛基-3-氧戊二酰胺(TODGA)、磷酸三丁酯(TBP)、无味煤油	裂变产物中的分离组分	[12]
SANEX 流程	将纯化后的低放废液内的 Am、Cm 与其他裂变产物分离	硝酸	6,6′-二(5,5,8,8-四甲基-5,6,7,8-四氢[1,2,4]3-三嗪基)-[2,2′]吡啶(CyMe4 BTBP)、二甲基二丁基十四烷基二酰胺(DMDBTDMA)辛醇	镧系元素的 Am,Cm	[13]

2.4 核废物管理措施

核燃料循环末端的关键在于是否进行后处理(即燃料循环是开式的还是闭式的)。如果选择开式燃料循环(如瑞典),那么核废物管理仅限于对乏燃料和退役反应堆核废物的管理,其中前者是放射性废物的主要来源。国际上通常在对乏燃料进行数十年的冷却以削弱其热值及辐射能力后再进行深埋处置。目前尚没有投入实际应用的乏燃料处置设施。

之前描述的闭式燃料循环对不同种类的核废物有多种管理措施可供选择。英国采用闭式核燃料循环的时间已经超过 50 年,其对不同核废物的管理方式相当典型。传统的普雷克斯工艺将产生含铀和钚的流体以及一种高放废液,按照目前的想法,这些核废物玻璃化后需要进行深埋处置。由于玻璃化高放废物的热值和辐射能力与乏燃料相似,因此它们的处置方法也类似。然而,正如前文所述,在分离了大部分锕系元素后,玻璃化高放废物的危害程度相比于乏燃料而言大幅度降低。

开式和闭式核燃料循环过程都会产生低放废物,这些废物与铀矿开采、燃料制造、发电和乏燃料管理等有关。一般根据放射性物质的含量对核废物进行分类(英国根据放射性递减次序分为高放废物、中放废物、低放废物和极低放废物,详见第 6 章)。闭式燃料循环过程中产生的核废物种类繁多,例如,燃料剪切或溶解过程中排放的含 ^{14}C 或 ^{85}Kr 气体以及储存池中的废水等。根据相关法规,在这些废物排放前必须进行必要的净化(例如,以生成碳酸钡沉淀物的方式去除气体中的 $^{14}CO_2$、使用离子交换法去除污水中 ^{90}Sr 和 ^{137}Cs)。开式核燃料循环所产生的放射性废物往往体积较小,种类较闭式循环少,但是总放射性是一定的。

根据 Defra/NDA[8] 及相关文件的描述,英国库存的放射性废物复杂多样,主要根据其放射性进行分类。低放废物(low level waste,LLW)是指放射性低于规定剂量的废物(α 射线 4 GBq·t^{-1},β 射线或 β、γ 射线总量 12 GBq·t^{-1})。中放废物(intermediate level waste,ILW)是指放射性大于低放废物阈值,但尚不需要采取主动冷却措施的废物。高放废物(High level waste,HLW)具有强放射性,主要为乏燃料后处理过程中产生的裂变产物,其在衰变过程中不断产生热量,所以需要进行持续冷却。

此外,英国现在还有一些物质有可能被宣布为核废物,并进行相应的处理。这些物质包括分离出来的钚,因为其中一小部分不适宜作为燃料重复使用,需要作为核废物进行处理。政府目前正在考虑为库存的钚制订管理措施,其中之一就是将所有库存钚宣布为核废物。英国还拥有大量不同形态的铀库存(贫铀、天然铀和后处理铀),也可能被宣布为核废物。最后,英国计划将一部分乏燃料作为核废物处置,而不进行后处理。目前计划将新建反应堆所产生的乏燃料都作为核废物处置。总的来说,中放废物、高放废物、钚、铀和乏燃料通常统称为"高活度废物"(higher activity wastes,HAW)。表 2.5 列出了英国核废物及潜在核废物库存情况(不含新增核废物),其处置方式将在第 5 章进行讨论。

表 2.5 英国放射性废物及潜在的核废物库存明细

材料	体积/质量	放射性/Bq
低放废物	3 200 000 m³	5.6×10^{14}
不宜处理的低放废物[a]	<30 000 m³	$<1.0 \times 10^{14}$
中放废物	240 000 m³	4.1×10^{18}
高放废物	1 730 m³	7.7×10^{19}
钚	102 tHM	4.0×10^{18}
铀	160 000 tHM	3.0×10^{15}
乏燃料	7 700 tHM[b]	3.3×10^{19}

注:数量与放射性为实际库存和提交库存之和,数据来自 CoRWM[15]、Defra/NDA[8,16]和 Baldwin 等[5]。
a 部分低放废物不宜在低放废物处理设施中处理,将作为中放废物处置。
b 乏燃料中包括 5 500 t 改进型气冷反应堆燃料和 1 200 t 赛兹韦尔 B 压水反应堆燃料。

2.5 "全球核复兴"的影响因素①

2.5.1 需求的增长

随着越来越多的工业进步和科技发展,含碳燃料越来越难以满足日益增长的能源需求,迫切需要寻求替代能源。核能发电未在北美和西欧得以发展的部分原因是三哩岛(1979 年)和切尔诺贝利核事故(1986 年),但是英国正在重新评估和建设新的核反应堆。目前英国新建的核反应堆拟采用开式核燃料循环。福岛核事故对该方案的影响尚不明确。福岛核事故后,德国公众和政治团体对新建核反应堆以及延长现有核反应堆寿命的提议提出了质疑。瑞典政府 2010 年修订了"逐步淘汰核能"的旧政策(该政策维持了 30 年),并升级改造现有反应堆以延长其寿命。瑞士计划保留核能作为其能源结构的一部分,并新建反应堆以替换即将达到寿命的现有反应堆。意大利于 1990 年关闭了最后一个核反应堆,并从法国进口了大量核电,但现在也已开始考虑新建核电站,尽管这些计划因福岛核事故而推迟。相比之下,法国一贯坚持发展核电,目前有 58 个核反应堆在运行,提供了该国 75%的电力,并计划从 2020 年起在 40 年中每年新建一个核反应堆以逐步替换旧的核反应堆。法国还积极寻求更先进的核技术(如快堆和第四代核电)。美国过去 30 年没有新建核反应堆,但自 2007 年以来制订了 16 项提案,计划新建 24 个核反应堆,其现有的 104 个反应

---

① 本节的大部分信息来自世界核能协会网站(http://www.world-nuclear.org/info/)。

堆(其中很多已延长了设计寿命)将继续为美国提供约20%的电力。

在其他地区,特别是亚洲(如日本、韩国等)多年来致力于发展核电。中国现有核反应堆12个,在建24个,并且正在实施更大规模的核能发展计划。日本也提出要在2017年前将核电占总发电量的比例由30%提高到40%,并将核能发展作为实现2100年碳排放量减少90%的目标的重要措施。韩国现在已具备出口核反应堆的技术能力。多个中东国家也在探索发展核电,伊朗正在运行着俄制核反应堆,而阿拉伯联合酋长国已订购了4个韩国核反应堆。

目前全球共有440个核反应堆在运行。虽然对未来核能增长的预测有一定的不确定性,但是估计将于2030年扩大至2~4倍,到2060年扩大至3~10倍,到2100年可能扩大至6~30倍。

2.5.2 核燃料循环的意义

一个以铀为燃料的新型压水反应堆可容纳400~600 t铀,每年约1/3需替换更新。要维持全球440个反应堆的运行,将需要8~10 000 t的^{235}U含量为3.5%的标准燃料,这意味着铀的年生产量需要达到60~70 000 t。目前,约25%的需求量需要通过"缓释"军用高浓缩铀来满足,但这种情况却难以长期持续。

铀并非特别稀有,其地壳丰度为2.8 ppm(译者注:1 ppm=1 mg/kg=1×10^{-6} kg/kg),截止到2007年,全球陆上铀储量约为5.5×10^6 t ①。海水中的铀储量也相当可观[约4.5×10^6 t,平均铀浓度为3 ppb(注:约为3×10^{-9} kg/kg)],但目前很难建立一套经济适用的大规模提取方法。因此,按照目前的消耗速度,全球铀储量可提供约100年的燃料需求,但随着核电规模的不断扩大,可供时间将会缩短至几十年,仅相当于一个新型核反应堆的寿命。然而,鉴于需求、价格、勘探活动和储备规模之间的复杂关系,很难得出铀矿资源是否能够满足长期使用的确切结论。

即便如此,考虑到核电技术的交货期较长,有关其替代方案的争议将在未来几十年长期存在。开式燃料循环是颇为浪费的,目前看来难以维持1~2个世纪。闭式燃料循环,尤其是在结合快中子反应堆后,燃料的供应能力将大大增加,但是工业规模的核燃料后处理将付出高昂的费用和技术成本,大规模钚或其他裂变材料的生产也带来了重大伦理和安全问题。其他裂变技术,如钍燃料反应堆,也将面临类似问题。因此,最深远的问题可能是:我们要怎样看待核裂变的作用?是仅持续几十年,作为桥接化石燃料时代和可再生或聚变能源时代的权宜之计,还是作为长久的能量来源?这个问题的答案对核燃料循环方式的选择以及对环境的相关影响具有决定性意义。

---

① "资源"为估算的可用物质总量;"储量"为从经济学角度上能被利用的部分资源。然而资源和储量之间的平衡点随油价而变,当价格上升时,更多的资源被开发出来成为储量;而且当价格较高时,会促进对额外资源和储量的勘探鉴定和探测。较好的勘探技术或者成功的开发也能改变资源和储量。该数据基于铀的价格为每公斤130美元,而2010年10月铀的价格为每公斤138美元。

2.6 结论

核裂变提供了低碳且能获取大量能量的前景。然而,核燃料循环过程中产生的核废物对环境带来了潜在影响。与闭式燃料循环相比,开式燃料循环产生的核废物量较小,更易于管理,但会导致大量可重复利用的核材料被浪费。而闭式燃料循环、快中子反应堆、长半衰期核废物分离对技术条件的要求特别苛刻,而快中子反应堆技术、普雷克斯法以外的分离技术、特别是分离-嬗变技术还远未成熟。同时,高放废物的处置也面临着诸多制约和挑战。此外,广泛生产和使用裂变材料所带来的扩散风险必须加以解决。然而,当前及未来对核能需求的大幅增长将引发长期而复杂的问题,现今仍缺乏应对这些问题的措施。

致谢

感谢英国研究理事会(Rsearch Councils UK,RCUK)能源规划署 MBase 财团的资助。

参考文献

[1] A. Abdelouas, Uranium mill tailings: geochemistry, mineralogy, andenvironmental impact, Elements, 2006, 2, 335-341.
[2] NDA, Plutonium Options, Nuclear Decommissioning Authority, UK, 2008.
[3] WNA, 2010, http://www.world-nuclear.org/info/inf29.html (accessed 4 the October 2010).
[4] M. J. Carson, Reactor Grade Plutonium's Explosive Properties NPT95, Nuclear Control Institute, Washington DC, USA, 1990.
[5] T. Baldwin, N. Chapman and F. Neall, Geological Disposal Options forHigh-Level Waste and Spent Fuel, Report for the UK Nuclear DecommissioningAuthority, UK, Jan 2008.
[6] A. Hedin, Spent Nuclear Fuel-How Dangerous is it? SKB TechnicalReport 97-13, SKB, Stockholm, Sweden, 1997.
[7] M. S. Gerber, The Plutonium Production Story at the Hanford Site: Processesand Facilities History, Report WHC MR 0521, WestinghouseHanford Co, Richland, WA, USA, 1996.
[8] Defra/NDA, The 2007 UK Radioactive Waste Inventory, Defra/RAS/08.002 2008a NDA/RWMD/004, 2008.
[9] E. P. Horwitz and W. W. Schulz, The TRUEX process: a vital tool fordisposal of US defense nuclear waste, in New Separation Chemistry forRadioactive Waste and Other Specific Applications Rome, CONF-900579-2, Italy, May 16-18, 1990.
[10] C. Madic, P. Blanc, N. Condamines, P. Baron, L. Berthon, C. Nicol, C. Pozo, M. Le-

comte, M. Philippe, M. Masson, C. Hequet and M. J. Hudson, Actinide partitioning from HLLW using the DIAMEX process, Proceedingsof the Fourth International Conference on Nuclear Fuel Reprocessing andWaste Management, RECOD'94, London, 1994.

[11] R. S. Herbst, J. D. Law, T. A. Todd, V. N. Romanovskiy, V. A. Babain, V. M. Esimantovskiy, I. V. Smirnov and B. N. Zaitsev, Universal solventextraction (UNEX) flowsheet testing for the removal of cesium, strontiumand actinide elements from radioactive, acidic, dissolved calcine waste, Solvent Extract. Ion Exchange, 2002, 20, 429-445.

[12] J. Brown, M. J. Carrott, O. D. Fox, C. J. Maher, C. Mason, F. McLachlan, M. J. Sarsfield, R. J. Taylor and D. A. Woodhead, Screening of TODGA/TBP/OK solvent mixtures for the grouped extraction of actinides, IOP Conf. Ser. : Mater. Sci. Eng., 2010, 9(1), (doi: 10. 1088/1757-899X/9/1/012075).

第 3 章

核事故

J. T. SMITH

摘要： 本章对福岛核事故前发生的温茨凯尔（英国）、克什迪姆（苏联）、三哩岛（美国）和切尔诺贝利（苏联）4起核事故的起因以及它们对环境和人类健康的影响进行了总结和对比。早期温茨凯尔和克什迪姆两起核事故发生的起因主要是由于冷战初期发展核武器急需钚，在设计建造核设施时对安全的重视不够，同时对处理工艺也缺乏深入理解。后来发生的三哩岛和切尔诺贝利核事故，虽然与设计和装置故障有关，但主因却是由于培训不到位、技术知识不足以及安全意识缺乏所导致的人为操作失误。从对环境和人类健康的影响来看，克什迪姆和切尔诺贝利核事故造成大量人口的永久撤离和环境的长期严重污染，危害程度远大于温茨凯尔和三哩岛核事故。三哩岛核事故表明：即使核事故本身对人的辐射剂量非常小，但对心理和社会的影响也会非常严重。尽管克什迪姆和切尔诺贝利核事故对环境造成了严重破坏，却没有确切的证据显示它们对生态健康的破坏程度，而且大规模人口撤离对生态系统的积极影响也将在很大程度上干扰对受染环境的辐射损伤效应的研究。

3.1 引言

2011年福岛核事故之前，人类历史上共发生了4起对环境和人类健康具有现实或潜在影响的重大核事故。早期英国温茨凯尔核事故和苏联克什迪姆核事故发生在冷战中为核武器提供原料的军用核设施。后来发生的美国三哩岛核事故和苏联切尔诺贝利核事故均为民用核电站（见表3.1）。前人曾编写过大量关于上述4起核事故（尤其是切尔诺贝利核事故）的报告，本章主要对这些报告进行简要论述。

表 3.1　4 起核事故情况列表

事故	年份	所属部门	国际核事故等级
温茨凯尔	1957	军事	5
克什迪姆	1957	军事	6
三哩岛	1979	民用	5
切尔诺贝利	1986	民用	7

注：国际核事故分级：5级＝产生广泛影响的事故，6级＝严重事故，7级＝重大事故。

除上述4起核事故以外，在核武器发展和核设施的日常操作过程中，还发生过一些对环境有重大影响的核泄漏事故（见表3.2）。值得注意的是，广岛、长崎原子弹爆炸对环境的长期污染并不明显,这些城市的人们主要遭受了核爆期间和核爆后的短期高剂量射线照射。冷战时期,大气层(地上)核试验所产生的低辐射剂量放射性落下灰(含^{90}Sr、^{137}Cs、^{14}C)遍布全球,主要分布在北半球。在1963年签署有关禁止核试验的条约(译者注:该条约全名为《禁止在大气层、外层空间和水下进行核试验条约》)之前,美国、苏联和英国共进行过数百次大气层核试验。20世纪70年代初,中国和法国也开展了数次大气层核试验。

表 3.2 重大放射性物质泄漏事件统计表

核泄漏事件	影响范围[b]	主要放射性核素的泄漏量/pBq		
		^{137}Cs	^{90}Sr	^{131}I
切尔诺贝利,1986[39]	欧洲大部	85	10	1 760
广岛原子弹爆炸,1945[a][69]	爆心数公里半径内	0.1	0.085	52
大气层核试验,1952—1981[70]	全球,主要是北半球	949	578	**
美国内华达试验场大气层核试验**[71]	美国全境,特别是内华达州	**	**	大气 5 550 地表 1 390
美国三哩岛核事故[31,27]	未造成严重环境污染	—	—	4.81×10^{-4}
马亚克,排放至捷恰河,1949—1956[18]	捷恰河和鄂毕河	13	12	未标明
克什迪姆事故,1957[18]	西伯利亚周边 300 km × 50 km 范围	0.027	4	—
塞拉菲尔德废物排放,1964—1992[72]	爱尔兰海	41	6	未标明
温茨凯尔事故,1957[1]	英格兰北部 518 km^2 范围	0.18	7.5×10^{-4}	1.8

注:该表只显示了3种放射性核素的相关数据,这些数据并不等同于对人类健康和环境的影响,放射性核素泄漏的影响也不仅仅由泄漏数量决定(引自 Smith 与 Beresford)[48]。

a 广岛和长崎原子弹爆炸对人类健康的影响,主要由核爆初期产生的伽马和中子射线造成。相比而言(以广岛为例),放射性落下灰对环境的影响相对较小。

b 影响范围即被污染的范围,取决于对"污染"的定义。

** ^{131}I 仅为美国大气层核试验结果,^{137}Cs 和 ^{90}Sr 为 1952—1981 年全球合计。

3.2 温茨凯尔大火

3.2.1 事故经过

1957年10月10日凌晨,温茨凯尔的两个反应堆中,为英国原子弹项目提供钚和氚的 1 号反应堆发生大火。这场大火发生在反应堆堆芯释放"魏格纳"能量的过程中。"魏格纳"能量是一种储存于石墨减速剂晶格结构中的化学势能,它在核反应堆运行的过程中逐渐释放。通常,在操作人员采取退火工序释放"魏格纳"能量的过程中,堆芯的温度会短暂升高。正常情况下,石墨中释放出的"魏格纳"能量会导致堆芯受热,之后再冷却下来。然而事故当天,退火工序致使堆芯的局部温度急剧上升,同时可能伴随着核燃料泄漏,最终导致反应堆着火。在移除过热核燃料和使用二氧化碳灭火的尝试失败后,操作人员于 10 月 11 日开始向反应堆中加注冷却水。当时操作人员认为,虽然冷却水与炽热金属接触有可能引发氢爆炸,但堆芯过热烧裂反应堆外壳所造成的风险更大。大火最终于 11 日晚被完全扑灭。

大火导致堆芯中的少量裂变产物和放射性产物泄漏,最近对温茨凯尔大火泄漏的放射性物质进行重新评估显示:约有 1.8 pBq ^{131}I、0.18 pBq ^{137}Cs、0.042 pBq ^{210}Po 等放射性物质泄漏;同三哩岛和切尔诺贝利核事故一样,也释放出大量放射性较弱的惰性气体(含 26 pBq ^{133}Xe)。

3.2.2 环境污染

尽管在事故发生的过程中,风速和风向不断变化,但是放射性物质(特别是 ^{131}I、^{137}Cs 和 ^{210}Po)常常被盛行的西风吹到东面[1-2]。沉降下来的放射性物质贯穿整个英格兰北部,"放射性物质的主要成分为 ^{131}I(半衰期 8.04 d),辐射强度超过 4 kBq·m^{-2},向东北偏东方向蔓延 75 km,向东南偏南方向蔓延 140 km,覆盖面积约 12 000 km^2"(Jones[2] 引自 Chamberlain)[3]。^{131}I 曾一度漂过北海到达荷兰和比利时,但是浓度却远低于英格兰,其分布见图 3.1。最近对空气监测数据进行的重新分析显示[4]:放射性烟羽于 10 月 15 日至 16 日到达挪威。事故产生了大量放射性落下灰,其最大浓度与 1958 年大气层核试验相当。据 Garland 和 Wakeford[1] 估计,近 10% 的 ^{131}I 飘过英格兰东部海岸,落到了北海和欧洲。

事故发生后,当地警察局于 10 月 11 日清晨接到事故报告[5-6]。事后的一份评论[6]说,在经过最初的不确定和混乱后,后续处理工作进行得很好,"迅速而有效地向公众发出了警告,迅速集结并调遣环境监测队伍和装备,现场洋溢着祥和的敬业精神"。

室外监测显示,辐射剂量虽未达到需要进行人员撤离的程度(Jackson 和 Jones[7] 引自 Dunster 等的文章[8]),但是牛奶中含有的高放射性物质(特别是 ^{131}I)侧面反映出人类也吸收了相当大的剂量。人体吸收的 ^{131}I 大多数累积在甲状腺中,有可能引发甲状腺癌。当时尚没有规定牛奶中 ^{131}I 的允许残留浓度,但是援引 Jones[2] 所说的"经过匆忙但颇为有效的咨询和计算",初步确定牛奶中 ^{131}I 的最大允许残留浓度为 3 700 Bq·L^{-1}。为了确定牛奶中放射性物质的含量,在英国开展了大范围的样品采集工作。10 月 11 日至 12 日,当地牛奶中测出 ^{131}I 的放射性浓度达到了

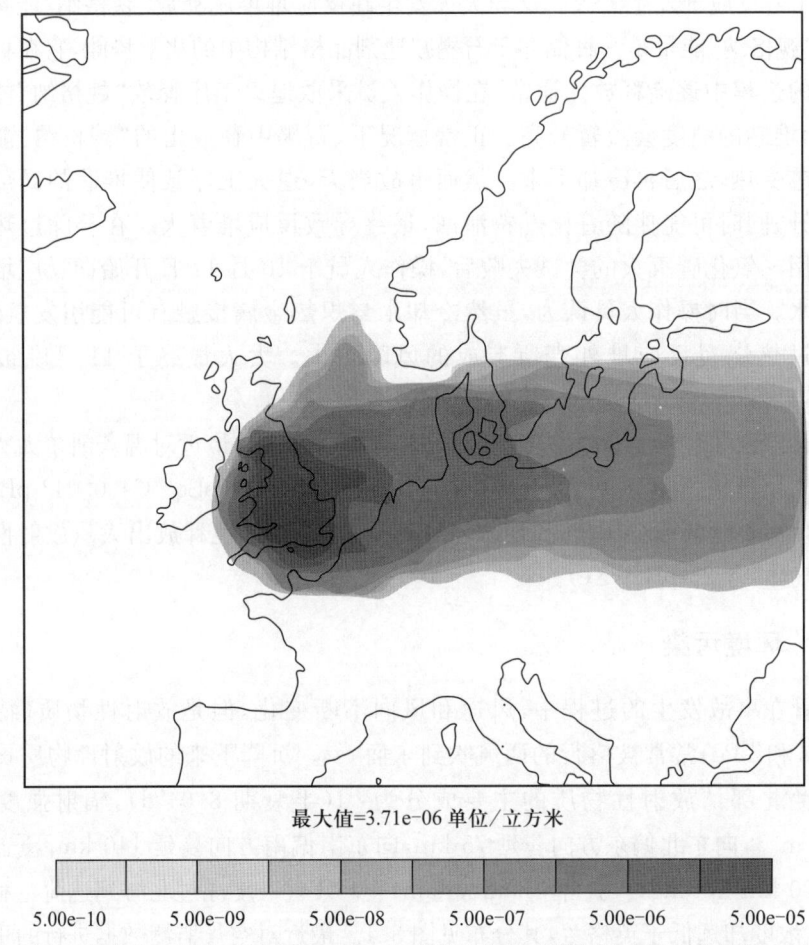

图 3.1 截至 1957 年 10 月 15 日 12 时,温茨凯尔核事故释放到大气中的 ^{131}I 浓度
(经 Elsevier 授权翻印 Johnson 等的文献[66])

30 000 Bq·L^{-1},但在随后的几周里,放射性物质浓度迅速减少。在其他食品中检测到的放射性物质最大浓度与牛奶类似[7]。但是,公众饮用水源中放射性物质的浓度却没有想象中的那么高。

近 500 km^2 范围内,扔弃了约 300 万升牛奶[7]。事故发生 6 周后[2],11 月 23 日出台了更严格的规定。在当前的干预水平下,那些禁止食用牛奶的区域有所扩大,且考虑到放射性铯污染的后果,将会对食品(包括肉类和牛奶)执行临时预防禁令。

3.2.3 对环境和健康的影响

禁止食用牛奶显著降低了放射性物质对人类的影响。Jackson 和 Jones[7] 估计这项禁令使儿童摄入放射性剂量减少 75%,对于成年人来说这一比例更高。该地区儿童甲状腺遭受的最大辐射剂量为 160 mSv,平均值在 10~100 mSv 之间[7]。禁止食用牛奶造成的另一个后果是,呼吸吸入成为放射性物质摄入的主要途径[10],但是对于儿童来说,食物摄取也是遭受辐射的重要途径[7]。在英国,外照射、吸入、食物摄取产生的集体有效剂量约为 1 900 人·希,北欧其他国家约为 100 人·希[10]。评估结果表明,约 50% 的集体有效剂量通过呼吸途径,约 35% 主要通过牛奶和其他食物摄入,其余来自放射性烟羽及其地下沉积(落下灰)所产生的外照射。Clarke[11]估计,过去四五十年间,温茨凯尔事故释放的核污染在英国共造成 100 例致死性癌症和 100 例非致死性癌症。^{210}Po 被认为是致死性癌症患者增加的主因。由 ^{131}I 引起的甲状腺癌是主要的非致死性癌症,其患者大多可成功治愈。

参与温茨凯尔灭火和现场清理工作的 466 名人员的平均辐射剂量为 3.52 mSv,其中最大辐射剂量为 43.9 mSv(监测结果来自 1957 年 10 月的每月剂量监测记录)[12]。据报道[12],这些工人 1957 年 10 月的平均剂量为 2.33 人·希,为当年月平均剂量的 2 倍。据推测,个人和集体所受的中低辐射剂量会导致癌症的发生,但针对英国癌症数量和死亡率(1957—1997 年间英国登记的)开展的研究表明[12],1957 年的大火对当时参与灭火人员的癌症死亡率没有明显影响。

3.2.4 对社会和心理的影响

由于当时公众、科学家和决策者对温茨凯尔事故的认知水平较低,导致关于事故对心理和社会影响的相关数据很少。大量围绕温茨凯尔事故危害的指控被经营者和当局掩饰。Wolff[5]指出,事实上事故中被污染的牛奶"……可用于食品加工或牲畜喂养,但是因为公众的担忧而不再回收使用"表明了公众对核污染的担忧,官方也意识到了这种担忧。几个月后,《科学美国人》(*Scientific American*)上发表的一篇文章指出"这次事故使当地人极度恐慌"[14]。

3.3 克什迪姆核爆炸

3.3.1 事故经过

1957 年 9 月 29 日,位于西伯利亚(Siberia)马亚克钚制造和后处理设施内的一个高放废液罐发生了爆炸,这是切尔诺贝利核事故发生前世界上最严重的核事故。由于马亚克核设施以及与之相关的奥焦尔斯克(Ozyorsk)镇是秘密所在,在苏联地图上无法找到,因此,该事故用附近的另一个城镇克什迪姆(Kyshtym)来命名,直到 1989 年 6 月苏联官方才首次承认该起核事故[15]。该储罐为混凝土结构,容量为 300 m³,爆炸发生之前储存了 70~80 t 废液[16]。储存的废液已进行过脱锶处理,但仍含有其他裂变产物。事故起因于储罐的冷却系统发生故障,难以阻止废液温度的升高。高温以及储罐中水分的不断蒸发,导致废液中的硝酸盐和醋酸盐化合物发生了化学爆炸。据信,740 pBq 的废液从罐体外泄,其中 90% 留在了当地,其余 10% 以气溶胶的形式扩散到高达 1 000 m 的上空[16]（见图 3.2）。

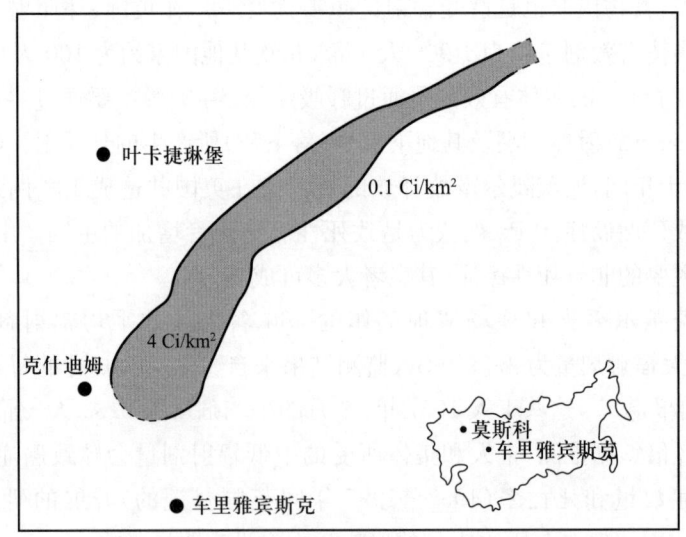

图 3.2 克什迪姆核事故后，^{90}Sr 沉淀的分布图，
Dicus 称其为"东乌拉尔放射带"[67]

3.3.2 环境污染

　　虽然马亚克核设施中储存的废液已经过脱铯处理，放射性大大降低，但仍含有马亚克核反应堆所产生的其他裂变产物。事故发生前，废液已经存放了大约 1 年时间[17]，其中半衰期短的放射性同位素（如^{131}I）已衰变殆尽。根据 1989 年国际原子能机构收到的报告[18]，这次事故中大约有 74 pBq 可辐射 β 和 γ 射线的放射性核素（占总泄漏量的 10%）泄漏到自然环境中，其中 94.6% 为半衰期小于或等于 1 年的放射性核素（^{95}Zr，^{95}Nb，^{106}Ru，^{106}Rh，^{144}Ce 与 ^{144}Pr），5.4% 为半衰期相对较长的^{90}Sr（半衰期 28.8 年，4 pBq）。由于放射性衰变，自然环境中的辐射呈下降趋势，见图 3.3。事故发生后的数年中，由于储罐中没有半衰期短的裂变产物，所以衰变速度没有切尔诺贝利核事故快，但仍显示出放射性剂量在快速下降。

　　受染范围[18]定义为^{90}Sr 浓度高于 3 700 Bq·m^{-2}的土地。根据这一定义，东乌拉尔放射带为从马亚克核设施开始，延伸 300 km、面积约(1.5～2.3)×10^4 km^2 的狭长地带[17-18]。其中长约 105 km、宽 8～9 km、面积约 1 000 km^2 区域内^{90}Sr 的浓度超过 74 kBq·m^{-2}（见表 3.3）[18]。10 天内，600 人从污染浓度最高的地区疏散，所有居住在浓度高于 74 kBq·m^{-2}地区的约 10 000 人在 2 年多时间内陆续转移。随后，疏散区逐渐恢复农业生产，1978 年大多数地区已重新开垦[18]。

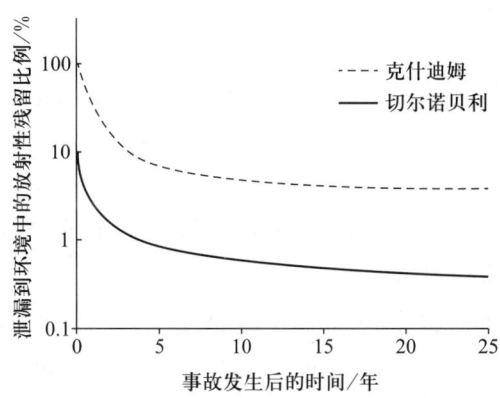

图 3.3　克什迪姆与切尔诺贝利核事故后数年来,环境中放射性减少趋势图
(数据引自 Nikipelov 等编写的文献[18]以及 Smith 与 Beresford 编写的文献[48])

表 3.3　克什迪姆核事故的污染地域及受影响的人口

^{90}Sr 的污染浓度/$(Bq \cdot m^{-2})$	影响地域/km^2	影响人口
3.7×10^3	23 000	270 000
7.4×10^4	1 000	10 000
3.7×10^6	120	2 100

3.3.3　对环境和健康的影响

最初,人体所受的放射性剂量主要来自外部 γ 射线,9 个月后,随着短半衰期核素的 β 和 γ 衰变,^{90}Sr 释放出的 β 射线开始成为主要污染,食用被污染的食物成为人体辐射剂量累积的最主要途径[17]。事故发生后 1 年中,摄入的 ^{90}Sr 主要来自被污染的面包、牛奶和水[17]。据报道[17],事故发生后 8 年中,从各种食品中摄入的放射性剂量排序如下:牛奶(50%)、蔬菜(15%)、土豆(12%)、鸡蛋(8%)、肉类(7%)、面包(4%)。需要注意的是,这些数据可能受到"控制和降低食品中放射性物质浓度"相关措施的影响。由于锶和钙都是碱土金属,具有相似的化学性质,所以含钙产品中往往含 ^{90}Sr 浓度较高。在人体中 ^{90}Sr 易与骨头和牙齿结合,因此 ^{90}Sr 在骨髓中的含量最高。

据报道,与事故发生后的第二年相比,1987 年(事故发生 30 年后)农产品中的 ^{90}Sr 含量明显下降[17-18]。根据大气层核试验的相关结果,由于自然衰变、上层土壤中 ^{90}Sr 的流失和土壤吸附性的改变,植物中放射性锶(有效半衰期 8~14 年)的浓度明显下降[19-20]。Alexakhin 等[17]报道,除了这些自然过程,在克什迪姆实施的大规模应对措施在减少食品中 ^{90}Sr 浓度方面也取得了巨大成效,这些措施包括对受污染土地进行深耕以减少植物根系的吸附、向酸性土壤中加入石灰、为牲畜补钙等。

人类遭受的辐射剂量主要取决于放射性污染浓度,该剂量值因人而异。事故发生后,生活在放射性污染浓度为 18 MBq·m^{-2} 区域并在 20 天内被疏散的 600 人中,所遭受的平均辐射剂量(疏散前)为 520 mSv。生活在放射性污染浓度为 0.12~0.33 MBq·m^{-2} 区域的 3 100 人在撤离前 670 天内的平均辐射剂量为 23 mSv[18]。Alexakhin 等人[17]认为,在 ^{90}Sr 浓度为 0.037 MBq·m^{-2} 地区未撤离人员 30 年中的有效辐射剂量为 12 mSv。根据最新报道,"目前,生活在东乌拉尔放射带的居民遭受的年辐射剂量明显低于 1 mSv"。

事故发生时,生活在东乌拉尔放射带的 27 万人受到的总平均辐射剂量是 7 mSv,集体辐射剂量约 2 000 人·希[22]。假设患致死性癌症的风险系数为 0.05 Sv^{-1}、个人患病的平均风险约 1/3 000,那么被影响的人口中预计有 100 个致死性癌症。

因此,辐射剂量和人均剂量率的增加可能导致患致死性癌症的比例显著增加,但由于遭受最高剂量的人相对较少,且后续的随访工作不足,因此难以进行流行病学统计。综合多种证据表明[18],虽然受辐照人群的白细胞数量明显减少,但确定性症状(辐射病)或重症疾病并没有显著增加。在克什迪姆,尽管也可能在遭受辐射剂量最多的人群中发现一些确定性影响,但是人均辐射剂量(至少据报道的人均辐射剂量)明显低于致死水平。

Kossenko[22]总结流行病学数据:

统计了遭受克什迪姆核事故辐射而从东乌拉尔放射区疏散的 7 800 人以及仍居住于该地区的 8 000 人的癌症死亡率。在 4 组研究中,平均辐射剂量为 0.006~0.54 Gy(大约相当于 0.006~0.54 Sv 的 β 和 γ 辐射)的人中,白血病和实体癌症的发病率没有增加。此外,调查也未找到受照人群患生殖系统疾病(根据出生率数据统计)或导致出生缺陷发病率增加的证据。

克什迪姆核事故期间及之后,该区域内工作人员受照剂量远大于普通人群。根据 2002 年 Kruglov 的调查,事故发生时 5 000 名现场工作人员受照剂量高达 1 Sv,1957—1959 年 30 000 名负责清理工作的人员受照剂量超过 250 mSv[74]。

人们对克什迪姆核事故给当地生态带来的影响进行了长期研究。在污染最严重的地区(东乌拉尔放射带),农场的牲畜患有急性辐射综合征,且大多致死。事故发生后的 12 天里,一些农场牲畜所遭受的全身辐射剂量约为 2.9 Gy,消化道中的剂量达到 20~50 Gy[17]。

尽管通过长期研究找到了辐射对有机体产生影响的证据,但仍不足以令人信服,而且因为难以估算动物遭受的辐射剂量,使得对这些证据的解释难度较大。1991 年和 1993 年对蒲公英种子的研究表明[23],与正常地区相比,受污染区域染色体畸变的种子数量有所增加,但萌芽和发育能力并没有不同[23]。1961—1991 年,krivolutsky 对两块受污染的白桦林与两块未受污染的白桦林进行了对比,发现受污染地区土栖昆虫的数量降低了 1/2,除此之外两地农业系统未发现明显差异[23]。

事故发生后数月内,被高度污染的 Uruskul 和 Berdyanish 湖水生态系统中的深水鱼(底栖生物)遭受到的辐射剂量高达 0.1 Gy·d^{-1}[25]。据报道[25],"事故发生后数年内,湖中金鱼和鲤鱼出现了明显的生殖障碍",但未影响鱼的种类和数量,作者认为是"禁止商业捕鱼抵消了辐射的影响"[25]。

3.3.4 对社会和心理的影响

在科技文献中,几乎没有关于克什迪姆核事故对居民产生影响的信息(至少没有英文信息)。据 Collins[15] 报告,当时既没有及时疏散遭受辐射的群众,也没有向公众发出警告,而且对受辐射群众缺乏人道主义和医疗援助。于是,克什迪姆居民普遍具有强烈的反核情绪,Collins[15] 称之为"核敌视心理"。

3.4 三哩岛核事故

3.4.1 事故经过

1979 年 3 月 28 日清晨,美国宾夕法尼亚州三哩岛(TMI)核电站 2 号反应堆发生事故,导致部分反应堆堆芯融化,并对外部环境造成了轻微污染,该事故在切尔诺贝利核事故发生前一直被认为是民用核电站发生的最严重事故。

事故起因于辅助电力生产单元(无核)故障,造成核心发电单元(涉核)的冷却系统压力增加。过高的压力可以通过一个阀门释放,但是该阀门打开后,却无法关闭,从而导致冷却水流失[26]。如果当时措施得当,本可降低事故等级,但是由于对主反应堆缺乏了解以及培训不足,造成了随后的操作失误。操作人员既没有察觉到压力释放阀尚未关闭,也没有察觉到反应堆堆芯冷却液的明显流失。当控制室"超过100"[27]警报响起时,操作人员依然没有察觉到反应器内的冷却水正在流失。因此,当安全系统开始自动向反应堆堆芯加注冷却水时,操作人员却跳过了注水操作,大大降低了冷却水的加注速度。最终,冷却水流失导致的爆炸造成大部分反应堆堆芯融毁。

3.4.2 环境污染

三哩岛核事故导致大量放射性气体和挥发性核裂变产物从临近反应堆的一座高达 55 m 的烟囱排入大气。排放出了约 90～480 pBq 的放射性惰性气体,其中毒性较高的 ^{131}I(半衰期 8.1 d)相对较少,约 4.81×10^{-4} pBq[27]。据估计,排放的惰性气体中 ^{88}Kr 占 1%,^{133}Xe 占 95%,^{135}Xe 占 4%[28]。所有这些放射性核素均辐射 β/γ 射线。

放射性惰性气体的排放造成当地居民遭受 γ 射线外照射以及稍弱的 β 射线外照射[29],内照射可忽略[28]。惰性气体迅速扩散至大气中,不存在从受染食物中摄入的风险,因此未对环境和食物链造成重大污染。Gerusky 报告[30]"对数以千计的牛奶、空气、水、产品、土壤、蔬菜、鱼、河流底泥及三哩岛附近泥沙样品进行了分析"。其中,污染程度最高的食品是在距离核设施 2 km 外采集的一份山羊奶样品,其中 ^{131}I 的浓度也仅为 1.5 Bq·L^{-1}[31]。因此,从受染食品中摄入的放射性剂量是非常低的,婴儿甲状腺中检测到的最大剂量约几十毫希[沃特](mSv)。虽然环境无明显污染,但直到 1993 年,才完成了大量溢出到容器和厂房内被放射性物质污染的冷却水的净化工作[26]。目前,该反应堆的燃料已被全部移除,并处于"监管储存"状态。

3.4.3 对环境和健康的影响

由于难以确定放射性气体形成烟羽的方向和大小,因此难以准确计算三哩岛居民所受到的辐射剂量。根据 Hatch 等人[29]的报告,辐射剂量"超出了反应器通风井内监测器的测量范围,设施外的热释光剂量仪也未能提供完整的数据"。Miller 等人[28]研究了居住在三哩岛周围 80 km 范围内的人群,使用高斯烟羽模型对惰性气体在地面上的浓度重新建模,来估算外部辐射剂量。研究[28]发现:虽然在评估放射性烟羽飘移时存在不确定性(特别是建筑物周围),但模型计算结果与热释光剂量仪(有限次数的)观测结果基本一致。在 216 万人中,集体辐射剂量约为 15 人·希[28]。其他地方[29]报告的平均剂量(针对少数本地人群进行统计的平均值)约为 0.1 mSv,远低于天然辐射的年平均辐射剂量,单人最高辐射剂量仅为 1 mSv。

这些估算出的辐射剂量值都非常低。对于大部分受照人群而言,患致命癌症的风险约为 1/20 000,15 人·希的集体辐射剂量可能导致约 200 万受照人群中增加一个致死性癌症病人。因此,从统计学角度而言,不可能在受到三哩岛核事故影响的人群中发现癌症病例(或出生缺陷)的明显增加。这是 1979 年总统委员会关于事故调查的最终结果[27]。然而事故后人们持续关注核事故对健康的影响,于是很多研究都试图在三哩岛辐射与癌症发病率和死亡率之间建立某种联系。

由于辐射剂量较低且分布不确定,不可能开展对个体的辐射剂量评估和健康情况跟踪。因此,流行病学研究局限于对遭受不同强度辐射的大量人群的健康状况进行"社会生态学"研究。这种研究特别容易受其他因素(如吸烟问题)干扰,从而使受照人群和未受照人群表现出不同的癌症比例(尽管研究者试图考虑这些干扰因素)。Hatch 等[29]将生活在核电站附近 10 mile(约 16 km)范围内的 16 万人划分为 69 个地区,并根据放射性惰性气体烟羽模型将该地区的人均辐射剂量率划分成 4 组,分别收集了事故发生前 4 年和后 7 年每个地区不同癌症的发病率。研究发现,没有证据表明儿童患癌症和白血病(对辐射最敏感)的病例有所增加;也没有发现其他癌症病例的增加,如乳腺癌和甲状腺癌等与 ^{131}I 辐射相关的癌症;但是非霍奇金淋巴瘤病症(一种与核辐射无关的疾病)有所增加。Hatch 等人[29]认为"这种联系是建立在少数案例之上的,因此得出的结论也是很不稳定的。在多种假设情况下,偶然找到这样的一种联系并不为奇"。尽管作者[29]"不排除吸烟因素的干扰",但是从统计学中仍可以发现,肺癌与辐射间存在明显的关联。进一步研究表明[32],没有一项关于三哩岛事故的流行病学研究能够充分说明天然氡辐射对 4 组辐射剂量的影响,也更加难以解释肺癌发病率增加的现象。

在最新的研究中,Wing 等[33]重新解释了 Hatch 等[29]的数据,并再次发现在估计剂量与肺癌之间存在某种联系,与早期研究相反,所有癌症和白血病的发病率均显著增加。然而,随后对设施周围 5 mile(约 8 km)范围内的 35 000 人进行了长达 20 年(1979—1998)的研究[34]表明,"无可靠证据显示三哩岛核事故的放射性泄漏对死亡率有显著的影响",同时也"不能明确排除辐射剂量与健康之间存在某些潜在联系"。

3.4.4 对社会和心理的影响

三哩岛核事故最显著的影响在于,放射性泄漏对健康的潜在威胁给社会带来了巨大压力。同时,人们还非常关注核事故发生后从反应堆中排出的氢气所引起的灾难性爆炸。3 月 30 日(事故发生 2 天后)星期五晚上 12 点 30 分,州长 Richard Thornburgh 建议"在得到进一步通知之前,先将三哩岛核电站周边 5 mile(约 8 km)范围内的孕妇和学龄儿童撤离"[35]。该建议是根据核设施上方 130 ft(约 40 m)处某仪表显示高辐射值而提出的,在混乱中这一数据被误认为是居民区的地表辐射值。从星期五至星期日,人们一直担忧反应堆发生氢气爆炸,但最终证明,这也是被某些提供给美国核管理委员会的错误信息所误导了[27]。

按照州长的建议,3 500 多名孕妇和儿童撤离了该地区[35]。事故发生后,由于不确定辐射等级和爆炸风险,大量人员也自发地从该地撤离[27,36]。4 月 9 日,州长撤销了"疏散敏感人群"的命令。

事故的不确定性风险、人员疏散以及受损反应堆的持续威胁,在事故发生之后的很多年里,都给当地居民造成了极大的心理压力[27]。Fleming 等[37]和 Baum 等[38]发现,与无污染地区相比,事故发生之后的一年多里,三哩岛地区居民的压力指数有所提升。尽管所观察到的影响效果是"轻微的",但很多人反映自己存在情绪压抑症状,如精力难以集中、抑郁和焦虑等[38]。

3.5 切尔诺贝利事故

3.5.1 事故经过

切尔诺贝利核电站 4 号反应堆爆炸事故是历史上最严重的核事故。虽然我们已经知道导致事故发生的关键因素,但确切的原因至今尚未查明。事故发生在一次电力系统性能测试实验中,该系统在电站主供电系统发生故障时为电站提供电力。为了开展实验,减小了反应堆的功率(也可能是由于在操作自动控制棒时出现问题),导致反应器处于不稳定状态[39],超出了设计指标。

1986年4月26日凌晨1点23分,尽管发现了如下情况,实验仍然开始了:
(1) 反应堆输出功率低于实验程序要求。
(2) 为开展实验特意关闭了反应堆的安全系统。
(3) 反应堆中控制棒的数量仅为安全操作最低要求的一半。

实验开始30 s后,反应堆功率开始快速增高,10 s后,操作者试图重新插入控制棒来紧急关闭反应堆。当时反应堆功率呈指数级上升,致使加压冷却系统无法发挥作用。8 s后,反应器爆炸(是蒸汽爆炸而非核爆炸),使燃烧的堆芯残骸散落于周边地带。

100多名消防员被调集到现场,与设施内的工作人员一起扑灭了4号反应堆内部及其顶部的大火,以及与之相邻的3号反应堆顶部的小火。这项工作使所有参与现场应急处置的人员遭受超高剂量辐射。爆炸发生后数日,直升机把数千吨各种材料(包括硼砂、铅块、沙子和黏土)倾倒在裸露在外的反应堆中,以熄灭明火、吸收辐射、减少堆芯材料的核反应。直升机总共出动1 800架次,给飞行员带来巨大风险[39]。尽管消防员、直升机飞行员和其他应急处置人员英勇努力,反应堆仍然持续燃烧了10天。

3.5.2 环境污染

爆炸和随后的大火使易挥发的放射性同位素扩散到苏联的大片区域及西欧的部分地区(见图3.4)。放射性沉降物的形式很复杂:降雨能阻滞放射性烟羽扩散,使电厂周边成为放射性铯同位素沉降量最高的区域;不易挥发的元素(如锶和钚同位素)主要以小颗粒放射性燃料的形式("热粒子")[40]沉降在反应堆附近30 km范围内。

最初,担心食物链安全的主因是在牛奶和新鲜蔬菜中发现了半衰期较短的^{131}I[41-42]。事故发生后数周内,物理衰变使^{131}I(包括其他短半衰期的同位素)的放射性浓度降低到微不足道的水平,沉降核素的放射性浓度也大幅下降(见图3.3)。事故发生一段时间后,^{137}Cs成为主要辐射源。在辐射剂量中起重要作用的还有半衰期较短的^{134}Cs和^{90}Sr。

食物链的污染波及白俄罗斯、乌克兰和俄罗斯欧洲部分等许多地区,面积远大于人员疏散区域。由于^{137}Cs只有在某些特殊土壤中才会达到很高的累积浓度,一些地区的食物被浓度相对较低的^{137}Cs沉降物污染。例如,据Beresford和Wright[43]报道,这些地区的草皮、灰化土壤中,^{137}Cs浓度为140~500 kBq·m^{-2},导致每年摄入剂量达到1 mSv;泥炭土中,^{137}Cs剂量水平仅为7~50 kBq·m^{-2}。西欧部分地区(如意大利和德国的部分地区)也受到了影响,这些国家建议人们不要吃新鲜的蔬菜。除苏联外,受影响最大的是北欧日耳曼语系的国家,这些国家的驯鹿、奶山羊、绵羊、野生动物和淡水鱼体内的放射性浓度均高于正常水平,在英国一些丘陵地区的羊也一样,这些影响都是长期的[44]。

切尔诺贝利核事故的一个突出特点是野生食物对人体内照射剂量具有重要影

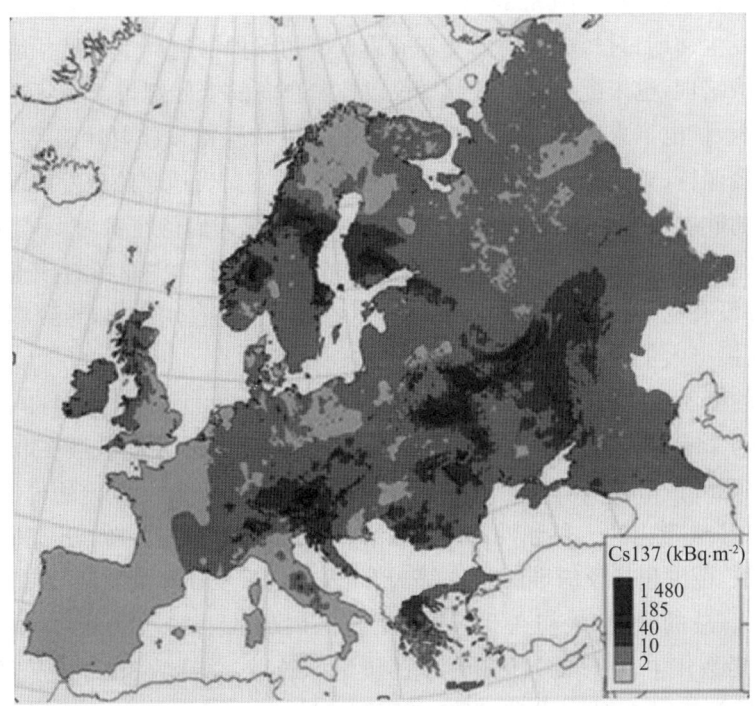

图 3.4 切尔诺贝利核事故中排放出的^{137}Cs 在欧洲的分布。^{137}Cs 的沉降值由 Simon Wright(CEH Lancaster UK)改自 De Cort 发布的数据[68]

响。在苏联,采集野生食品在过去和现在都是非常重要的,它既是一种消遣活动,也是免费的食物来源。针对白俄罗斯、俄罗斯和乌克兰的农村居民进行的调查显示,40%~75%的受访者食用野生菌,60%~70%食用森林浆果,20%~40%食用当地湖泊中的鱼[45]。这会导致从野生食物中摄入大量放射性铯,据估计,成年俄罗斯人从真菌和浆果中摄入的^{137}Cs 占总摄入量的 60%~70%[46]。事实上,在受辐射影响的俄罗斯农村人口中,秋季食用野生菌导致放射性铯的摄入量占总摄入量的 60%~70%[47]。

切尔诺贝利核电站坐落于普里皮亚特(Pripyat)河边,该河是普里皮亚特/第聂伯河(Dnieper)的支流,第聂伯河上的水库为 150 万乌克兰人提供饮用水和灌溉水。虽然事故发生数周后,被污染地表水的放射性指标已普遍低于饮用水标准[48],但主要的修复措施仍必须到位,以向当地居民表明水源供给是受保护的。许多年来,切尔诺贝利附近地区和西欧部分地区淡水鱼体内的放射性铯含量都高于最高许可浓度(约 1 kBq·kg^{-1})[48]。

3.5.3 对环境和健康的影响

事故发生后的最初几周,人体受照剂量主要来自^{131}I(以及其他短半衰期同位素)。事故发生后数月至数十年间,起主要作用的是长半衰期的^{137}Cs、^{134}Cs 和^{90}Sr。随后的数百年至数千年间,随着^{137}Cs 和^{90}Sr 的衰变,钚同位素(伴随^{241}Am 内生)将逐渐成为主要辐射源(见图3.3)。

事故发生初期,对核电站内部及其周边人群的保护措施严重不足。消防人员未经辐射防护培训,也未配备放射性剂量仪以控制自身的受照剂量。虽然在事故发生后半小时内,核电工人服用了碘化钾药片以阻止甲状腺摄入放射性碘[39],但没有分发给普里皮亚特(离核电厂约3 km)的居民[49]。没有向当地居民分发口罩以防止吸入空气中的放射性落下灰,也没有任何官方发布"要求人们待在室内,不要接触污染空气"的警示。4月26日(事故发生在当天凌晨),很多普里皮亚特的孩子们还在户外玩耍,并没有觉察到潜在的危险。最后,当地也未禁止食用牛奶,导致事故发生后几周内,居民摄入了大量^{131}I。

事故的全面情况一经确认,立即疏散了当地居民,4月27日星期日下午2点,1 200辆巴士将普里皮亚特的4.4万人撤离。5月2日,政府决定疏散核电厂周边30 km内("30 km带")的所有人员和牲畜,并依辐射剂量在地图上划定边界。至5月6日,整个30 km带内的人员和牲畜疏散完毕。随后,针对污染分布情况,进行了更大规模的疏散,范围包括反应堆西北约150 km内的白俄罗斯和俄罗斯布良斯克(Bryansk)地区。总的来说,最初在3 500 km^{2}范围内疏散了11.6万人[50]和6万头牲畜[39]。随后数年中,更多的人从其他受污染地区疏散,总计约35万人。目前,除少数区域被重新使用外,大部分疏散地区仍无人居住。

事故发生后不久,28人死于放射性疾病。随后证实的134例放射病病例中,1987—1998年11人死于各种疾病,包括骨髓增生异常综合征(与辐射有关的骨髓错乱疾病)、心脏病和肝硬化[39]。截止到2003年,在儿童和青少年中共发现4 000例甲状腺癌病例,其中绝大多数是由于在事故后数周内遭受^{131}I辐射。研究表明[51-52],随着^{131}I辐照剂量的增加,甲状腺癌的患病风险也随之增加。由于这些人群曾遭受^{131}I辐射,预计甲状腺癌的发病率将继续升高。Jacob等人[52]在白俄罗斯的研究表明,1991—1996年发现了超过569例甲状腺癌,预计1997—2036年将超过12 000例。研究人员也指出,这一预测具有很大的不确定性。

据预测,遭受辐射人群患其他癌症和白血病的发病率也会增加,不过从流行病学角度很难证实这些预测。在原子弹爆炸后的15年间,在广岛和长崎的幸存者中出现了大量新增白血病病例[53]。目前,在乌克兰和白俄罗斯的应急处置人员中并未发现白血病发病率增加。然而,对俄罗斯应急处置人员的一项研究发现[41,54],1986—1996年,慢性淋巴细胞白血病的发病率在增加:71 217名俄罗斯应急处置人员中21人患慢性淋巴细胞白血病,其中一半是由辐射诱发的。

针对遭受辐射儿童患白血病的情况进行的研究[55],由于"资料缺乏,不能得出儿童白血病患病率的增加与切尔诺贝利核事故有必然联系的结论"。

根据已知的辐射对健康的影响,切尔诺贝利核事故增加了癌症(包括甲状腺癌)的发病率。然而,由于个人辐射剂量及其产生的风险相对较低,难以在流行病学上体现出来。所以世界卫生组织使用由国际放射防护委员会[55]提出的"致死癌症风险因子"进行评估测算(作为切尔诺贝利事故死亡率的一项指标),在俄罗斯、白俄罗斯和乌克兰遭受辐射剂量最高的人群中将有 9 000 人患致死性癌症,全世界人口遭受切尔诺贝利核事故的集体辐射剂量约为 60 万人·希[56],潜在的致死性癌症患者将达到 3 万人。

事故形成的放射性落下灰具有极高的放射性,对 30 km 隔离区内的生态系统造成了严重破坏。事故后不久,面积约 4 km² 区域("红森林")内的松树枯死,并对核电站周边数十平方公里的树木造成了严重破坏。但是关于核事故造成动物直接死亡的证据较少,因为在污染最严重的地区既有直接辐射效应导致的死亡,也有栖息地破坏导致的死亡。1986 年,核电站周边 30 km 范围内的鼠类种群数量有所减少,1986—1987 年发现其胚胎死亡率有所增加,1987 年鼠类种群的数量又增加了,但是也不能排除有鼠类种群从污染较轻的地区迁移过来。

核事故发生后的最初几年,可以观察到辐射对动物的影响,例如小型哺乳动物和一些人的肝脏有所增大。在污染最严重的地区,小型哺乳动物遭受的辐射剂量超过预期值,从而对其生殖系统造成了破坏。然而,核事故发生数年后,对污染区内的小型啮齿动物开展的组织学检查并未发现显著异常[57-58]。

在评估切尔诺贝利核事故的生态学效应时,必须均衡考虑辐射对环境造成的负面影响以及人类撤离对野生动物栖息地发展的正面影响。事故发生 25 年后,还有一些(往往是矛盾的)证据表明生物体仍持续受到辐射损伤,但这种情况看起来并不严重(虽然对此情况知之甚少)。也有报道称,从宏观生态学的角度看,生活在废弃土地上的野生哺乳动物和鸟类物种在迅速增加[59-60]。

关于切尔诺贝利隔离区内野生动物戏剧性恢复的报告也遭到一定质疑,因为近期的研究显示,即使是在非常低剂量率(对动物产生确定性效应)的辐射下,人类也会出现显著的辐射效应[61-62]。本文作者(J. T. Smith)对上述研究提出质疑,因为它们采取的剂量测定方法欠妥、对采样地点进行了误导性描述以及未能说明受染区与对照区之间的主要差别等[63]。但是很明显,有必要在切尔诺贝利隔离区开展进一步的研究,以检验关于"环境中长期存在的低剂量辐射会对人类健康造成影响"的假设。

3.5.4 对社会和心理的影响

世界卫生组织切尔诺贝利研讨会[64]的结论是"切尔诺贝利核事故对心理健康的影响是迄今为止最大的公共健康问题"。辐射受害者不得不伴随健康风险(可能他们并不知情)度过余生。对科学界来说,虽然这些风险与日常生活中遇到的其他风险相比微不足道[65],但是遭受辐射(以及后续的紧急疏散)可能会带来巨大的心理和社会危害,这反过来又会产生真正的健康影响。

与未受辐射的人群相比,核污染地区的人们表现出更强烈的压力感和更糟糕的健康状况,需要占用更多的医疗设施(如就医次数增多)。曾有媒体报道称,大量母亲由于担心辐射会损害胎儿健康而堕胎。

切尔诺贝利核事故所造成的心理和社会影响因苏联政府意图掩盖或低估事故严重性而加重。这一情况也出现在许多西欧国家,只是程度较轻。政府一旦失去公众的信任,再想重新获得信任是非常难的,乌克兰、白俄罗斯和俄罗斯(西欧部分)的居民就普遍不信任政府和科学家关于辐射问题的声明。

3.6 结论

4起核事故中,早期的军事核设施(克什迪姆和温茨凯尔)和之后的民用核电站(三哩岛和切尔诺贝利)之间有明显的区别。Jones[2]总结了克什迪姆和温茨凯尔核事故发生的共因:

"……两者均为设备故障,主要用于为各国发展核武器生产钚,当时生产核原料的压力极大,此外,两起事故中操作工人都未能很好地遵守操作规程,以现代工艺标准衡量都是不安全的。"

4起事故的起因既有设备故障,也有对设备的管理和操作不当,如果后两起事故的操作者在事故开始及其发展过程中采取了恰当的处置办法,应该是可以避免的。事实上,三哩岛和切尔诺贝利核事故很大程度上是由操作失误导致的。总统委员会[27]确认,除设计和管理失误外,导致三哩岛核事故的另一个关键因素是"认为核电站不存在固有安全问题"的态度,这种态度在切尔诺贝利核事故发生前也盛行于苏联。总统委员会认为:

"委员会确信必须改变这种态度,必须认识到核电站本质上具有巨大的潜在危险,必须不断质疑安全措施是否到位,才能防止重大事故的发生。"

"我们确信,如果仅仅是设备故障问题,那么就不必成立总统委员会。如果设备足够好,不考虑人为失误,三哩岛核事故可能只是一起小事故。但无论怎么看,主要问题出在人员操作上,出在设施运行管理上,与保障核电站安全的管理机构有关。"[27]

三哩岛和切尔诺贝利核事故发生后,核电站的设计和核工业的安全意识才得以提高。但是最近的福岛核电站事故还是提醒我们,极端事故依然会发生。核工业及其监管机构不应该存在"重大核事故不可能发生"的想法。福岛核电站事故虽然是严重的地震和海啸造成的,但是人类在规划上的失误也扮演着重要的角色。

很明显,在对环境和人类健康的影响方面,克什迪姆和切尔诺贝利核事故所排放的放射性物质给人类造成了重大危害,不仅癌症发病率有所增高,而且永久撤离对社会、心理和经济也造成了重大影响。虽然从流行病学上看,许多事故辐射(特别是切尔诺贝利核事故)诱发的癌症与天然辐射背景下的癌症难以区分,但是通过估算集体辐射剂量来估算其对癌症的影响也是可行的。4起核事故估算的集体剂量指标见表3.4,这些数据还很不全面,一方面是因为估算辐射剂量比较困难,另一方面是因为不同研究采用的估算方法不同。尽管存在不足,但是很明显,迄今为止切尔诺贝利核事故造成的集体辐射剂量是最大的。需要注意的是,大气层核试验造成的集体辐射剂量远大于切尔诺贝利核事故,但是与天然辐射和医疗辐射造成的集体辐射剂量相比,核事故所造成的集体辐射剂量也依然是相形见绌。

表 3.4 核事故与大气层核试验的集体辐射照射剂量

事故	估计的集体辐射剂量/(人·希)
温茨凯尔	2 000
克什迪姆	>9 500[a]
三哩岛	15
切尔诺贝利	600 000
大气层核试验	30 000 000[b]

a 仅包括疏散人群和受染地区的清洁人员所遭受的辐射剂量,不包括疏散地区以外人群的辐射剂量以及事故发生时核电站内 5 000 名工作人员遭受的辐射剂量。

b 数据来自联合国原子辐射效应科学委员会(UNSCEAR)[73]。

这些事故对小地域范围内生态系统的破坏非常严重,泄漏发生后,生物当即遭受极高剂量的辐射。目前还不清楚长期低放射性辐射对环境会造成何种长期影响,对生物体在遗传、个体或种群水平上有长期伤害的证据也经常是矛盾的,这可能是由于研究方法欠妥以及环境和生态的差异所造成的。克什迪姆和切尔诺贝利核事故后的很长时间内,疏散区成为"自然保护区",在这里生态系统不受人类活动的影响。

参考文献

[1] J. A. Garland and R. Wakeford, Atmos. Environ., 2007, 41, 3904-3920.

[2] S. Jones, J. Environ. Radioact., 2008, 99, 1-6.

[3] A. C. Chamberlain, Q. J. R. Meteorol. Soc., 1959, 85, 350-361.

[4] T. Bergan, M. Dowdall and Ø. G. Selnæs, J. Environ. Radioact., 2008, 99, 50-61. 5.

[5] A. H. Wolff, Publ. Health Rep., 1959, 74, 42-43.

[6] J. A. Auxier, in AMA Toxic Agents Conference, WashingtonDC, USA, 1987, pp. 80-84.

[7] D. Jackson and S. Jones, in Comparative Assessment of the Environmental Impact of Radionuclides Released During Three Major Nuclear Accidents: Kyshtym, Windscale and Chernobyl, European Commission, Luxembourg, 1991, pp. 1015-1040.

[8] H. J. Dunster, H. Howells and W. L. Templeton, 2nd International Conference on Peaceful Uses of Atomic Energy, New York, 1958.

[9] S. Wright, J. Smith, N. Beresford and W. Scott, Radiat. Environ. Biophys., 2003, 42, 41-47.

[10] M. J. Crick and G. S. Linsley, Int. J. Radiat. Biol., 1984, 46, 479-506.

[11] R. H. Clarke, in Medical Reponse to Effects of Ionising Radiation, ed. W. A. Crosbie and J H. Gittus, Elsevier Applied Science, Amsterdam, 1989, pp. 102-118.

[12] D. McGeoghegan and K. Binks, J. Radiolog. Protect., 2000, 20, 261.

[13] B. Wynne, Publ. Understanding Sci., 1992, 1, 281-304.

[14] F. Fremont-Smith, Am. J. Orthopsychiat., 1958, 28, 456-466.

[15] D. L. Collins, Nuclear Accidents in the Former Soviet Union: Kyshtym, Chelyabinsk and Chernobyl, Armed Forces Radiobiology Research Institute, Bethesda, MD, USA, 1991.

[16] B. V. Nikipelov, G. N. Romanov, L. A. Buldakov, N. S. Babaev, Y. B. Kholina and E. I. Mikerin, At. Energy, 1989, 67, 569-576.

[17] R. M. Alexakhin, S. V. Fesenko and N. I. Sanzharov, Radiat. Protect. Dosimetry, 1996, 64, 37-42.

[18] B. V. Nikipelov, G. N. Romanov, L. A. Buldakov, N. S. Babaev, Y. B. Kholina and E. I. Mikerin, Accident in the Southern Urals on 29 September1957, International Atomic Energy Agency, Vienna, Austria, 1989.

[19] M. A. Cross, University of Portsmouth, PhD Thesis, 2001.

[20] K. Muck, M. Sinojmeri, H. Whilidal and F. Steger, Radiat. Protect. Dosimetry, 2001, 94, 251-259.

[21] I. L. Abalkina, A. A. Sarkisov, I. I. Linge, S. V. Kazakov, S. V. Panchenko and E. A. Savelieva, Appl. Radiat. Isot., 2008, 66, 1554-1557.

[22] M. M. Kossenko, Radiat. Protect. Dosimetry, 1995, 62, 87-89.

[23] V. Pozolotina, I. Molchanova, E. Karavaeva, A. Aarkrog and S. P. Nielsen, Radiation Exposures by Nuclear Facilities. Evidence of the Impact on Health, eds. I. Schmitz-Feuerhake and M. Schmidt, Gesellschaft für Strachlenschutz, Berlin, 1996, pp. 382-386.

[24] D. A. Krivolutsky, in Proceedings of the NATO Advanced Research Workshop on Bioindicator Systems for Soil Pollution, ed. N. M. van Straalen and D. A. Krivolutsky, Kluwer Academic Publishers, Moscow, Russia, 1995, pp. 189-196.

[25] I. I. Kryshev and T. G. Sazykina, Radiat. Protect. Dosimetry, 1998, 75, 187-191.

[26] NRC, US. Nuclear Regulatory Commission, 2010, www. nrc. gov.

[27] J. G. Kemeny, Report of the President's Commission on the Accident at Three Mile Island, Pergamon, New York, NY, USA, 1979.

[28] C. W. Miller, S. J. Cotter, R. E. Moore and C. A. Little, Estimates of Dose to the Population within Fifty Miles due to Noble Gas Releases from the Three Mile Island Incident, Oak Ridge National Laboratory, Oak Ridge, TN, USA, 1980.

[29] M. C. Hatch, J. A. N. Beyea, J. W. Nieves and M. Susser, Am. J. Epidemiol., 1990, 132, 397-412.

[30] T. M. Gerusky, Ann. N. Y. Acad. Sci., 1981, 365, 54-62.

[31] R. L. Katheren, Radioactivity in the Environment: Sources, Distribution, and Surveillance, Harwood Academic Publishers, New York, NY, USA, 1984.

[32] R. W. Field, Radiat. Protect. Dosimetry, 2005, 113, 214-217.

[33] S. Wing, D. Richardson, D. Armstrong and D. Crawford-Brown, Environ. Health Perspect, 1997, 105, 52-57.

[34] E. O. Talbott, A. O. Youk, K. P. McHugh-Pemu and J. V. Zborowski, Environ. Health

Perspect, 2003, 111, 341-348. Nuclear Accidents 79.

[35] B. A. Osif, A. J. Baratta and T. W. Conkling, Three Mile Island 25 Years Later, Penn State University Press, PA, USA, 2004.

[36] C. Susan and B. Kent, Disasters, 1982, 6, 116-124.

[37] R. Fleming, A. Baum, M. M. Gisriel and R. J. Gatchel, Journal Name: J. Human Stress, 1982, 8(3), 14-22.

[38] A. Baum, R. J. Gatchel and M. A. Schaeffer, J. Consulting Clin. Psychol., 1983, 51, 565-572.

[39] UNSCEAR, Report to the General Assembly: Sources and Effects of Ionizing Radiation. Volume II, Annex J., United Nations, New York, NY, USA, 2000.

[40] K. Muck, G. Prohl, I. Likhtarev, L. Kovgan, R. Meckbach and V. Golikov, Health Phys., 2002, 82, 141-156.

[41] A. F. Tsyb, V. K. Ivanov, V. A. Sokolov, A. I. Gorski, M. A. Maksioutov, O. K. K. Vlasov, S. E. and A. M. Godko, Radiat. Risk, 2002, Special Issue: Health consequences 15 years after the Chernobyl catastrophe: data of the National Registry, 39-50.

[42] V. V. Drozdovitch, G. M. Goulko, V. F. Minenko, H. G. Paretzke, G. Voigt and J. I. Kenigsberg, Radiat. Environ. Biophys., 1997, 36, 17-23.

[43] N. A. Beresford and S. M. Wright, Self-Help Countermeasure Strategies for Populations Living within Contaminated Areas of the Former Soviet Union and an Assessment of Land Currently Removed from Agricultural Usage, Institute of Terrestrial Ecology, Grange-over-Sands, UK, 1999.

[44] B. J. Howard, N. A. Beresford and G. Voigt, J. Environ. Radioact., 2001, 56, 115-137.

[45] P. Strand, B. J. Howard and V. Averin, Transfer of Radionuclides to Animals, their Comparative Importance under Different Agricultural Ecosystems and Appropriate Countermeasures. Experimental Collaboration Project No. 9 Final Report, European Commission, Luxembourg, 1996.

[46] V. N. Shutov, G. Y. Bruk, L. N. Basalaeva, V. A. Vasilevitskiy, N. P. Ivanova and I. S. Kaplan, Radiat. Protect. Dosimetry, 1996, 67, 55-64.

[47] L. Skuterud, I. G. Travnikova, M. I. Balonov, P. Strand and B. J. Howard, Sci. Total Environ., 1997, 193, 237-242.

[48] J. T. Smith and N. A. Beresford, Chernobyl-Catastrophe and Consequences, Springer-Praxis, Berlin, Germany, 2005.

[49] IAEA, The International Chernobyl Project Technical Report, International Atomic Energy Agency, Vienna, Austria, 1991.

[50] S. T. Belyaev, V. F. Demin, V. A. Kutkov, V. G. Bariakhtar and E. P. Petriaev, The Radiological Consequences of the Chernobyl Accident, 1996.

[51] P. Jacob, G. Goulko, W. F. Heidenreich, I. Likhtarev, I. Kairo, N. D. Tronko, T. I. Bogdanova, J. Kenigsberg, E. Buglova, V. Drozdovitch, A. Golovneva, E. P. Demidchik, M. Balonov, I. Zvonova and V. Beral, Nature, 1998, 392, 31-32.

[52] P. Jacob, Y. Kenigsberg, G. Goulko, E. Buglova, F. Gering, A. Golovneva, J. Kruk and

E. P. Demidchik, Radiat. Environ. Biophys., 2000, 39, 25-31.

[53] D. A. Pierce, Y. Shimizu, D. L. Preston, M. Vaeth and K. Mabuchi, Radiat. Res., 1996, 146, 1-27. 80 J. T. Smith

[54] A. P. Konogorov, V. K. Ivanov, S. Y. Chekin and S. E. Khait, J. Environ. Pathol., Toxicol. Oncol., 2000, 19, 143-151.

[55] E. Cardis, G. Howe, E. Ron, V. Bebeshko, T. Bogdanova, A. Bouville, Z. Carr, V. Chumak, S. Davis, Y. Demidchik, V. Drozdovitch, N. Gentner, N. Gudzenko, M. Hatch, V. Ivanov, P. Jacob, E. Kapitonova, Y. Kenigsberg, A. Kesminiene, K. J. Kopecky, V. Kryuchkov, A. Loos, A. Pinchera, C. Reiners, M. Repacholi, Y. Shibata, R. E. Shore, G. Thomas, M. Tirmarche, S. Yamashita and I. Zvonova, J. Radiol. Protect., 2006, 26, 127-140.

[56] B. Bennett, in One Decade after Chernobyl: Summing up the Consequences of the Accident, IAEA, Vienna, Austria, 1996, pp. 117-126.

[57] R. J. Baker, J. A. Dewoody, A. J. Wright and R. K. Chesser, Ecotoxicology, 1999, 8, 301-309.

[58] D. Jackson, D. Copplestone and D. M. Stone, Nucl. Energy, 2004, 43, 281-287.

[59] N. Williams, Science, 1995, 269, 304.

[60] R. J. Baker and R. K. Chesser, Environ. Toxicol. Chem., 2000, 19, 1231-1232.

[61] A. P. Møller, T. A. Mousseau, G. Milinevsky, A. Peklo, E. Pysanets and T. SzÉP, J. Animal Ecol., 2005, 74, 1102-1111.

[62] A. P. Møller, T. A. Mousseau, F. de Lope and N. Saino, Biol. Lett., 2007, 3, 414-417.

[63] J. T. Smith, Biol. Lett., 2008, 4, 63-64.

[64] WHO, Health Effects of the Chernobyl Accident and Special Health Care Programmes, World Health Organization, Geneva, Switzerland, 2006.

[65] J. Smith, BMC Public Health, 2007, 7, 49.

[66] C. A. Johnson, K. P. Kitchen and N. Nelson, Atmos. Environ., 2007, 41, 3921-3937.

[67] G. J. Dicus, in Joint Meeting of American Nuclear Society, Washington, D. C. Section and Health Physics Society, Baltimore-Washington Chapter, U. S. Nuclear Regulatory Commission, WashingtonD. C., DC, USA, 1997.

[68] M. De Cort, Atlas of Caesium Deposition on Europe after the Chernobyl Accident. EUR 16733, European Commission, Luxembourg, 1998.

[69] D. H. Gudiksen, T. F. Harvey and R. Lange, Health Phys., 1989, 57, 697-706.

[70] R. S. Cambray, K. Playford, G. N. J. Lewis and R. C. Carpenter, Radioactive Fallout in Air & Rain, Results to the End of 1988 AERE R 13575, Atomic Energy Authority, London, UK, 1989.

[71] NCI, Estimated Exposures and Thyroid Doses Received by the American People from Iodine-131 in Fallout Following Nevada Atmospheric Nuclear Bomb Tests, U. S. National Cancer Institute, Bethesda, MD, USA, 1997.

[72] J. Gray, S. R. Jones and A. D. Smith, J. Radiol. Protect., 1995, 15, 99.

[73] UNSCEAR, Sources and Effects of Ionizing Radiation, United Nations Scientific

Committee on the Effects of Atomic Radiation UNSCEAR 1993 Report to the General Assembly, with Scientific Annexes, United Nations, New York, USA, 1993.

[74] A. Kruuglov, The History of the Soviet Atomic Industry, Taylor & Francis, London, 2002.

第 4 章

核废物污染土地的管理

RICHARD KIMBER, FRANCIS R. LIVENS, JONATHAN R. LLOYD

摘要：过去60年来对核材料的广泛使用，将放射性核素人为地排放到了环境中。目前核污染物的排放已引起公众的广泛关注和全球科学家的研究兴趣。在军事和民用核设施使用过程中，由于泄漏、溢出、排放和核武器使用等原因造成了当地的核污染。当各国政府试图进行核设施退役与受染土地改造时，对上述核废物污染土地进行管理就成为需要优先解决的全球性问题。美国处理核废物污染区域预计将耗资上万亿美元，这对政府财政而言是沉重的负担。英国也存在核废物污染区域，虽然范围较小，但是清理费用估计也达千亿欧元。为了开发出高效的修复技术，需要综合多种学科知识，掌握污染环境中放射性核素及其共存污染物的特性。生物、化学和物理方法都可用于处理复杂的核设施污染，其中一些修复技术已经在美国能源部负责的几处核电厂遗址上进行了验证，取得了一些处理放射性污染物的成功经验。

4.1 引言

19世纪40年代以来，核材料的工业化生产与后续的军事及民事应用，遗留下来大量受染垃圾和有害废物。当各国政府试图进行核设施退役和受染土地改造时，对上述核废物污染的土地进行管理就成为需要优先解决的全球性问题。然而，受染设备、乏燃料、大面积散落的放射性核素及其共存污染物的储存和处置却是一项颇具挑战且花费不菲的任务。

20世纪90年代冷战结束后，由于核武器生产需求下降，许多早期的核设施被关闭。目前各国政府和机构正致力于对这些核设施开展修复、受染土地退役和净化工作。由于涉核，这些地点的大量土地、地下水和设施遭到污染，随后本章将讨论其中的细节问题。还有部分仍在运行的核设施也通常用于核材料后处理与场地修复。核污染问题有多种产生渠道，包括意外排放、废物排放以及含放射性核素军事装备的使用等。意外排放的放射性核素可能是放射性物质泄漏及溢出造成的，也可能是核设施事故（如爆炸）造成的。除了事故现场，自然传播还会将放射性核素扩散到更远的地方，这种场外核污染也已受到关注。水体污染是一个持续多年的问题，因为地下水系可将污染物扩散至含水层，这将威胁到农作物灌溉或公共饮用水。基于上述原因，放射性核素、重金属和有毒有机物的迁移成为决定每种污染物危害环境和公众的关键因素。因此在制订有效的修复策略前，充分了解污染物迁移的影响机制是至关重要的。目前通常采用生物修复方法或化学方法处理受污染的土壤和地下水。本章将对一些可行的关键技术及其优缺点进行概述。此外也会讨论过去核设施修复的重点案例,其中涉及的许多技术已在现场研究中得以应用。

4.2 世界范围内的核设施污染

2008年,在31个国家共运行着439座核电站,发电量占世界总发电量的15%[1];截止到1999年1月,全球共进行了2532次核爆炸[2]。许多涉及核材料生产、后处理和储存的核设施通过排放、泄漏、事故和设施测试等途径将放射性核素排放到环境中。表4.1总结了发生此类问题的核设施及其造成的污染问题。与其他发电形式相比,核电能减少二氧化碳排放量、保障能源安全,很多政府恢复了对核电的兴趣,因此,不久的将来,核设施的数量仍将增加。

4.2.1 英国

英国的核废物主要是由过去60年来在其境内运行的多种核设施造成的。这些核废物产生于核反应堆或核武器所需原材料的生产过程、核原料在反应堆中的反应过程以及乏燃料的后处理过程等。英国第一座核电站位于卡德豪尔,始建于1953年,1956年与国家电网并网,成为世界上第一座商用核电站。随后的几十年里,该电站的规模不断扩大,形成了目前的塞拉菲尔德核电站(见4.2.1.1节)。1953—1971年,英国共建成26座反应堆用于核相关研究和核能发电[3]。过去60年里,英国电力供应中的绝大部分来自第一代镁诺克斯型(Magnox)核电站。目前11座镁诺克斯型核电站中只有2座仍在运行。

过去50多年里,原子武器研究中心(the Atomic Weapons Establishment,AWE)一直负责提供和维护英国的核威慑力量,管理着奥尔德玛斯顿(Aldermaston,其前身是机场)和巴勒菲尔德(Burghfield,其前身是军工厂)两处核设施。尽管从放射学角度而言,奥尔德玛斯顿核设施是安全的,但是该地土壤中却含有高于本底辐射水平的各种放射性核素(包括钚),在某些固态沉积物(污泥)中发现 $^{239+240}$Pu 的活度为 15~155 Bq·kg^{-1}[4],而地球表面沉积本底值仅为 0.02~0.7 Bq·kg^{-1}[5]。

核退役管理局(Nuclear Decommissioning Authority,NDA)成立于2005年,它是一个非官方的公共组织,其主要职能是核退役管理和清理英国公用事业部门废弃核设施站点。核退役管理局负责的修复计划涉及英国全境共19个站点,预计其中某些站点经过几十年的处理也不能达到计划的最终目标。核责任评估机构(Nuclear Liabilities Estimate,NLE)预计,核退役管理局完成其负责的合同需要约445亿英镑[3]。最近核退役管理局向公众发布了规划草案以征集意见,其中详细介绍了有关核退役和清理计划的步骤[3]。

表 4.1 全球涉及土壤与地下水污染问题的主要核设施使用情况汇总表

(引自 W. Standring, M. Dowdall and P. Strand, *Int. J. Environ. Public Health*, 2009, 6, 1)

站点	用途(过去)	用途(现今)	土壤污染	地下水污染	来源
塞拉菲尔德 (Sellafield)	第二次世界大战核弹制造厂。战后用于生产铈、燃料再生与加工、核废物管理、核能发电	燃料再生与加工、核废料管理与核退役	1 600 m³ 受中放废物污染	2009年检测结果：除5例样品外，α辐射总量均低于WHO安全饮用水标准(0.5 Bq·L⁻¹)；β辐射总量远高于安全饮用水标准(1 Bq·L⁻¹)，年最大平均放射性浓度达 129 000 Bq·L⁻¹；地下水中含^{90}Sr, ^{137}Cs, ^{3}H 和 ^{99}Tc	[8,10-11]
原子武器研究中心 (AWE)	英国皇家空军核设施/军事设施、生产/维护/拆除核武器	维护/拆除核武器	1 000 000 m³ 需要作为低放废物处理	排出的水中含 0.7~44 μBq·kg⁻¹ 溶解态的 $^{239+240}$Pu, 1.2~400 Bq·kg⁻¹ 颗粒态 $^{239+240}$Pu	[4]
敦雷 (Dounreay)	由英国国家军事核设施转变为英国快中子反应堆研发中心	反应堆均关闭，正处于最终退役阶段(有望于2032年完全关闭)	底泥中含有 15~155 Bq·kg⁻¹ 的 $^{239+240}$Pu；在当地海岸发现了辐照燃料颗粒。小范围 ^{137}Cs 污染(>4 Bq·g⁻¹)	20世纪六七十年代曾向大海排放辐照燃料颗粒。在敦雷沿岸均发现了辐照燃料颗粒	[14-15]
马亚克 (Mayak)	核武器生产、核材料再生	生产放射性同位素及检测用电子设备、核燃料后处理及核退役	1957年发生高放废物储罐爆炸，泄漏了 740 pBq 的放射性物质；90%的临近区域受污染；部分核设施的辐射剂量率高达 15 mR·h⁻¹	开式储槽内有 3.4×10⁸ m³ 放射性废水。1993年，R9号储罐(Karachay湖)内测得 70 MBq·L⁻¹ 的 ^{137}Cs，100 MBq·L⁻¹ 的 ^{90}Sr，从R9中流出的废水导致 10 km² 的地下水受污染，其扩散速度为 80~100 m·a⁻¹	[20]

续表

站点	用途(过去)	用途(现今)	土壤污染	地下水污染	来源
洛基弗拉茨(Rocky Flats)	核武器制造	2005 年完成清理和关闭工作。2007 年大部分被划为美国鱼类与野生动物保护区	受染地域的土壤中含有 2 220～11 460 Bq·kg^{-1} 的 $^{239+240}Pu$，1 840～8 840 Bq·kg^{-1} 的 ^{241}Am		[31]
橡树岭(Oak Ridge)	为曼哈顿计划分离铀	能源部国家实验室	吸附和沉淀的铀浓度高达 800 mg·kg^{-1}；东叉白杨河(East Fork Popular Creek)沿岸漫滩中汞的浓度高达 2 400 μg·g^{-1}	地下水中液态铀的浓度高达 210 μmol·L^{-1}；S-3 号池渗漏形成的污染烟羽中含铀(高达 0.2 μmol·L^{-1})和 Tc(高达 47 nmol·L^{-1})	[38-39]
汉福德(Hanford)	生产钚，核反应堆	核退役与清理	149 个储罐中有 68 个泄漏了高放废物，这些废物沉积于站点下方的底泥中；砂层中含 9.25 MBq·kg^{-1} 的 Pu；底泥中含 1×10^5 Bq·g^{-1} 的 ^{137}Cs	1951 年，3.5×10^5 L 高放废液(约合铀 7 000 kg)泄漏至地下水中；地下水中 Tr 与 ^{129}I 含量远超安全饮用水标准；水中 Tc、U、Pu、^{60}Co、^{137}Cs 的含量也高于安全饮用水标准	[42, 44, 49]
莱夫勒(Rifle)	铀处理设施	《铀矿厂尾矿修复法》(Uranium Mill Tailings Remedial Action, UMTRA)所辖核设施站点		受染的地下水含水层中铀浓度约为 0.4～1.4 μmol·L^{-1}	[28]

在英国,尽管有许多涉核操作场所,但是大多数核废物和污染物都存放在几个主要设施中。本节将详细讨论英国核遗留目录中备受关注的两个关键站点:塞拉菲尔德(Sellafield)和敦雷(Dounreay)。

4.2.1.1 塞拉菲尔德

塞拉菲尔德早期称为温茨凯尔(Windscale),位于西坎布里亚郡(West Cumbria),是英国最大的核设施群,占地 262 hm²,自 20 世纪 40 年代起参与核能计划,并建成了世界上第一座商用核电站——卡德豪尔核电站。塞拉菲尔德进行乏燃料后处理、混合氧化物(MOX)燃料制造及核废料储存与管理等工作。自 1951 年起,塞拉菲尔德开始向环境中排放核废物,1954 年 8 月《原子能管理局法案(1954)》通过后,它率先取得了正式的排放授权。1954 年前的排放控制标准由该站点和政府部门协商确定,目前放射性废物的处置主要遵从《环境许可(英格兰和威尔士)条例(EPR-2010)》。在核材料后处理过程中,钚、铀和高放射性裂变产物通过溶剂萃取分离,这就导致上述物质富集于废液中。高放废液注入酸性液体后进行蒸馏,然后进行玻璃固化;超过水位线上限的低放废液通过 2.5 km 长的管道排入爱尔兰海。1952—1990 年,低放废物的排放造成环境中含有 1.1×10^2 TBq ^{238}Pu、6.1×10^2 TBq $^{239+240}$Pu、1.3×10^4 TBq ^{241}Pu 和 9.4×10^2 TBq ^{241}Am[包括^{241}Pu 衰变产生的约 3.6×10^2 TBq 镅(Am)][6]。约 90% 的钚为 +4 价不溶形式,与排放出的镅一起沉积于爱尔兰海。其余 10% 的钚为 +5 价易溶形式,呈溶解态,最终流出爱尔兰海[7]。2006 年以来,海滩监测发现,虽然塞拉菲尔德排放废液的放射性小于敦雷排放的废液,但也造成许多地点受染[8]。

核泄漏和后处理过程导致以塞拉菲尔德为中心的约 1 600 m³ 土壤受到污染,不得不作为中放废物来处理[8]。由于上层土壤中污染物的渗滤,该区域西南方岩层下的含水层已明显受到污染,约 1.0×10^6 m³ 的土壤需要作为低放废物处理。此外,塞拉菲尔德还负责储存英国大部分核废料,因此,多种不同辐射等级的放射性废物都存放在该处,等待着处置或放射性衰变[9]。

为了提出并建立地下污染的概念模型,过去 10 年对位于塞拉菲尔德的两个站点进行了调查。2004 年完成的第一阶段报告主要考察了位于塞拉菲尔德"隔离区"外围从事核燃料后处理和生产所造成的污染。第二阶段报告主要考察隔离区内的污染情况,预计于 2010 年完成。

取自 2 000 多个钻孔的土壤样品表明,放射性污染物主要集中于隔离区下方的土壤中,偶尔在隔离区以外也会出现。对该地地下水的监测显示,水流中明显存在着放射性污染物,包括 ^{90}Sr、^{137}Cs、^{3}H 和 ^{99}Tc 与锕系元素,沿着水力梯度方向迁移。

氚(^{3}H)是其中活度最高、最易迁移的污染物。在靠近隔离区的钻孔中发现受染地下水中约含 1.0×10^7 Bq·m^{-3} 氚,其放射性水平沿埃因河(River Ehen)的水力梯度方向递减,直至检测不到(低于 1.0×10^5 Bq·m^{-3})[10]。尽管与氚的来源不同,但锝-99(^{99}Tc)通常在水中与氚共存,且都沿着水力梯度向下迁移。^{99}Tc 污染多位于砂石基岩之上的岩层中,在站点边界的监测井中也有发现。第一阶段的调查发现,主大门附近地下水中^{99}Tc 的浓度最高,为 $2.3\times10^5 Bq\cdot m^{-3}$。在污染最严重的隔离区内的监测井中还测出溶解度小、易吸附在底泥上的^{90}Sr。两条地下水烟羽带中检出了^{90}Sr 的 β 辐射,在被^{3}H 和^{99}Tc 污染的地下水中也检测到了 β 辐射[10]。在地下水烟羽带中还发现了另一种放射性同位素^{137}Cs,它的浓度非常低,仅能在发生了渗滤作用的固体中检测到。

表 4.2 汇总了塞拉菲尔德有限公司(Sellafield Ltd)发布的《地下水年度报告》(*Groundwater Annual Report*)[11]中 137 个钻孔的监测数据。尽管大部分钻孔采集的样品中,总 α 放射性、氚和锝的放射性低于世界卫生组织(World Health Organization,WHO)制定的饮用水标准,但大量钻孔的 β 放射性指标仍高于世界卫生组织饮用水标准。其中,^{90}Sr 衰变是构成 β 放射性指标的主体,^{137}Cs 衰变也是其重要组成部分。但是当基于单个样本来检测这两种同位素时,仅发现少量样本中^{90}Sr 的浓度超出了世界卫生组织饮用水标准,没有一个样本的^{137}Cs 浓度超过安全饮用水标准。辐射剂量超标的钻孔绝大多数都位于隔离区内,还有一部分位于隔离区外的西南部。

表 4.2 塞拉菲尔德地区 137 个钻孔的地下水监测数据[11]

辐射类型或放射性核素	WHO 饮用水标准/$(Bq\cdot L^{-1})$	超标的钻孔数	钻孔位置	主要同位素	最高年均放射性浓度/$(Bq\cdot L^{-1})$
总 α 放射性	0.5	5	隔离区内	铀同位素	103
总 β 放射性	1	46	隔离区内占绝大多数;少数位于隔离区南侧;个别临近科尔德河(River Calder)西岸	^{90}Sr 和^{137}Cs	129 000
氚	10 000	3	隔离区西南角的外侧	^{3}H	39 200
锝	100	1	隔离区西南角与主大门之间	^{99}Tc	111

该区域称为 B-30,以前是储存和罐装核燃料的工厂,曾经用一个池子储存乏燃料,直到 1986 年,它才正式由一个燃料处理厂所代替。虽然这个储存池已经关闭,但仍储有 300 450 t 乏燃料。由于镁诺克斯后处理工厂于 1974 年发生事故,造成燃料罐腐蚀,致使泄漏的核燃料流入该池,不得不延长这个池子的使用年限。

4.2.1.2 敦雷(Dounreay)

前身为英国皇家空军基地,1954 年成为英国快中子反应堆研究和发展中心。

1962 年开始商用核能发电,成为世界上第一个并网的快中子反应堆。因为造价昂贵,1994 年所有的快中子反应堆项目被叫停。配套的核燃料后处理和制造业务也分别于 1996 年和 2004 年终止。目前整体退役的敦雷核反应堆站点归英国核退役局(NDA)所有,由敦雷场地修复有限公司(Dounreay Site Restoration Ltd)负责日常管理,预计将于 2025 年完成该站点的关闭工作,估计需耗资约 26 亿英镑。预计在整个退役过程中,敦雷产生的核废物包括 97 126 m³ 低放废物、3 164 m³ 中放废物[12]。敦雷还面临着另一个核废物问题,在 20 世纪六七十年代进行的后处理过程中,大量放射性燃料颗粒被排入海中,使周边的海底沉积有大量放射性颗粒,尤其是靠近原排放点的海床。这些颗粒的分解物是当地海滩上颗粒更小、危害较小的放射性粒子的源头。在敦雷近海区域,大约有 1 000 种重点颗粒物(10^6 Bq ^{137}Cs)、1 000 种主要颗粒物($10^5 \sim 10^6$ Bq ^{137}Cs)和 3 000 种一般颗粒物(低于 10^5 Bq ^{137}Cs)[13]。对放射性颗粒的监测预计将持续到 2020 年,耗资约 1 800~2 500 万英镑。

尽管大多数场地的 ^{137}Cs 放射性活度低于 0.4 Bq·g^{-1},但在某些局部地点,^{137}Cs 的放射性活度高于 4 Bq·g^{-1}[14]。1959—1971 年,曾在敦雷的废弃竖井中处置过固态中放废物。1971 年建造了湿地窖以取代竖井,固态中放废物倒入这个带有拱顶并充满水的大型地下混凝土地窖中。湿地窖无法处置的大型废物仍在竖井中处置,该情形一直持续到 1977 年,这一年水容器上方的气体发生爆炸,致使竖井的盖子损毁。竖井内的污染物包括受染的设备、化学品、天然铀燃料、放射源和污泥等[15],总计 703 m³ 核废物被 8 m 深的盛水容器封存于海平面以下,确保地下水流向该竖井。

4.2.2 俄罗斯

俄罗斯和其他苏联国家建有大量核设施,苏联解体后产生了庞大而复杂的核废物问题。尽管其中一部分是民用核能发电产生的,但是苏联的核污染问题主要是由生产核武器的军用核设施造成的。由于之前对废物处置带来的环境问题不够重视,导致污染情况恶化。冷战期间,乌拉尔山脉内的 3 个秘密核设施[车里雅宾斯克-65(Chelyabinsk-65)、托木斯克-7(Tomsk-7)和克拉斯诺亚尔斯克-26(Krasnoyarsk-26)]均未进行严格的环境保护[16]。在这些核设施中,车里雅宾斯克-65(即马亚克)因长期发生事故性泄漏和排放,造成了重大的环境污染问题而备受关注,下面将对其进行详细描述。

1986 年 4 月 26 日,切尔诺贝利核电站发生了历史上最严重的核事故,也是当时唯一一起达到《国际核事故分级表》中最高级别 7 级的核事故。当时正在测试核电站工作中断情况下涡轮机的发电能力,由于测试者严重违反安全程序和操作规程,引发了蒸汽爆炸,加之违规关闭了反应堆堆芯两侧的冷却水通道,从而引发了进一步的爆炸[17]。估计爆炸释放出约 85 pBq ^{137}Cs、1 760 pBq ^{131}I、10 pBq ^{90}Sr,以及 3 pBq 钚同位素[18-19]。

马亚克(Mayak)早期称为车里雅宾斯克-40,后改称为车里雅宾斯克-65,是俄罗斯联邦最大的核设施之一,也是俄罗斯联邦从苏联继承而来的第一代工业核反应堆。该工厂从1948年起就负责为该国第一颗原子弹生产所需的材料。

从1948年开始生产到1951年9月,7 800万立方米的高放废物(总β放射性约为10^{17} Bq)被直接排入捷恰(Techa)河,排放点距捷恰河上游发源地仅6 km[20]。1951年的一项辐射调查发现,捷恰河的漫滩和河床受到大面积污染,使当地居民遭受到强烈的辐射。排入捷恰河的总放射性物质中,99%沉积于从排放口到其下游35 km之间的区域。苏联政府沿捷恰河在凯茨塔什(Kzyzyltash)湖下游修建了4个水库,以隔断受到严重污染的河水。最后一个水库于1964年建成,这些水库以及凯茨塔什湖一共储存了3.8亿立方米水,水中约含7 141 TBq的^{90}Sr及^{137}Cs[20]。

自1951年起,经稀释后的高放废液不再向捷恰河直接排放,而是排入卡拉恰伊(Karachay)湖。1953年,中间废物储罐投入运行,但是多余的上清液(含大量铯)仍然排入湖中(截止到1992年,共排入29.6 pBq放射性物质)。1967年,炎热的夏季和干燥的冬季导致湖水蒸发,湖岸的尘土(约含20 TBq ^{90}Sr和^{137}Cs,其中Sr:Cs=1:3)被风卷扬到周边1 800多平方公里,其污染纵深达75 km[21]。从卡拉恰伊湖往下2.5~3 km区域内多达400万立方米的地下水受到超过185 TBq放射性水平的污染[20]。

1953年投入运行的中间废物储存设施由20个不锈钢罐组成,利用外部冷却系统(冷水通过罐壁间隙流动)冷却。其中一个储罐的冷却系统发生故障造成罐内水分蒸发、罐体发热,导致70~80 t高放射性硝酸盐-乙酸盐废物发生爆炸[22]。爆炸使大约740 pBq的放射性物质喷射出来,其中约90%落在事故现场附近,另外10%形成云团扩散到1 km的高度。车里亚宾斯克(Chelyabinsk)、斯维尔德洛夫斯克(Sverdlovsk)和秋明(Tyumen)地区被该云团覆盖,导致了严重的污染[22]。在事故现场长1~2 km、宽0.5~1 km区域内,土壤放射性污染水平高达5 180 Bq·km^{-2};在长75 km、宽7 km的广阔区域内,土壤放射性污染水平高达1 TBq·km^{-2}[21]。

4.2.3 美国

与英国相似,美国60多年来研究、生产、使用和储存核材料也积累了大量的核废物。这段时间生产的核材料主要用于民用发电和武器制造。能源部(Department of Energy, DOE)管辖着120个站点,共包括4 000万立方米受污染的土壤与碎屑以及1.7万亿加仑(约64.26亿立方米)受污染的地下水。其中至少50%被放射性核素^{137}Cs、^{239}Pu、^{90}Sr、^{99}Tc、^{238}U、^{235}U以及重金属(含铬、铅、汞)所污染[23]。预计相关的清理费用将超过1万亿美元[24]。被污染站点包括早期的铀矿加工厂,如科罗拉多州的莱夫勒(Rifle, Colorado)和犹他州的摩押(Moab, Utah)。依据《铀矿厂尾矿修复法》(UMTRA),能源部负责这些场所的清理任务。摩押的铀加工厂产生的约1 050万吨残渣和受染土壤被随意堆放在距科罗拉多河(Colorado River)750 ft(约

228.6 m)的地方[25]。2005年,美国能源部完成了对摩押的修复,包括放射性地下水修复,并在克雷森特章克申(Crescent Junction)处置场异地处置了放射性残渣及其他污染材料[26]。莱夫勒由新、旧莱夫勒提炼厂组成,它们产生的尾矿和被尾矿污染的物质被转移到新莱夫勒提炼厂以北6 mile(约9.66 km)的核废物处置场,并于1996年10月完成了对莱夫勒的地表修复。两个处置场的地下水中含有砷、钼、硒、硝酸盐、铀和钒等污染物,已扩展到新莱夫勒提炼厂以西约3 mile(约4.83 km)处。污染物监测表明,通过地下水的自然冲刷作用可实现对地下水的修复[27]。2003年,进行了为期3个多月的铀原位修复研究,将醋酸盐注入地下以刺激微生物将可溶的U^{6+}还原成不溶的U^{4+}[28],具体细节将于本章下文进行讨论。南卡罗来纳州(South Carolina)的萨凡纳河(Savannah River)核工厂用于为美国防御计划提炼核材料。该工厂使用管道和水库组成的冷却系统冷却反应堆,该系统连接多个水池收集从反应堆排放的冷却水。其中一个水池(B池)中含^{137}Cs、^{90}Sr和^{239}Pu等裂变产物。1963—1964年,收集到的放射性核素达到顶峰,这可能是由反应堆内储有核燃料的水箱发生泄漏造成的[29]。水池内沉积物中的绝大部分为^{137}Cs(98%)和^{90}Sr(85%)[29]。

美国境内还有一些站点,也因核工业废物造成了颇为复杂的环境问题,下文将详细讨论。

4.2.3.1 洛基弗拉茨(Rocky Flats)

洛基弗拉茨环保科技站(前身为洛基弗拉茨核武器兵工厂)位于科罗拉多州丹佛市(Denver, Colorado)的西北部。该厂于1952—1989年负责为美国核武器计划生产组件,涉及各种放射性材料的使用,如钚、铀及有毒金属和有害溶剂。曾经发生的两起事故导致钚元素排放到洛基弗拉茨工厂以外:一次是1957年处理钚的车间发生的火灾;另一次是1968—1969年,大风将室外核废物储存区(俗称903号区)的垃圾吹得到处都是。1968年监测显示,约有5 000 gal(约18.9 m³)被钚污染的核废物从废物罐中泄漏,污染了22 500 m²的区域。同时1968—1969年的风暴将被钚污染的土壤吹离厂区,导致了更大面积的污染,约有66.6~518 GBq的$^{239+240}Pu$被排放到厂区以外的环境中[30]。

在洛基弗拉茨,对污染带多处钻井中取出的土壤样品进行分析发现,Pu造成的污染为2 220~11 460 Bq·kg^{-1},平均值为7 250 Bq·kg^{-1},^{241}Am造成的污染为1 840~8 840 Bq·kg^{-1},平均值为5 480 Bq·kg^{-1}[31]。放射性物质主要分布在最上层的土壤内,其中4/5的钻井中,90%的污染物分布在上层20 cm土壤内。

同步辐射研究发现,钚在土壤和混凝土中呈+4价,据此判定其化学形式为不溶态的水合氧化物$PuO_2 \cdot xH_2O$[32],这也意味着钚的迁移可能仅限于细颗粒的迁移。

4.2.3.2 橡树岭(Oak Ridge)

位于田纳西州东部,占地约357 250 acre(约1 446 km²),其中包括核武器历史上著名的 Y-12 工厂[33]以及能源部所辖 3 个气体扩散厂(用于铀浓缩)中的 1 个——K-25。Y-12 工厂占地 324 hm^2,由于 20 世纪五六十年代核武器生产中需要使用汞,因此它与汞污染有关。据估计在这段时间内,Y-12 工厂向东叉白杨河源头排放了 108 000~212 000 kg 汞[34]。

进一步研究表明,东叉白杨河长约 15 mile(约 24.14 km)河道底泥和漫滩中含有 77 180 kg 汞,且每年大约有 227 kg 汞从该流域流走[35]。漫滩中汞的浓度高达 2400 μg·g^{-1},超过 70% 的污染物为金属汞和硫化汞[36]。

1951—1983 年,采用硝酸溶解金属(包括铀)后形成的酸性废液(pH<2.0)被排放到 Y-12 设施群内的 4 个渗流坑(亦被称为 S-3 池)中。1983 年向这些池中加入石灰石、生石灰和氢氧化钠进行中和,使 pH 超过 9.0,将钙、铁和铝以化合物形式沉淀下来[37]。S-3 池的泄漏造成页岩层下的地下水形成烟羽状污染,范围从该池向东西延展超过 2 km。该处的土壤分析表明,吸附和沉积的铀浓度高达 800 mg·kg^{-1}[38]。表 4.3 总结了 S-3 池造成的地下水羽状污染情况。

表 4.3　S-3 池泄漏造成的地下水污染以及酸性地下水(pH ≈ 3.5)对页岩和碳酸盐基石的侵蚀产物[39]

污染物	最高浓度/(mmol·L^{-1})
U	0.2
Tc	0.047
Al	18
NO$_3^-$	100
SO$_4^{2-}$	100
Ca^{2+}	25
Mg^{2+}	8
Co^{2+}	0.02
Ni^{2+}	0.2

虽然在低 pH 及高浓度硝酸盐和硫酸盐存在的条件下,铀可与硝酸盐化合(生成 UO$_2$NO$_3^+$)或与硫酸盐化合(生成 UO$_2$SO$_4$ 或 UO$_2$(SO$_4$)$_2^{2-}$),但是铀和锝仍可能以 +6 价可溶态铀(如 UO$_2^{2+}$)和 +7 价可溶态锝(如 TcO$_4^-$)形式存在[39]。这些性质给修复措施的选择带来了难题。例如,当采用原位生物修复技术时,就需要对地下水进行预处理,以营造有利于微生物还原反应的环境,这将在本章后面讨论。高浓度的硝酸盐也可能给修复过程带来更深层次的问题,因为硝酸盐既可为 +6 价铀提供电子,也是 +4 价铀的有效氧化剂,这就导致 +6 价铀可能通过各种机制被氧化和再活化[40]。

4.2.3.3 汉福德(Hanford)

汉福德核废物储存设施位于美国华盛顿州哥伦比亚河(Columbia River in Washington State)上游,1945 年开始生产钚。当地因从事过核材料生产,造成了一定的核污染问题,据估计约有超过 436 TBq ^{239}Pu、1 065 TBq ^{241}Am 和 2 TBq ^{237}Np 的废水排放到汉福德附近[41],其中 86% 的 ^{239}Pu、97% 的 ^{241}Am 与 77% 的 ^{237}Np 排放到当地钚精加工厂(plutonium finishing plant, PFP)的区域内。虽然有大量放射性核素排放到汉福德渗流区,但只有少量(几乎可以忽略不计)放射性核素进入了地下水。迄今为止,从现场检测井内采集到的过滤后样品中,尚未发现 ^{239}Pu 的放射性浓度高于能源部的规定值(1.11 Bq · L^{-1}),只有 2006 年在两个未过滤样品中发现 ^{239}Pu 的放射性浓度超过了此限值(分别为 1.3 Bq · L^{-1} 和 1.5 Bq · L^{-1})。

虽然有报道称,位于核设施站点的钚多数是不会迁移的,但是在有些区域却发生过钚和镅的垂直迁移。由于 Z-9 号沟渠曾用来储存含硝酸盐(约 5 mmol · L^{-1})、铝(约 0.6 mmol · L^{-1})和有机溶剂的强酸性(pH=2.5)、高盐度废液,所以该沟渠被认为是"最差"的处置场所。尽管 1978 年曾从中回收了约 58 kg 钚,并处置了废液中约 140 kg 的钚,但是在距地表 15~20 m 以下的淤泥中依然发现了浓度高达 9.25 MBq · kg^{-1} 的 $^{239+240}$Pu,同时还发现了磷酸三丁酯(TBP)和 ^{241}Am[42]。在位于地下 40 m 深的冷溪单元底部也发现了浓度高达 11.1 MBq · kg^{-1} 的 ^{241}Am,但未发现磷酸三丁酯(TBP)[42]。有许多原因会促成这种垂直迁移,包括废物的酸性、可溶化合物和悬浮物的形成以及胶体或纳米颗粒的传输。

为了生产武器级 ^{239}Pu,需要对大量铀(包括金属 U 和 UO$_2$)进行辐照,然后从基质中提取钚,这一过程将产生大量含高浓度铀的废水。这些废水储存在汉福德不同地点的 177 个地下钢罐(称为"罐场")中,并划分成多个核废物管理区。1951 年,在 241-BX 罐场发生了迄今为止规模最大的泄漏,大量钢罐(149 个中的 68 个)被确认或疑似发生了泄漏,大约 3.5×10^5 L 高放废液(含有超过 7 000 kg 铀)渗漏到地下[43]。1944—1988 年,产生了大约 200 万立方米废物,而随后的蒸发、排放、化学处理及泄漏将其体积缩小到 20 万立方米。这些废物包括大约 7.03×10^6 TBq 的放射性物质以及 17 万吨化学品,占钢罐储存容量的 60%,相当于每立方米废物的放射性活度为 37 TBq[44]。

罐场下方受染的地层中,铀的迁移性取决于不同深度的表面特性。在相对较浅的沉积物中发现了铀硅酸盐沉淀,而在中间和更深的地层中,则以+6 价铀的形式吸附于沉积物表面[45]。浅表层下,铀的迁移依赖于矿物缓慢的溶解过程,因此迁移速度较慢。相比之下,在较深的地层中,表面吸附过程发生得很快,迁移速度也相对较快。在汉福德储罐场附近钻孔采集的沉积物中,51%~63% 铀呈+6 价不稳定形态,具有潜在迁移性,其余则呈稳定态[46]。

Gephart 简要概括了相关放射性废液的处置情况[44]。运行期间,汉福德采用过多种废液处理方法。1944 年,在燃料后处理过程中,轻微受染的废液被倒入地面的洼地，导致砂质沉积物和地下水污染，其中一部分污染物被风吹往下风向，扩大了污染面积。停止倾倒的做法后，改用水泵将废液抽入深井，这导致污染物绕过了上层地表（可以通过吸附作用起到滤池的效果）而被直接或间接注入地下水系。仅仅几个月后，这种处理方式就被叫停了，之后废液被直接抽入浅埋式箱形构筑物、砾石填充层、敷设的混凝土管道或明渠（后来采用砂石回填）中。

这些处置过程与储罐的泄漏，导致高达 28 300 m^3 土壤被污染[47]，而且也污染了地下水，地下水中含 8 325 TBq ^{137}Cs、6 660 TBq ^{3}H、1 924 TBq ^{90}Sr、1 850 TBq $^{238+239}$Pu 和 25.9 TBq ^{99}Tc[44]。汉福德大约 12% 的地下水中，四氯化碳、铬、硝酸盐、^{90}Sr、^{99}Tc、^{129}I 和铀的含量均高于饮用水标准[48]。虽然该处地下水并不是公共饮用水源，也没有显著影响到场外水源，但是 ^{99}Tc 和 ^{129}I 等污染物可在地下水中迁移到渗流区，并可能进入储水层。

早期研究发现，受染底泥中放射性活度高达 10^5 Bq·g^{-1}，据此推算约有 $4×10^{16}$ Bq 的 ^{137}Cs 从罐场泄漏。储存在这些储罐中的废液通常都是高浓度、高离子强度的溶液，比如 $NaNO_3$ 溶液（浓度大于 0.5 mol·L^{-1}）。高盐度条件下，铯只能被吸附在具有高亲和力的云母矿边缘，而钠会取代对铯的有效吸附[50]。所以从汉福德泄漏的废物中含有的高浓度钠阻滞了 ^{137}Cs 的吸附。钻孔采样数据表明，从 SX 罐场（排放了大部分铯）下方 20~26 m 起至 40 m 范围内，^{137}Cs 的放射性活度最高，说明铯没有发生明显吸附[51]。

4.3 贫铀（DU）

目前，全球多地的贫铀污染也引起了广泛关注。贫铀具有密度高（19.05 g·cm^{-3}）、穿透性强的特点，在民用和包括军火在内的军事上有许多应用。表 4.4 总结了过去几十年在一些军事冲突中使用此类弹药的情况，其中许多弹药在偏离目标后穿透地表进入了地下深处。

表 4.4 过去几十年间，贫铀弹药在军事冲突中的使用及其造成的污染情况[55-56]
（引自 A. Bleise, P. R. Danesi 与 W. Burkart, J. Environ. Radioactive. 2003, 64, 2-3）

冲突地区	污染物	来源
伊拉克和科威特（1990—1991）	321 t 贫铀	美国：空军发射了 783 514 枚 30 mm 贫铀弹；陆军坦克发射了 9 552 枚贫铀弹 英国：不足 100 枚 120 mm 贫铀弹
波黑（1994—1995）	3 t 贫铀	北约空袭发射了约 10 800 枚贫铀弹
科索沃（1999）	10 t 贫铀（112 个地点）	A-10 飞机发射了 3 万枚 30 mm 反坦克炮弹

续表

冲突地区	污染物	来源
伊拉克（2003）	2 t 贫铀（已知的）170～1 700 t 贫铀（推测）	英国发射了 2 t 贫铀弹；美国部队使用的贫铀弹数量未公开，据估计在 170～1 700 t 之间

在英国和美国，贫铀弹发射测试实验也污染了测试场。英国国防部（the UK Ministry of Defence，MOD）估计，坎布里亚郡（Cumbria）的埃斯克梅尔斯（Eskmeals）武器测试场于 1981—1995 年共发射了 15 t 贫铀弹；自 1982 年以来，又向苏格兰柯尔库布里（Kirkcudbright）的索尔威湾（Solway Firth）发射了 30 t 贫铀弹[52]。20 世纪 70 年代初，美国开始在阿伯丁（Aberdeen）和尤马（Yuma）试验场进行贫铀弹射击实验，超过 70 t 贫铀沉积在马里兰州（Maryland）阿伯丁（Aberdeen）试验场的 1 500 多英亩（约 607 万平方米）区域，并进入到污泥和水生环境[53-54]。

天然铀和贫铀具有相似的化学毒性，但后者的放射性毒性比前者高约 60%。由于以 α 放射性为主体的放射活度较低，贫铀不会造成外照射引发的急性放射病风险，但内照射（进入体内的放射性核素对人体的辐照）会造成严重的健康问题。因此，主要的风险来自贫铀弹撞击坚硬表面所产生的贫铀落下灰。如果贫铀落下灰的粒径足够小，那么沉降下来的落下灰会再次悬浮。在科索沃，贫铀弹打击过的地方已发现 ^{236}U 和 $^{239+240}Pu$ 的痕迹[55]，同时贫铀弹中还含有微量的 Am、Np 与 ^{99}Tc[56]。

英国皇家学会的一份报告假想了战场上贫铀弹辐照的最坏情景，士兵遭受贫铀弹 I 级辐照（主要由吸入贫铀弹爆炸产生的气溶胶引起）后患肺癌死亡的风险会增加 1.2‰[57]。但也指出，由于缺乏可供参考的战场辐照数据，进行健康风险评价非常困难。此外，战场上残留的贫铀弹碎片也引起了人们的关注，因为长期接触这些物质会轻微增加患皮肤癌的风险。这些贫铀弹碎片有可能吸引孩子，因此应特别注意防止孩子接触它们。放射性物质有可能会迁移到食物或饮用水中，因此留在地下的贫铀穿甲弹也会造成长期的风险。受染地的贫铀颗粒的迁移速度受多种因素影响，包括腐蚀速率、贫铀颗粒的再悬浮以及表层土壤和水源的接近程度等。虽然这种形式的放射性核素污染一直是近来媒体所关注的焦点，但被贫铀弹污染环境的净化问题却鲜有提及。读者可以通过关注有关贫铀弹威胁环境的最新评论文章得到更为详尽的信息[58]。

4.4 修复

可用于修复地下水和土壤的技术包括生物、化学和物理方法。下文将对部分主要技术及其应用研究案例进行综述。表 4.5 总结了这些技术的优缺点。

表 4.5 修复技术在实践应用中的优缺点

技术	优点	缺点
生物转化法	可原位操作也可异位实施；与物化法相比，成本较低；对目标污染物具有高度选择性	金属与核素可能会被再氧化、再迁移；地下水与土壤复杂的化学性质可能会影响或碍修复进程；为监测效果需要专门的监控设施；需要营造适宜于细胞生长的环境（如限定 pH 范围）
生物吸收法	可原位实施；不需额外营养成分；与物化法相比，成本较低；不受活细胞的生理约束限制；不产生二次污染物；可进行金属回收，尤其是在流经水域；可针对特定的目标污染物	过早达到饱和点，需要解吸附才能继续吸附金属；无法降解化合物；处理某种特定污染物时需要引入并培育非本地的生物物种；商业应用受限
生物富集法	可原位实施；与物化法相比，成本较低；不产生二次污染物；可采用如 K^+-吸收过程转移 Cs^+ 对特定目标污染物	需要营造适于微生物代谢的土壤环境；细胞毒理学效应会妨碍代谢过程或杀死细胞；处理某种特定污染物时需要引入并培育非本地的生物物种；商业应用受限
生物矿化法	成本相对较低；可原位实施；金属被固定在生物表面，无需进一步处理	只能在特定 pH 范围内处理特定污染物；矿化沉淀可能会堵塞孔道；限制了其对远离注射井的污染地下水进行处理
植物修复法	可原位实施；较其他原位技术和异位技术的成本低；修复效果低；通过植物生长状态加以监控；可实现贵重金属的回收再利用；环境友好型	仅限于地表和植物根系深度；存在污染物向食物链转移的风险；生长速度慢，生物量较少；需要花费很长时间；污染物的饱和会造成毒理反应，影响植物存活
化学氧化还原法	可原位实施；反应迅速；可处理高浓度污染物	无选择性；投资及操作成本较高；大多只能在较窄的 pH 范围内进行
土壤淋洗法	封闭式系统，易于控制地质化学条件；可同时处理有机和无机污染物；成本相对较低	需要异位处理；对沉积物形式的金属无效；使用的螯合剂本身会带来环境风险

续表

技术	优点	缺点
动电修复法	可原位实施；可同时处理有机和无机污染物；可在水流很弱的区域使用；对高浓度污染物的清除效率高；污染物可通过移除电极的方式去除	无选择性，当目标离子浓度远低于非目标离子时，会产生问题；酸性环境会腐蚀阴极；从土壤中去除的污染物还需进一步处置；金属在电极表面的沉积会妨得修复进程；需要持续投入运行成本
现场玻璃化法	可同时处理有机、无机污染物与放射性核素；可原位实施；生成热熔玻璃块；处理后的污染物体积缩小至原来的20%~50%；一步操作；反应快速；有利于防止污染物渗漏	土壤中的水分会影响作业时间与成本；需要特制的设备与培训；高能耗
可渗透反应格栅法	可原位实施；可同时处理多种污染物；与抽出-处理系统相比，投资和运行成本较低；针对特定的污染物可采用多种反应介质；二次沉淀矿物质的吸附作用可强化长期效率；被动式系统，不需持续能量供应	沉淀的矿物质会使特定的反应介质钝化；对地下水流特征的要求高；沉淀的矿物质会降低格栅的渗透性，并影响地下水流动；建造难度大，只限于处理浅层（<15.24 m）污染

4.4.1 生物修复法

也称生物处理法,涉及污染物的氧化还原、生物累积或分解等多种技术。化学形态(氧化态、化合态)是影响环境中金属污染物迁移的主要因素之一,它影响着污染物的溶解度及其表面特性。例如,+4价金属铬易迁移且具有高毒性,而+3价铬的迁移性和毒性均有所下降,特别是毒性降低到原来的千分之一以下[59]。+3价放射性核素^{60}Co可与乙二胺四乙酸(EDTA)形成稳定且易迁移的化合物,但+2价^{60}Co形成的化合物却不太稳定,也不易迁移[60]。

很久以前,人们就知道微生物能够还原金属[61-62],最近的很多研究表明,微生物能够利用这一过程储存生长所需的能量。在缺氧环境中,微生物通过厌氧呼吸方式将一些金属作为终端电子受体,从而发生还原反应。因此,适当刺激微生物的地下活动,可以将强氧化态的高价金属污染物还原成不易溶的形式从而延缓其迁移。文献[59,63]详细描述了微生物还原金属和放射性核素的机理。在存在合适电子供体的情况下,通过一种类似于厌氧呼吸的过程,微生物还能去除和降解一些有机污染物。例如,在实验室试验中使用乳酸盐作为电子供体可以将莱茵河底泥中约98%的四氯乙烯(tetrachloroethylene,PCE)还原脱氯形成乙烷[64]。三氯乙烯(trichloroethylene,TCE)是一种工业溶剂和常见的地下污染物[65],它可以在缺铜环境下被甲烷氧化菌(methylosinus trichosporium,OB3b)以共同代谢的方式分解。若有需要,读者可关注 P. Pant 和 S. Pant 最近发表的关于微生物修复三氯乙烯的综述[67]。

通过与酶催化产生的配体(如硫化物[68-69]和磷酸盐,见图4.1)相结合形成沉淀物,可以抑制金属和放射性核素的迁移[63]。若存在过量的配体,则可以从溶液中脱除大部分金属元素。这种方法的优点是,紧贴细胞表面的高浓度配体可以作为金属沉淀物形成的晶核。有研究人员采用硫循环细菌的综合方法对金属元素污染进行修复[70]。在这项研究中,通过硫氧化细菌产生的硫酸将受染土壤中的金属元素渗滤出来。渗滤液导入含硫还原细菌的生物反应器中,其中超过80%的金属元素形成固态金属硫化物而沉淀下来。

在模拟地下水系统中,拉恩氏菌(*Rahnella sp*)和芽孢杆菌(*Bacillus sp*)菌株均能使有机磷充分水解从而脱除95%的铀。该体系在pH为5.0~7.0的环境中效率最高,采用扩展的X射线吸收精细结构(extended X-ray absorption fine structure,EXAFS)光谱分析发现磷酸铀沉淀物为钙铀云母或变钙铀云母族矿物[71]。这些发现都是基于早期对沙雷氏菌属 *Citrobacter* 菌株的研究工作,在磷酸酶介质分解2-磷酸甘油产生铀沉淀反应的驱动下,该菌株与磷酸盐发生相互作用[72]。本章后文将详细讨论在汉福德核设施内进行磷酸盐生物矿化的案例。对重金属进行生物吸附和生物富集是修复技术的重要组成,它们分别通过将金属吸附在细胞表面或将金属吸收进细胞内来实现修复。这个过程既可以通过物化作用将金属吸附在生物表

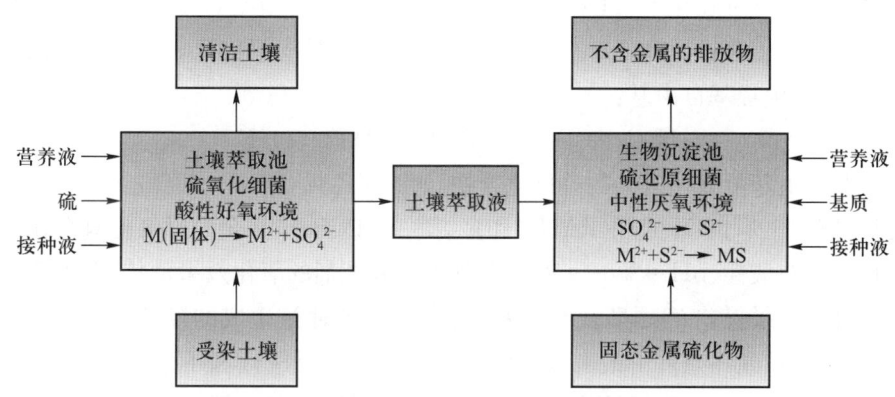

图 4.1　金属污染土壤的生物修复过程综合框图

生物渗滤和生物沉淀过程所需的条件和添加剂均显示在每个反应框图的旁边,其中 M^{2+} = 目标金属(此处假设为二价阳离子)(引自 C. White, J. A. Sayer and G. M. Gadd, FEMS Microbiol. Rev., 1997, 20, 3-4)

面,也可以通过代谢过程将金属吸入细胞内并在细胞内沉淀和积累。这两个途径已得到广泛证明,但由于缺乏商业化应用,削弱了该领域的研究力度[73,76]。

这些技术可通过不同的方法来实现。生物刺激技术通常利用注入井向地下输送关键营养素(如电子供体和碳源)刺激本地微生物的生长。这种方法的优点是可以刺激浅表层中适应当地环境条件的本地菌种,而缺点在于必须依赖当地的地质和水文条件才能使营养物质得以均匀分布。如果本地菌种没有修复特定污染物的代谢能力,可以应用生物强化技术[77-78]将特种微生物和所需营养物质添加到浅表层中。这两种技术主要是用于原位生物修复过程,但也可用于异位生物修复过程。异位修复处理包括挖掘受染土壤和抽取地下水并将其引入到便于控制生物条件的地上设施。尽管异位修复法比原位修复法的成本高,但其好处是可以根据实际需要调节好氧/厌氧条件。好氧条件下,某些细菌可以利用有机污染物(如石油烃类混合物和多环芳烃)作为碳源和能量来源,将污染物完全降解为 CO_2 和 H_2O。异位修复还有一个更大的好处是处理效果更均匀,且可对土壤进行连续监测以确保处理更彻底。目前已针对异位生物修复技术的有效性开展了多种研究[79,81]。

植物修复技术也可以用于修复土壤和地下水,它利用的是植物降解或富集污染物的能力。植物修复技术的成本效益及其对环境友好性质,相比其他修复技术更具优势。该技术还具有其他方面的优势,包括植物的易监测性、富集的贵金属可以回收利用等。但是该技术也存在许多缺点,包括修复只能发生在植物根系表面和根系深度范围内、污染物有可能进入食物链以及修复时间较长等。读者可参阅最新的文献了解更多细节[82-83]。

4.4.2　化学氧化还原反应法

这种技术就地将化学氧化剂加入到受染介质中,将污染物转化为无害化合物。

典型的氧化剂有过氧化氢(H_2O_2)、高锰酸钾($KMnO_4$)、臭氧(O_3)和溶解氧(DO)。一种常用的基于芬顿试剂(Fenton's reagent)的方法是向污染区域加入过氧化氢和铁催化剂,产生羟基自由基:

$$H_2O_2 + Fe^{2+} \rightarrow Fe^{3+} + OH^- + OH^* \tag{4.1}$$

羟基自由基可氧化复杂的有机化合物,如三氯乙烯(TCE)、四氯乙烯(PCE)、二氯乙烯(DCE)、苯、多环芳烃(PAHs)和多氯联苯(PCBs),多余的过氧化氢会在地下分解成水。在酸性(pH=2.0~4.0)条件下芬顿试剂的氧化效果最佳,在中性或强碱性条件下效果较差[84]。臭氧可直接氧化污染物或通过生成的羟基自由基氧化污染物,它也是在酸性条件下最有效。由于臭氧具有高反应性和不稳定性,所以需要就地生产、就近注入。高锰酸盐通常使用液体或固体高锰酸钾,也可以使用高锰酸钠、高锰酸钙或高锰酸镁。高锰酸钾通过直接电子转移或自由基氧化来处理污染物,与臭氧和过氧化氢相比,其氧化速度较慢,且受 pH 影响。高锰酸钾的优点是可在 pH 为 3.5~12 的环境下使用[84]。

化学方法曾用于萨凡纳河(Savannah River)A/M 地区的现场研究,该区域被三氯乙烯和四氯乙烯等不溶性重质非水相液体(dense non-aqueous phase liquid,DNAPL)污染。在目标区域用过氧化氢和硫酸亚铁产生的羟基自由基处理约 600 lb(约 270 kg)被重质非水相液体污染的土壤,实验持续了 6 天多。实验后,94%的重质非水相液体得到处理[85],这一工程共花费 51.1 万美元。

4.4.3 可渗透反应格栅法

可渗透反应格栅法(permeable reactive barrier,PRB)需要在受染地下水的流动方向上横置一个填充有永久性、半永久性或可更换介质的反应格栅。当地下水因自然梯度作用流经反应格栅时,污染物可以被降解或被吸附在介质中,因此它是一种被动反应系统。典型的可渗透反应格栅需要挖掘一条连贯沟渠,并针对特定污染物在沟中填充事先选定好的反应介质。反应介质包括铁、石灰石、矿物磷酸钙、堆肥和活性炭等,其中最常见的是铁[86]。Thiruvenkatachari 等[87]对不同反应介质的使用效果进行了综述。作为反应介质,零价铁(zero-valent iron,ZVI)可通过金属原位腐蚀/氧化作用向有机和无机污染物(如卤代烃、+4 价铀、+4 价铬)提供电子,从而降解有机污染物或阻滞金属元素迁移[87]。由于持续使用零价铁会生成多种自生矿物,抑制了零价铁的继续反应,因此零价铁反应格栅的长期效率主要取决于零价铁的腐蚀速度[88]。但是从零价铁介质表面剥离出的氢氧化铁沉淀增加了潜在的金属吸附位,从而又可延长可渗透反应格栅的使用寿命[88-89]。本章下文将详细探讨含零价铁的可渗透反应格栅在橡树岭的应用。

可渗透反应格栅法的优点是可就地捕获污染物,不像抽出-处理法那样还需要处理过程废物。此外,可同时处理多种污染物(如金属、放射性核素和有机物)[90];维护和运行费用也很低[91]。Henderson 和 Demond[92]的文章评述了可渗透反应格栅法的长期性能。

4.4.4 土壤淋洗法

土壤淋洗法相对简单,包括使用各种试剂对受染土壤进行洗涤等典型的异位处理技术。依据污染物的性质,在淋洗过程中可以使用多种添加剂,包括酸洗剂(如硫酸和硝酸)和螯合剂[如乙二胺四乙酸(EDTA)、二乙烯三胺五乙酸(DTPA)、乙二胺二琥珀酸(EDDS)]以促使金属从土壤中溶解和解吸附。这种技术对土壤中结合力较弱的金属(如可置换的、含碳酸盐成分的金属元素以及可还原的混合氧化物等)有效,但对其他金属无效[93]。酸洗剂用于各种非生物和生物处理异位修复技术中[70,94]。螯合剂用于土壤淋洗,它通过生成稳定的金属螯合物去除土壤中的污染物,然后再从溶液中去除这些金属螯合物[95]。乙二胺四乙酸作为螯合剂用于土壤淋洗得到了广泛研究[96-97],它能够通过两种机制加快金属迁移。快速热力学反应有利于乙二胺四乙酸和某些金属阳离子络合,同时促进乙二胺四乙酸的缓慢溶解。前者可以分解一些较弱的土壤-金属亲合结构,而后者可以部分破坏土壤的结构,从而促进金属与氧化物和有机物结合[98]。

4.4.5 动电修复法

动电修复法是在受染土壤中放置两个电极(一个阴极和一个阳极),并在电极间施加低压电流来处理污染物。通过这种方法可以从富含黏土的土壤、淤泥和其他沉积物中分离并提取有机、无机和放射性污染物。电场在阳极周围产生过量的 H^+ 离子,呈酸性;在阴极周围产生过量的 OH^- 离子,呈碱性。由此产生的电场梯度通过电渗析、电迁移、电泳等作用促使水、带电化合物和带电粒子运动(阴离子向正极、阳离子向负极)。最后,这些污染物可以通过电极表面的电镀或沉积作用、或采用离子交换树脂、或用泵抽到地表等形式去除[99]。络合剂、表面活性剂和其他试剂可以提高处理的效率[100]。

Lageman[101]验证了包括动电修复法在内的处理过程,并对采用该方法处理无机和有机污染物的多个站点进行了检测。Cundy[102]利用动电技术构筑了一种+3价铁修复与稳定(ferric iron remediation and stabilisation,FIRS)格栅,它在受染土壤中安置两个或多个富铁电极作为消耗电极,通过施加低压直流电在电极间的土壤中产生较高的 pH/E_h 梯度,迫使污染物在电极间的富铁格栅上形成沉淀。从英国坎布里亚郡雷文格拉斯(Ravenglass)河口(临近塞拉菲尔德核设施)采集受染土壤样品,将其置于有机玻璃箱中,再将铸铁电极埋入土壤,并施加 1.5 V 电压,17 天后,阳极区的 ^{60}Co 减少了 30%,与此同时 50% 的 ^{60}Co 富集到阴极区的铁箍上。另外,阳极区的锰、钙和锶几乎全部转移并富集在铁箍上或其附近。阴极区的 pH 较高,因此,砷在阴极区发生解吸附后全部富集在铁箍上。这段时间内,放电对放射性核素钚和镅并没有明显的作用[102]。Gregory 和 Lovley[103]的研究表明,使用电极作为微生物的电子供体可以从溶液中去除+6价铀。在不存在微生物的情况下,电极电压为-500 mV时,+6价铀可以从溶液中脱除,但当电极电压消失后,+6价铀再次溶解。如果电极上有金属还原泥土杆菌存在,则+6价铀不会再次溶解,这说明+6价铀被还原成了+4价铀。Thrash和Coates[104]对微生物的电刺激效果进行了综述。

动电修复法的优势在于:可同时处理无机和有机污染物;通过电场诱导水、离子和胶体的运动,可以处理低流速区域的污染物;在处理成本和效益方面有优势。然而,当目标离子浓度远低于非目标离子时,这种方法可能会失效。此外,酸性条件下阳极的腐蚀问题使该技术在原位实施时存在一定的局限性。

4.5 案例研究

上述修复方法中,有一些已实际应用于处置遭受放射性核素污染的地区。下面介绍3个案例。

4.5.1 汉福德案例研究

西北太平洋国家实验室(the Pacific Northwest National Laboratory,PNNL)及其合作者开展了一系列实验室研究和现场研究,以考察聚磷酸盐注入法对汉福德基地300号区域下方铀污染地下水进行修复的能力。本节将简要介绍PNNL的研究[105,107]。聚磷酸盐注入法的基本原理是:通过聚磷酸盐与铀元素反应,生成稳定且不溶的含铀磷酸盐矿物质(钙铀云母)和磷酸沉淀(磷灰石)来吸附铀[71,108]。钙铀云母可以直接螯合+6价铀,而不是将其还原为+4价铀,因此不存在再氧化或再活化问题(明显优于生物还原法)。当磷酸盐化合物在水中发生水解反应而降解时,所生成的含磷矿物质沉淀会导致含水层的渗透性下降。然而,磷酸盐的化学链越长,水解速度就越慢,因而使用化学链较长的聚磷酸盐化合物对水力传导系数的影响也较小[109]。

现场的实验场地为该基地的300号区域,实验进行了三段式聚磷酸盐注入,从距离注入井190 m的提取井中取水样。采样泵安装在所有的监测井中,能够输送高达7.57 L·min^{-1}的流量。从这些井中采集到的样品被直接送到移动实验室,并与采样歧管连接以监控现场参数(氧化还原电位、pH、温度和溶解氧)以及对采集到的样品进行阴离子、阳离子和痕量金属分析。

根据Vermeul之前在实验室得出的研究结果[105],选择了三段式注入策略,能同时生成钙铀云母以及吸附铀的磷灰石。首先将聚磷酸盐注入地下生成钙铀云母,紧接着注入氯化钙生成磷酸钙、磷灰石,之后再注入聚磷酸盐,从而完成整个注入过程。各阶段注入的聚磷酸盐均由25%正磷酸盐、25%焦磷酸盐和50%三聚磷酸盐组成。

磷灰石的形成受聚磷酸盐和钙质的混合时间影响，而整个地点的钙质分布却是不确定的。磷酸盐数据显示，从距离注入井 23 m 的取样井内采集的水样中，聚磷酸盐浓度为注入浓度的 40%～60%。这表明，尽管不确定是否会形成磷石灰，但是却可以在一个相对较大的横切面上形成钙铀云母来处理污染物。

在聚磷酸盐注入前，目标区域的铀浓度一般为 60～80 $\mu g \cdot L^{-1}$。该目标区域内取样井的监测数据显示，铀的浓度起初先是下降，直至低于饮用水标准（30 $\mu g \cdot L^{-1}$），但是两个月后却出现了显著的反弹。在目标区域外的一个取样井中，铀的浓度直到处理一个月后才开始减少，然后又缓慢上升。这表明通过形成磷酸氢双氧铀矿（钙铀云母）可使铀浓度显著下降，但是随后将再次被铀矿柱填充。然而，铀浓度的下降也可能是因为铀被注入的高离子强度溶液所取代。人们认为，磷灰石能吸附铀并转化成稳定的铀磷酸盐（钙铀云母），从而实现长期修复，但数据表明，此地的实际情况并非如此。

4.5.2 莱夫勒案例研究

如前所述，美国科罗拉多州的莱夫勒铀矿厂尾矿处理设施原为铀生产设施，存在包括铀污染在内的多种污染问题。由于电子供体不足，无法激发厌氧呼吸且（或）不能消耗溶解氧，所以铀在地下主要以流动态+6 价铀的形式存在。实验室研究表明，在蓄水层中，微生物能够将+6 价铀还原为稳定的+4 价铀[110]，人们曾在莱夫勒工厂旧址采用该方法处理+6 价铀。处理过程中，先运走受染土壤，仅将受染地下水留存于现场的蓄水层中。该区域的铀浓度为 0.4～1.4 $\mu mol \cdot L^{-1}$，超过了《铀矿厂尾矿修复法》规定的最高污染许可值（0.18 $\mu mol \cdot L^{-1}$）[28]。

Anderson 等人[28]详细介绍了在该场地使用微生物修复法开展测试实验的情况，本文对此进行简要总结。注入井共 2 排，每排 10 个，垂直于地下水流方向（通常朝向科罗拉多河）布置。每口井中有 3 个注入点，分别位于地下不同深度。定期用当地地下水充满一个储罐，并添加醋酸钠作电子供体激发噬铀菌生长，添加溴化钾作示踪剂（两种化合物浓度分别为 100 $mmol \cdot L^{-1}$ 和 10 $mmol \cdot L^{-1}$），同时向地下水中鼓入氮气以去除氧气。操作过程中，每分钟从储罐输出 1～3 mL 注入液（即相应地每天提供 1～3 $mmol \cdot L^{-1}$ 醋酸盐和 100～300 $\mu mol \cdot L^{-1}$ 溴化物）。沿地下水梯度方向每隔一段距离布置一个监测井，井与井之间的间隔相当于地下水流动约 4 天、9 天、18 天的位置，另外在逆梯度方向上设置 3 个井作为对照。2002 年 6 月至 10 月间，连续注入了 3 个月的醋酸盐，并定期从监测井中采集地下水样本。监测的数据包括 pH、电导率、氧化还原电位和溶解氧，并进一步分析样品中的 U^{6+}、负离子（溴离子、硝酸根和硫酸根）、Fe^{2+}、硫化物和醋酸。在 2003 年的相同月份进行了第二轮醋酸注入后，没有再采取进一步的修复措施[111]。

在所有逆梯度监测井中都没有检出溴化物示踪剂，但在第 4 天、第 9 天、第 18 天时，在沿梯度方向的相应监测井中都检测到了溴化物示踪剂，说明注入的溶液已经到达目标区域。第一轮注入后,某些井中 U^{6+} 的浓度在第 9 天后开始下降,50 天内浓度达到或低于 $0.18\ \mu mol \cdot L^{-1[28]}$。$U^{6+}$ 的减少与 Fe^{2+} 的富集同时发生,且都发生在硫酸盐发生还原反应之前。50 天后,U^{6+} 的浓度开始增加,同时 Fe^{2+} 减少了,醋酸盐的浓度也降低到检测限值以下。虽然井中仍能检测到溴化物,但是醋酸盐的浓度却降低了,这表明在注入点附近醋酸盐的消耗量在增加。结合第二阶段注入过程所观察到的可还原性氧化铁耗尽和硫化物积累等现象[111],可以判断此时所有可用的 Fe^{3+} 已被耗尽,而硫酸盐还原剂则在快速消耗注入点附近的醋酸盐。

在整个注入试验过程中发现,微生物群落发生了重大变化。早期,地杆菌科微生物(包括已知的+6 价铀还原地杆菌)占主导地位[28],当检测到的+4 价铀比例达到最高时,地杆菌的菌落数也达到最大[111]。随着可还原的+3 价铁被耗尽和硫化物的累积,地杆菌被硫酸盐还原菌所取代,其数量开始减少[111]。在 2003 年第二轮注入后,即使停止注入醋酸盐,在其后的一年多里仍能去除+6 价铀[112]。这使人们对第一轮注入后靠醋酸盐去除+6 价铀的设想产生了怀疑。系列实验表明,地下水中+6 价铀的持续减少可能与还原性环境中土壤吸附能力的增加有关[112]。

一系列场地实验表明,金属还原菌的刺激作用对去除地下水中的+6 价铀非常有效。然而,当可供还原的+3 价铁氧化物消耗殆尽后,硫酸盐还原菌占据主导地位时,+6 价铀还原成+4 价铀的效果不明显。第二轮注入数据表明,在还原性足够强的土壤中,通过吸附作用可持续去除+6 价铀,无需继续注入醋酸盐。

4.5.3 橡树岭案例研究

如前所述,橡树岭 Y-12 工厂存在着大量污染问题。1997 年,为解决这些问题,在 Y-12 工厂安装了 2 个可渗透性铁质反应格栅,每个格栅包括 2 个通道[113]。当受染地下水流经格栅时,反应介质零价铁吸附或降解污染物。Y-12 工厂的通道 1 使用以高密度聚乙烯作衬里并填充碎石的沟渠来吸附受染地下水,随后在含有零价铁的拱形库中来降解地下水。通道 2 包含 1 个长 225 ft(约 68.6 m)、宽 2 ft(约 0.61 m)的透水沟,它与地下水的流动方向近似平行,沟内设有 1 个长 26 ft(约 7.92 m)的碎石回填区,回填区两侧用零价铁覆盖。通道 2 中,与逆梯度方向井中采集到的地下水样相比,从铁格栅内或沿梯度方向监测井内采集的样品中,铀的浓度非常低(小于 $0.05\ mg \cdot L^{-1}$)。这表明,零价铁能够有效处理地下水中的铀[114]。铁格栅内中层和深层井中监测到的铀浓度超出预期值约 $0.2 \sim 1\ mg \cdot L^{-1}$。这些井都位于铁格栅的逆梯度方向上,这里向上的水力梯度占主导地位。铀的浓度越高就说明未经处理的地下水流入越多。一些沿梯度方向的井中监测到的铀浓度也高于预期值,表明处理过的地下水被二次污染,或未经铁格栅处理的地下水流入了井中[114]。

另一个对比性的研究是将+6 价铀还原为+4 价铀来固定污染物。它通过定期注入乙醇来营造适宜生物修复的地下环境[38],将测试区 pH 调节到 5~6 以增加铀的吸附,从而将地下水中铀的浓度从约 300 μmol·L^{-1}(初始 pH 约为 3.4)降低到约 5 μmol·L^{-1}[115]。从第 137 天开始注入乙醇,至第 535 天结束。最初为脱氮阶段(第 137~184 天),然后是铀和硫酸盐的还原阶段(第 184~535 天),在后一个阶段,地下水中铀的浓度从 5 μmol·L^{-1} 降至 1 μmol·L^{-1}[115]。X 射线吸收近边结构光谱(XANES)分析结果证实,生物激发后,从沉积物中再生的铀有 39%~53%还原为+4 价铀[115]。研究结果显示,+6 价铀的还原与硫酸盐的还原相关,对比在莱夫勒地区进行的类似研究(见上文),当硫酸盐还原反应占主导地位时,水溶液中的铀浓度开始回升[28]。本研究中,硫酸盐还原菌能够利用电子供体(乙醇)激发+6 价铀的还原反应,而在莱夫勒地区使用醋酸盐也可以激发类似反应。有必要对该地区开展进一步研究,以评估+4 价铀的长期抗氧化性和抗迁移性。

最近的柱流实验表明,通过共沉淀作用可以在低 pH、高污染环境(如橡树岭)中修复铀和锝污染。Luo 等人[39]发现,在类似橡树岭的污染条件下,通过加入强碱(氢氧化钠)将 pH 提高到 4.5 以上,可以使超过 95%的可溶性铀、83%的锝与氢氧化铝发生共沉淀。在高浓度硝酸盐[50 mmol·L^{-1} Ca(NO$_3$)$_2$]和低浓度碳酸盐存在的条件下,铀和锝沉淀是稳定的。

4.6 结论

妥善管理全球核废物污染土地是一项重大挑战,需要包括化学、生物学和工程学等多学科的成功融合。从本文以及最近美国预计将花费 1 万亿美元清理核污染的情况来看,这一问题的规模和复杂性是显而易见的[23]。英国的清理费用约为 1 000 亿英镑,最近花费的贴现费用为 445 亿英镑[3]。同时,一系列灵活多样的放射性污染修复方法已经通过测试,其中一些已取得了成功,这些方法将有助于解决全球核设施所造成的大面积污染问题。这一点非常重要,因为只有我们能够妥善管理核废物,公众才能够普遍接受核电。

致谢

Richard Kimber 感谢工程和物理科学研究委员会(EPSRC)的资助以及原子武器研究所提供的计算机辅助软件(CASE);Jonathan R. Lloyd 感谢皇家化学会、全国环境研究委员会(NERC)、工程和物理科学研究委员会和生物技术与生物科学研究委员会(BBSRC)的资助。

参考文献

[1] K. A. Rogers, Prog. Nucl. Energy, 2009, 51, 2.
[2] T. D. Bergan, J. Environ. Radioactiv., 2002, 60, 1-2.

[3] Nuclear Decommissioning Authority, Draft strategy published September2010 for consultation, Nuclear Decommissioning Authority, Moor Row, UK, 2010.

[4] D. McCubbin, K. S. Leonard, R. C. Greenwood and B. R. Taylor, Sci. Total Environ., 2004, 332, 1-3.

[5] B. Allard, U. Olofsson and B. Torstenfelt, Inorg. Chim. a-F-Block, 1984, 94, 4.

[6] J. Gray, S. R. Jones and A. D. Smith, J. Radiol. Prot., 1995, 15, 2.

[7] A. B. MacKenzie, G. T. Cook and P. McDonald, J. Environ. Radioactiv., 1999, 44, 2-3.

[8] Nuclear Decommissioning Authority, Strategic Environmental Assessment: Site Specific Baseline, Capenhurst, Nuclear Decommissioning Authority, Moor Row, UK, 2010.

[9] DEFRA BERR and Devolved Administrations for Wales and Northern Ireland, Managing radioactive waste safely: A framework for implementing geological disposal, D. f. B. D. f. B. Department for Environment Food and Rural Affairs, Enterprise and Regulatory Reform and the Devolved Administrations for Wales and Northern Ireland, London, UK, 2008.

[10] J. Hunter, SCLS Phase 1-Conceptual Model of Contamination Below Ground at Sellafield, Nuclear Sciences and Technology Services, BNFL, UK, 2004.

[11] Sellafield Ltd, Groundwater Annual Report 2009, Characterisation, Land Quality & Clearance, Sellafield Ltd, Sellafield, UK, 2009.

[12] UKAEA, Dounreay 'Interim' Integrated Waste Strategy, Waste Services Unit, UKAEA, Abingdon, UK, 2008.

[13] Dounreay Particles Advisory Group, Dounreay Particles Advisory Group: Third Report, Scottish Environment Protection Agency, Stirling, UK, 2006.

[14] Dounreay SiteRestorationLtd, Strategy for Contaminated LandManagement and Restoration 2008, Dounreay Site Restoration Ltd, Thurso, UK, 2009.

[15] The Scottish Parliament, Dounreay, The Information Centre, The Scottish Parliament, Edinburgh, UK, 2001.

[16] K. Suokko and D. Reicher, Environ. Sci. Technol., 1993, 27, 4.

[17] UNSCEAR, United Nations Scientific Committee on the Effects of Atomic Radiation, Exposures from the Chernobyl Accident, United Nations, New York, USA, 1988.

[18] UNSCEAR, United Nations Scientific Committee on the Effects of Atomic Radiation, Exposures and effects of the Chernobyl Accident, United Nations, New York, USA, 2000.

[19] International Atomic Energy Agency, Environmental Consequences of the Chernobyl Accident and their Remediation: Twenty Years of Experience, IAEA, Vienna, Austria, 2006.

[20] T. B. Cochran, R. S. Norris and K. L. Suokko, Annu. Rev. Energ. Env., 1993, 18.

[21] B. F. Myasoedov and E. G. Drozhko, J. Alloys Compd., 1998, 271.

[22] B. V. Nikipelov, G. N. Romanov, L. A. Buldakov, N. S. Babaev, Y. B. Kholina and E. I. Mikerin, Sov. Atom. Energy, 1989, 67, 2.

[23] J. McCullough, T. Hazen and S. Benson, Bioremediation of metals and radionuclides: What it is and how it works, Lawrence Berkeley National Laboratory, Berkeley, CA, USA, 1999.

[24] A. Palmisano and T. Hazen, Bioremediation of metals and radionuclides: What it is and

how it works (2nd Edition) Lawrence Berkeley National Laboratory, Berkeley, CA, USA, 2003.

[25] B. J. Merkel, A. Hasche-Berger, K. Karp and D. Metzler, in Uranium in the Environment, Springer, Berlin and Heidelberg, Germany, 2006, 671.

[26] Moab Fact Sheet. Overview of Moab UMTRA Project Fact Sheet, U. S. Department of Energy. http://www.giem.energy.gov/moab/documents/factsheets/20080801OVERVIEW.pdf(accessed 26th October 2010).

[27] Rifle Fact Sheet, Rifle, Colorado, Processing Sites and Disposal Site Fact Sheet, U. S. Department of Energy, Office of Legacy Management, 2009.

[28] R. T. Anderson, H. A. Vrionis, I. Ortiz-Bernad, C. T. Resch, P. E. Long, R. Dayvault, K. Karp, S. Marutzky, D. R. Metzler, A. Peacock, D. C. White, M. Lowe and D. R. Lovley, Appl. Environ. Microbiol., 2003, 69, 10.

[29] F. W. Whicker, J. E. Pinder, J. W. Bowling, J. J. Alberts and I. L. Brisbin, Ecol. Monogr., 1990, 60, 4.

[30] T. D. Margulies, N. D. Schonbeck, N. C. Morin-Voilleque, K. A. James and J. M. LaVelle, J. Environ. Radioactiv., 2004, 75, 2.

[31] M. I. Litaor, G. Barth, E. M. Zika, G. Litus, J. Moffitt and H. Daniels, J. Environ. Radioactiv., 1998, 38, 1.

[32] L. Clark, D. R. Janecky and L. J. Lane, Phys. Today, 2006, 59, 9.

[33] W. D. Bostick and W. H. Hermes, Waste Manage., 1993, 13, 5-7.

[34] G. L. Liu, J. Cabrera, M. Allen and Y. Cai, Sci. TotalEnviron., 2006, 369, 1-3.

[35] F. X. Han, Y. Su, D. L. Monts, C. A. Waggoner and M. J. Plodinec, Sci. Total Environ., 2006, 368, 2-3.

[36] M. O. Barnett, L. A. Harris, R. R. Turner, T. J. Henson, R. E. Melton and R. J. Stevenson, Water, Air, Soil Pollut., 1995, 80, 1.

[37] L. A. Shevenell, G. K. Moore and R. B. Dreier, Ground Water Monit. R., 1994, 14, 2. 38.

[38] W. M. Wu, J. Carley, M. Fienen, T. Mehlhorn, K. Lowe, J. Nyman, J. Luo, M. E. Gentile, R. Rajan, D. Wagner, R. F. Hickey, B. H. Gu, D. Watson, O. A. Cirpka, P. K. Kitanidis, P. M. Jardine and C. S. Criddle, Environ. Sci. Technol., 2006, 40, 12.

[39] W. S. Luo, S. D. Kelly, K. M. Kemner, D. Watson, J. Z. Zhou, P. M. Jardine and B. H. Gu, Environ. Sci. Technol., 2009, 43, 19.

[40] J. D. Istok, J. M. Senko, L. R. Krumholz, D. Watson, M. A. Bogle, A. Peacock, Y. J. Chang and D. C. White, Environ. Sci. Technol., 2003, 38, 2.

[41] K. J. Cantrell, Transuranic Contamination in Sediment and Groundwater at the U. S. DOE Hanford Site, 2009.

[42] R. Felmy, K. J. Cantrell and S. D. Conradson, Phys. Chem. Earth, 2010, 35, 6-8.

[43] J. P. McKinley, J. M. Zachara, C. X. Liu, S. C. Heald, B. I. Prenitzer and B. W. Kempshall, Geochim. Cosmochim. Acta, 2006, 70, 8.

[44] R. E. Gephart, Phys. Chem. Earth, 2010, 35, 6-8.

[45] W. Um, Z. M. Wang, R. J. Serne, B. D. Williams, C. F. Brown, C. J. Dodge and A. J.

Francis, Environ. Sci. Technol., 2009, 43, 12.

[46] W. Um, J. P. Icenhower, C. F. Brown, R. J. Serne, Z. M. Wang, C. J. Dodge and A. J. Francis, Geochim. Cosmochim. Acta, 2010, 74, 4.

[47] G. W. Gee, M. Oostrom, M. D. Freshley, M. L. Rockhold and J. M. Zachara, Vadose Zone J., 2007, 6, 4.

[48] T. M. Poston, J. P. Duncan and R. L. Dirkes, Hanford Site Environmental Report for Calendar Year 2008, PNNL-18427, Pacific Northwest National Laboratory, Richland, Washington, 2009. 49.

[49] J. P. McKinley, C. J. Zeissler, J. M. Zachara, R. J. Serne, R. M. Lindstrom, H. T. Schaef and R. D. Orr, Environ. Sci. Technol., 2001, 35, 17.

[50] J. M. Zachara, S. C. Smith, C. X. Liu, J. P. McKinley, R. J. Serne and P. L. Gassman, Geochim. Cosmochim. Acta, 2002, 66, 2.

[51] R. J. Serne, G. V. Last, H. T. Schaef, D. C. Lanigan, C. W. Lindenmeier, C. C. Ainsworth, R. E. Clayton, V. L. LeGore, M. J. O'Hara, C. F. Brown, R. D. Orr, I. V. Kutnyakov, T. C. Wilson, K. B. Wagnon, B. A. Williams and D. S. Burke, Characterization of Vadose Zone Sediment: Borehole 41-09-39 in the S-SX Waste Management Area, PNLL-13757-3, Pacific Northwest National Laboratory, Richland, Washington, 2002.

[52] POST, POST, Parliamentary Office of Science and Technology, Depleted Uranium Postnote number 154, 2001, www. parliament. uk/documents/ post/pn154. pdf(accessed 8th August 2010).

[53] M. Fan, T. Thongsri, L. Axe and T. A. Tyson, Chemosphere, 2005, 60, 1.

[54] W. Dong, G. Xie, T. R. Miller, M. P. Franklin, T. P. Oxenberg, E. J. Bouwer, W. P. Ball and R. U. Halden, Environ. Pollut., 2006, 142, 1.

[55] UNEP, Depleted Uranium in Kosovo: Postconflict environmental assessment, United Nations Environment Programme, Imprimerie Chirat, France, 2001.

[56] P. Diehl, WISE uranium project, fact sheet., 2001.

[57] The Royal Society, The Royal Society, The health hazards of depleted uranium munitions-Part I Policy document 6/01, The Royal Society, London, The Royal Society 2001.

[58] S. Handley-Sidhu, M. J. Keith-Roach, J. R. Lloyd, and D. J. Vaughan, Sci. Total Environ., In Press, Corrected Proof.

[59] J. R. Lloyd, FEMS Microbiol. Rev., 2003, 27, 2-3.

[60] Y. A. Gorby, F. Caccavo and H. Bolton, Environ. Sci. Technol., 1998, 32, 2.

[61] D. R. Lovley, E. J. P. Phillips, Y. A. Gorby and E. R. Landa, Nature, 1991, 350, 6317.

[62] D. R. Lovley and E. J. Phillips, Appl. Environ. Microbiol., 1988, 54, 6.

[63] J. R. Lloyd and D. R. Lovley, Curr. Opin. Biotechnol., 2001, 12, 3.

[64] W. P. de Bruin, M. J. Kotterman, M. A. Posthumus, G. Schraa and A. J. Zehnder, Appl. Environ. Microbiol., 1992, 58, 6.

[65] G. C. Barbee, Ground Water Monit. R., 1994, 14, 1.

[66] R. Oldenhuis, R. L. Vink, D. B. Janssen and B. Witholt, Appl. Environ. Microbiol., 1989, 55, 11.

［67］ P. Pant and S. Pant, J. Environ. Sci. -China, 2010, 22, 1.

［68］ C. White and G. M. Gadd, Microbiol. -UK, 1996, 142.

［69］ M. Ledin and K. Pedersen, Earth-Sci. Rev., 1996, 41, 1-2.

［70］ C. White, A. K. Sharman and G. M. Gadd, Nat. Biotechnol., 1998, 16, 6.

［71］ M. J. Beazley, R. J. Martinez, P. A. Sobecky, S. M. Webb and M. Taillefert, Environ. Sci. Technol., 2007, 41, 16.

［72］ L. E. Macaskie, R. M. Empson, A. K. Cheetham, C. P. Grey and A. J. Skarnulis, Science, 1992, 257, 5071.

［73］ G. M. Gadd, Geoderma, 2004, 122, 2-4.

［74］ J. C. Renshaw, J. R. Lloyd and F. R. Livens, C. R. Chim., 2007, 10, 10-11.

［75］ G. M. Gadd, Curr. Opin. Biotechnol., 2000, 11, 3.

［76］ J. R. Lloyd, R. T. Anderson, and L. E. Macaskie, in "Bioremediation: Applied Microbial Solutions for Real-World Environmental Cleanup", (Eds.) R. M. Atlas and J. Philip, ASM Press, Washington D. C., USA, 2005, 293.

［77］ A. Mrozik and Z. Piotrowska-Seget, Microbiol. Res., 165, 5.

［78］ D. Stephenson and T. Stephenson, Biotechnol. Adv., 1992, 10, 4.

［79］ T. F. Guerin, J. Hazard. Mater., 1999, 65, 3.

［80］ T. F. Guerin, J. Hazard. Mater., 2008, 154, 1-3.

［81］ S. B. Larsen, D. Karakashev, I. Angelidaki and J. E. Schmidt, J. Hazard. Mater., 2009, 164, 2-3.

［82］ K. E. Gerhardt, X. -D. Huang, B. R. Glick and B. M. Greenberg, Plant Sci., 2009, 176, 1.

［83］ I. Alkorta and C. Garbisu, Bioresour. Technol., 2001, 79, 3.

［84］ R. L. Siegrist, M. A. Urynowicz and O. R. West, Ground Water Currents-Developments in Innovative Ground Water Treatment, 2000, 37, 1-3.

［85］ K. M. Jerome, B. Riha and B. B. Looney, Final Report for Demonstration of In Situ Oxidation of DNAPL Using the Geo-Cleanses Technology, U. S. Department of Energy, Westinghouse Savannah River Company, Aiken, South Carolina, 1997.

［86］ A. B. Cundy, L. Hopkinson and R. L. D. Whitby, Sci. Total Environ., 2008, 400, 1-3.

［87］ R. Thiruvenkatachari, S. Vigneswaran and R. Naidu, J. Ind. Eng. Chem., 2008, 14, 2.

［88］ Y. Furukawa, J. -w. Kim, J. Watkins and R. T. Wilkin, Environ. Sci. Technol., 2002, 36, 24.

［89］ W. R. Richmond, M. Loan, J. Morton and G. M. Parkinson, Environ. Sci. Technol., 2004, 38, 8.

［90］ D. W. Blowes, R. W. Gillham, C. J. Ptacek, R. W. Puls, T. A. Bennett, S. F. O'Hannesin, C. J. Hanton-Fong and J. G. Bain, An In Situ Permeable Reactive Barrier for the Treatment of Hexavalent Chromium and Trichloroethylene in Ground Water: Volume 1 Design and Installation, U. S. Environmental Protection Agency, Washington D. C., DC, USA, EPA/600/R-99/095a, 1999.

［91］ R. M. Powell, D. W. Blowes, R. W. Gillham, D. Schultz, T. Sivavec, R. W. Puls, J. L.

Vogan, P. D. Powell and R. Landis, Permeable reactive Barrier Technologies for Contaminant Remediation, U. S. Environmental Protection Agency, Washington D. C., DC, USA, EPA/600/R-98/125, 1998.

[92] A. D. Henderson and A. H. Demond, Environ Eng Sci, 2007, 24, 4.

[93] C. N. Mulligan, R. N. Yong andB. F. Gibbs, J. Hazard. Mater., 2001, 85, 1-2.

[94] C. Löser, A. Zehnsdorf, P. Hoffmann and H. Seidel, Chemosphere, 2007, 66, 9.

[95] R. W. Peters, J. Hazard. Mater., 1999, 66, 1-2.

[96] A. Polettini, R. Pomi, E. Rolle, D. Ceremigna, L. De Propris, M. Gabellini and A. Tornato, J. Hazard. Mater., 2006, 137, 3.

[97] G. Dermont, M. Bergeron, G. Mercier and M. Richer-Laflèche, J. Hazard. Mater., 2008, 152, 1.

[98] W. H. Zhang, H. Huang, F. F. Tan, H. Wang and R. L. Qiu, J. Hazard. Mater., 2010, 173, 1-3.

[99] C. N. Mulligan, R. N. Yong and B. F. Gibbs, Eng. Geol., 2001, 60, 1-4.

[100] J. Virkutyte, M. Sillanpää and P. Latostenmaa, Sci. Total Environ., 2002, 289, 1-3.

[101] R. Lageman, R. L. Clarke and W. Pool, Eng. Geol., 2005, 77, 3-4.

[102] A. B. Cundy and L. Hopkinson, Appl. Geochem., 2005, 20, 5.

[103] K. B. Gregory and D. R. Lovley, Environ. Sci. Technol., 2005, 39, 22.

[104] J. C. Thrash and J. D. Coates, Environ. Sci. Technol., 2008, 42, 11.

[105] V. Vermeul, B. Bjornstad, B. Fritz, J. Fruchter, R. Mackley, D. Mendoza, D. Newcomer, M. Rockhold, D. Wellman and M. Williams, 300 Area Uranium Stabilization Through Polyphosphate Injection: Final Report, PNNL-18529, Pacific Northwest National Laboratory, Richland, Washington, WA, USA, 2009.

[106] D. Wellman, E. Pierce, D. Bacon, M. Oostrom, K. Gunderson, S. Webb, C. Bovaird, E. Cordova, E. Clayton, K. Parker, R. Ermi, S. Baum, V. Vermeul and J. Fruchter, 300 Area Treatability Test: Laboratory Development of Polyphosphate Remediation Technology for In Situ Treatment of Uranium Contamination in the Vadose Zone and Capillary Fringe, PNNL-17818, Pacific Northwest National Laboratory, Richland, Washington, 2008.

[107] D. Wellman, E. Pierce, M. Oostrom and J. Fruchter, Experimental Plan: 300 Area Treatability Test: In Situ Treatment of the Vadose Zone and Smear Zone Uranium Contamination by Polyphosphate Infiltration, PNNL-16823, Pacific Northwest National Laboratory, Richland, Washington, WA, USA, 2007.

[108] J. Jeanjean, J. Rouchaud, L. Tran and M. Fedoroff, J. Radioanal. Nucl. Chem., 1995, 201, 6.

[109] C. Y. Shen and F. W. Morgan, in Environmental Phosphorous Handbook, E. J. Griffith, et al., John Wiley & Sons, New York, 1973.

[110] K. T. Finneran, R. T. Anderson, K. P. Nevin and D. R. Lovley, Soil Sediment Contam., 2002, 11, 3.

[111] H. A. Vrionis, R. T. Anderson, I. Ortiz-Bernad, K. R. O'Neill, C. T. Resch, A. D. Pea-

cock, R. Dayvault, D. C. White, P. E. Long and D. R. Lovley, Appl. Environ. Microbiol., 2005, 71, 10.

[112] A. L. N'Guessan, H. A. Vrionis, C. T. Resch, P. E. Long and D. R. Lovley, Environ. Sci. Technol., 2008, 42, 8.

[113] N. E. Korte, Zero-Valent Iron Permeable reactive Barriers: A Review of Performance, Publication No. 5056, Environmental Sciences Division Oak Ridge National Laboratory, 2001.

[114] D. B. Watson, D. H. Phillips and B. Gu, Performance Evaluation of in-situ Iron Reactive Barriers at the Oak Ridge Y-12 Site, ORNL/TM-2001/193, Oak Ridge National Laboratory, 2002.

[115] W. M. Wu, J. Carley, T. Gentry, M. A. Ginder-Vogel, M. Fienen, T. Mehlhorn, H. Yan, S. Caroll, M. N. Pace, J. Nyman, J. Luo, M. E. Gentile, M. W. Fields, R. F. Hickey, B. H. Gu, D. Watson, O. A. Cirpka, J. Z. Zhou, S. Fendorf, P. K. Kitanidis, P. M. Jardine and C. S. Criddle, Environ. Sci. Technol., 2006, 40, 12.

第 5 章
核设施退役

ANTHONY W. BANFORD AND RICHARD B. JARVIS

摘要：本文阐述了核设施退役的各个阶段及其要达到的目标，以及促使核设施退役（既包括停运之后立即退役，也包括停运一段时间后再退役）的推动力；指出了英国核退役所遇到的挑战，并介绍了最佳退役手段的选择标准；最后讨论了核设施退役各阶段对环境的潜在影响。

5.1 引言

核设施退役定义为"当某核设施达到经济使用年限后，采取一定的措施使其永久停止使用，并使其场址可用于其他目的的过程"[1]。核设施退役过程面临的经济成本（或核责任）包括核设施退役过程本身以及相应废物管理和环境修复费用。英国曾大力发展核能，最终将有一大批核设施需要进行退役处理。

5.2 核设施退役的目标

核设施退役的目的是处理停运后将被淘汰的核设施，并使其场址按规划好的最终状态保留下来。最终状态可能是在现有场址上建造能容纳核废物的水泥建筑物，也可能是彻底清理现场使其能够用于其他用途。中间状态则是将上层建筑物全部拆走，而将地基留在原处。

从核设施内取出的材料必须经过处理，以便进行最终处置。英国目前拥有一个浅层低放废物储存库，并正在计划建造一个可容纳中放和高放废物的地质处置设施（geological disposal facility, GDF）。在某些情况下，放射性材料完全失去放射性时可以自由排放，不需要在任何设施中处置。在将废物放置于储存设施之前，一般需要将核废物装箱并用水泥或者其他密封物进行密封。密封后的废物箱堆放在储存设施内，并用其他材料进行围挡，从而营造出一个可控的局部化学环境。核设施退役的目标之一就是最大限度地减少需要送往地质处置设施及低放废物储存库的核废物量。

核设施退役的推动力既变化多样，又相互关联。包括：

(1) 减少陈旧核设施中放射性残留物的危害[2]；

(2) 退役后，原场址可以出售或重新使用；

(3) 为了保证陈旧核设施符合安全规定，需要不断进行维护和保养，这必然会产生费用，而核设施退役可以避免这些问题；

(4) 清理核废物,造福子孙后代,也是当代人的责任;

(5) 消除大型设施对人们造成的视觉侵扰。

如果核设施确需退役,首先需要确定其退役时间。上述因素将大大影响退役进程,同时以下因素也需要考虑:

(1) 即时退役意味着原有核设施的建站资料(或相关信息)被保留下来,这有助于退役进程;

(2) 用于退役的资金可能是有限的;

(3) 考虑到折旧成本,人们倾向于推迟大项支出;

(4) 放射性衰变意味着如果推迟退役可能会使退役更容易、更便宜。放射性衰变可能会削弱某些核废物的放射性,降低其污染等级,减少所需的处理程序,从而降低成本;

(5) 对于某些暂未明确最终处置办法的核废物,需要花费不必要的经费与资源为其建造中间处置设施;而这些中间处置设施到达使用寿命后,也面临退役问题。在这种情况下,延迟退役进程直到找到最终处置办法可能更为可行;

(6) 延迟退役期内,可能会发展出更好的科学技术从而优化退役过程。

5.3 退役的阶段

成立于 2005 年的英国核退役管理局(the Nuclear Decommissioning Authority, NDA)是管理英国民用核废物的非政府机构,它定义了核退役过程的各个阶段(见图 5.1[3])。

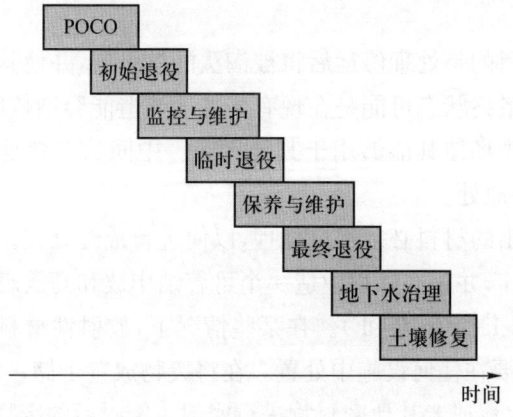

图 5.1 核退役的阶段

虽然每个核电厂和核设施的特点不同,但是这些阶段均很好地概括了从核设施停运到场站关闭等退役过程。

核设施停止正常运行后的第一阶段称为运行后清理阶段(post operational clean out,POCO)。对于反应堆来说,就是要从中移除核燃料;对于其他设施而言,通常需要对现有设备进行细微改动,以便操作者能够将大部分放射性物质移出工厂。POCO 通常仅需使用运营期间所用到的化学品和设备,以及现有的核废物与污水处理工艺。

第二阶段是初始退役阶段,该阶段需要去除或收集管道和容器内零散的放射性物质,以降低辐射水平,为下一步退役工作提供便利。这一阶段可能会用到特殊的化学清洗剂以及额外的污水处理设备。从 POCO 阶段到初始退役阶段,可能会涉及员工和控制程序的变化,因此会带来一些问题,文献[4]针对如何实现这一过渡提供了详细的建议。

第三阶段是监控与维护阶段,该阶段仅针对在初始退役阶段后未达到被动安全状态的设施,这些设施在进行临时退役前需要监控和维护。这种情况下,核电厂的某些系统(如服务、辐射监测和通风)与维护管理体制仍需保持运转(甚至有所加强),以保持建筑结构的完整性。

第四阶段是临时退役阶段,在该阶段中,核设施将转变为被动安全状态。通常涉及从工厂运出残余放射性库存,拆解、移除厂房和设备,运走非放射性设施,并尽可能减少建筑占用的空间。这一阶段结束时,工厂的系统和工艺设备均断电、停用,管道内的水也要排净,处于被动安全状态。

第五阶段是保养与维护阶段,在设施最终退役前对设施进行有限的监测和观察。此阶段和监控与维护阶段的区别在于一般不需要资源投入。通常情况下,此阶段可能需要采用保养与维护措施使各级放射性物质发生衰变,但是该设施也可能足够安全,其资源在给定时间段内可最大限度地用于其他设施。保持电厂处于这种状态所要做的工作很少,只需要极少的全职管理人员(如果有的话)对核设施与建筑结构进行常规监测和设施监控。在这一阶段,重要的是要保证设施完全关闭,文献[5]提供了针对该阶段的一些指导。

第六阶段是最终退役阶段,在该阶段,核电厂或核设施将达到为其设定的终结点,包括最终场地清理,但不包括受染土地或地下水的修复工作。该过程包括:所安装的设备和装置的最终拆卸;拆除建筑物内残存的其他设施;拆卸内部构件和外部围护设施。产生的所有废物都需要处理或存放待处理。该阶段结束时要达到的目标是,将任何可能会对职业人员、公众或环境带来的危险或危害降低到最低水平,使之与"可合理达到的尽可能低"(as low as reasonably practicable,ALARP)原则保持一致。

后续阶段的工作则要考虑在核设施场地彻底清理之前修复被污染的地下水和土壤。

5.4 英国核设施退役所面临的挑战

英国政府批准建设了许多核设施。核退役管理局拥有的 20 个核设施遍布英国。这些核设施始建于英国核武器计划时期,曾由英国核燃料有限公司(British Nuclear Fuels Ltd,BNFL)和英国原子能管理局(United Kingdom Atomic Energy Authority,UKAEA)管理。现在还有许多其他核设施管理机构,最有名的就是英国能源公司(British Energy,BE),它管理着位于赛兹韦尔的改进型气冷反应堆和压水反应堆。

核退役管理局所管理的很多核设施都面临着退役的挑战,这些核设施包括:
(1) 位于塞拉菲尔德的燃料循环厂;

(2) 位于卡彭赫斯特(Capenhurst)的燃料浓缩厂；

(3) 12个核反应堆(南、北各有5个镁诺克斯型反应堆，塞拉菲尔德有2个)；

(4) 位于敦雷的研究堆；

(5) 位于哈维尔(Harwell)和温弗里斯(Winfrith)的研究堆；

(6) 位于斯普林菲尔德(Springfields)的燃料制造厂；

(7) 低放废物储存库(The low level waste repository, LLWR)。

在英国，大多数需要管理的核废物由上述设施产生，但英国能源公司核反应堆和其他核设施也将产生核废物。

与核退役管理局核设施相关的债务总额如图5.2所示[6]。直接的退役成本约100亿英镑，而相应的废物管理则还将花费100亿英镑。对英国来说，贴现负债总额约为450亿英镑。全世界核退役所面临的挑战将更大[7]。

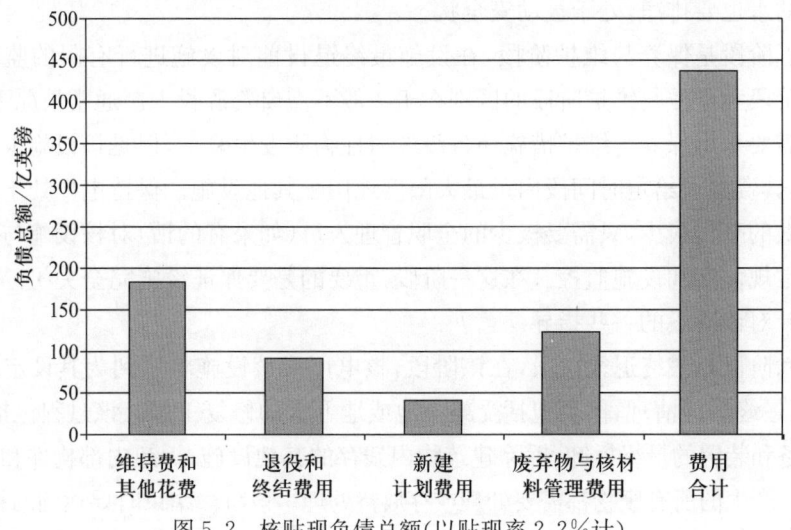

图5.2 核贴现负债总额(以贴现率2.2%计)

这些核设施退役的规模与性质差别很大。塞拉菲尔德核设施曾负责处理高放射性乏燃料，因此相应的退役费用很高。塞拉菲尔德的某些工厂始建于英国核工业早期，仅"如何让这些陈旧的设施以安全的方式退役"就颇具挑战。而对于反应堆来说，一旦卸去燃料棒，其放射性就会大幅减少，经过长达75年的"安全期"后，其放射性会进一步减少。因此，核反应堆的退役费用少于塞拉菲尔德核设施。斯普林菲尔德只制造燃料，不处理高放射性乏燃料，因此面临的退役挑战也较小，相应地，完成退役所需的花费也较少。研究用核设施所面临的退役挑战与其他站点不同，例如敦雷储存了大量的液态钠合金(在测试用反应堆中作为冷却剂使用)，现在它们必须进行处理。

放射性废物管理委员会制订了需要管理的核材料目录[8]，如表5.1。

表 5.1 放射性废物管理委员会制订的核材料目录

种类	包装后的体积/m³	放射性/TBq
高放废物	1 290	39 000 000
中放废物	353 000	2 400 000
钚	3 270	4 000 000
铀	74 950	3 000
乏燃料	8 150	33 000 000
总计	477 860	78 000 000

高放废物以及塞拉菲尔德核设施运行后清理阶段回收的铀和钚均不涉及核退役过程。退役过程产生的主要核废物为中放废物、低放废物和极低放废物(very low level waste，VLLW)。

《塞拉菲尔德综合废物管理策略》[9]中显示,塞拉菲尔德所产生的中放废物中约有一半与退役过程相关(约 14 万立方米),而《南部镁诺克斯反应堆综合废物管理策略》[10]则认定约有 2.6 万立方米的中放废物来自退役过程。其他中放废物分别为产自敦雷的核废物(9 000 m³)[11]以及塞拉菲尔德的受染土壤(1 600 m³)[9]。总体上,在需要管控的中放废物中,至少有 60%(超过 20 万立方米)源于退役过程。

退役过程中产生的很多核废物是低放废物或极低放废物。预计到 2030 年后,核废物将主要来自退役活动[12]。核废物总量的增长趋势如图 5.3 所示,图 5.4 显示了不同种类的废物所占的比例。从图 5.4 中可以明确看出,大量的极低放废物是退役过程中产生的土壤和碎石,也可以从中推测出,相当大比例的金属废物与退役过程中的容器和金属加固物有关。总计约有 75%的极低放废物(约 130 万立方米)来自退役操作,而来自退役过程的低放废物数量虽然相对较少,但仍占很大的比例。

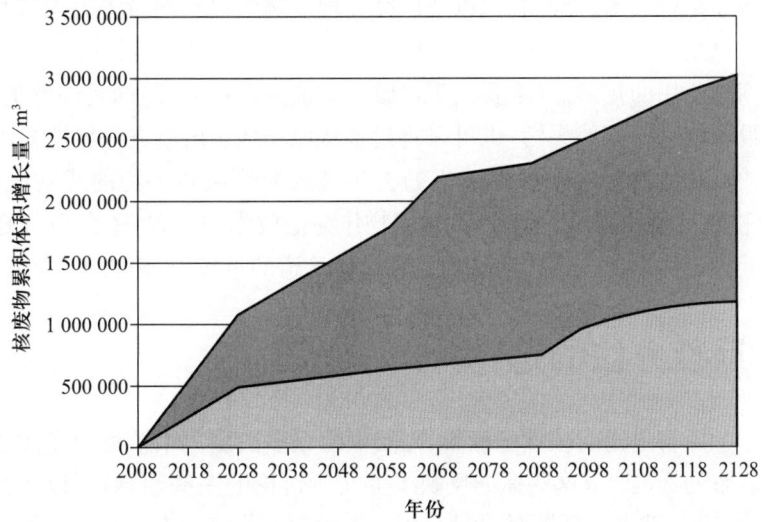

图 5.3 低放废物与极低放废物总量的增长趋势

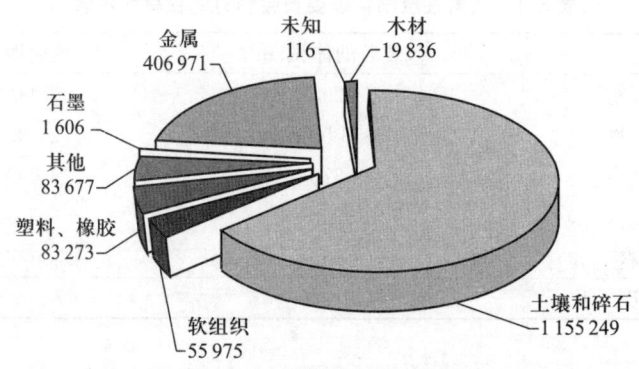

图 5.4　极低放废物的分类统计/m³

5.5　退役技术

在进行核退役时,所要做的一个重要决策是,究竟该采用远程操作方式,还是该采用操作者手工作业的方式。手工作业通常比较便宜和简便,因为手工操作在工具选择上具有最大的灵活性,而且可以并行作业从而减少退役所需的时间。但是,如果辐射水平过高,就无法实施手工退役操作。

手工退役操作可以采用手持式工具以及坐在机器内部实施。远程退役操作则使用机器人和装在起重机或远程控制车辆上的其他工具,由操作人员根据摄像机图像进行远程指挥。

退役需要分离不同种类的核废物,例如需将中放和低放废物从随意排放的物质中分离出来。在某些情况下,可以采用诸如切割、表面粗琢、水射流或喷砂等物理技术[13],而其他情况下使用化学去污技术更有益。任何情况下,退役操作的花费和环境收益都必须结合成本、资源利用以及后续处理废物的辐射剂量等因素进行综合权衡。专家讨论过大量的去污方法[14]。针对退役作业,所用化学品的腐蚀性甚至可以比运行期间所用的化学品(主要用于设施维护前的设备清洗)的腐蚀性更强,既可以在运走设备前进行原地去污,也可以将设备从原场地运出后进行异地去污。

针对伯克利核反应堆燃料加注机的去污是放射性流体去污的成功案例:其中1 700 t 废物经后处理后再次利用,60 t 废物作为低放废物处置,还有 30 t 废物储存在库里待处置。采用化学方法清洗伯克利气体管道的过程中,回收了 750 t 钢。

5.6　退役方法的选择

对每一个即将退役的核设施而言,需要做出很多决定。本节列出了用于选择退役方法的一系列标准[15],这些标准反映了上文所讨论的一些问题,可以用其评估多种退役方法[16,18],其中包括即时退役与延迟退役以及最终状态的选择问题。

这套标准为层级结构(见图 5.5),其顶层为支撑可持续发展的三大支柱。这些标准可细分为主要标准和次级标准(或分标准)。对环境的影响可分为辐射对人与环境的影响、资源利用情况、非放射性物质排放、局部侵扰(包括噪声和视觉污染等)和潜在危害能力(作为核退役管理局优先排序法的一部分所开发的评估方法)[2,19]。

```
目标1：环境和安全
    标准1：环境和公众安全
        分标准1.1：辐射对人类的影响
        分标准1.2：辐射对环境的影响
        分标准1.3：资源利用情况
        分标准1.4：非放射性物质排放
        分标准1.5：局部侵扰
        分标准1.6：潜在危害能力
    标准2：工人安全
        分标准2.1：从事放射性行业的工人
        分标准2.2：非放射性行业的工人
    标准3：安保
目标2：经济性
    标准4：费用与利润
        分标准4.1：费用
        分标准4.2：资产分拆
    标准5：技术预见性
        分标准5.1：概念预见性
        分标准5.2：操作预见性
目标3：社会性
    标准6：就业稳定性
    标准7：后代的负担
```

图 5.5　退役方法的选择标准

虽然这些标准为评估退役项目提供了一套解决方案,但是对于任一特定的评估案例,可以忽略一些区别不明显的选择标准,有时为了充分利用更易获取的某些参数,也可以细分出其他标准。

要获得最优的解决方法,很重要的是：要在整个生命周期里对每个被考量的退役方法进行评估;每种方案所设定的最终状态必须相同。

按照这种方法能够获得最佳的退役方法。如果将一个拥有很多设备的复杂设施或将英国所有的核设施作为整体来考虑,那么为了使退役计划控制在年度财政预算内,则可能需要延迟退役。相同的标准还可以用于研究其他相似的问题,诸如对成本、环境和社会产生影响的评估将决定核设施处于监控及维护阶段还是保养及维护阶段。

采用这些方法可以尽快获得环境效益最大化的退役方案。

5.7　退役对环境的影响

5.3节介绍了退役的不同阶段,本节则概述了实施退役的潜在环境效应(见表5.2)以及处于不同阶段的退役核设施对环境的潜在影响(见表5.3)。

表 5.2 退役对环境的影响

退役阶段	排放情况	资源使用情况	中放废物处置情况	低放和极低放废物处置情况
POCO	大量排放物	使用现有的污水处理厂和化学品	现有废物产生途径会新增大量废物	低
初始退役阶段	一些排放物	可能需要新建污水处理厂和使用一些强力去污的化学试剂	现有/新的废物产生途径会新增一些废物	低
监控与维护阶段	持续排放的水	需要提供持续服务和相关清洗设备	产生极少量的二次污染物	产生极少量的二次污染物
临时退役阶段	一些排放物	需要拆除容器/管道以及压缩废物体积的设备	产生的废物主要为拆除的容器和管道；废物需要打包	产生的废物主要为拆除的容器和管道；废物需要打包
保养与维护阶段	可忽略	可忽略	可忽略	可忽略
最终退役阶段	低活度粉尘和清洁液	使用大量修复设备和废物包装设备	预期在某些设施下方会产生少量	预计产生数量非常多
地下水和土壤修复阶段	低	使用大量修复设备和废物包装设备	预期在某些设施下方会产生少量	预计产生数量非常多

表 5.3 处于不同阶段的退役核设施对环境的潜在影响

退役阶段	误操作带来的潜在排放	与排放及二次废物相关的服务需求	受染土地上物质的潜在迁移
停止运行后	误操作可能会排出大量可迁移性物质	为了保障设施安全，需要提供水、蒸汽、电力和工艺用气	可能会有物质从受染土地上迁移
POCO	误操作可能会排出可迁移性物质；经 POCO 过程后，这些物质数量大大减少	为了保障设施安全，需要提供水、蒸汽、电力和工艺用气	可能会有物质从受染土地上迁移
初始退役阶段	极大地减少了核废物排放风险；建筑结构损毁会造成排放	所需服务内容减少，但仍有需要	可能会有物质从受染土地上迁移
监督及维护阶段	由于放射性元素衰变，核废物排放的影响进一步减小	所需服务内容减少，但仍有需要	可能会有物质从受染土地上迁移；由于衰变，对物种的放射性影响减少
临时退役阶段	残余物的回收，进一步减少了核废物排放	不再需要服务	可能会有物质从受染土地上迁移
保养及维护阶段	由于放射性元素衰变，核废物排放的影响进一步减少；设施主要结构损毁会造成核废物排放	不再需要服务	可能会有物质从受染土地上迁移；由于衰变，对物种的放射性影响减少
最终退役阶段	建筑被拆除，不存在进一步的风险	不再需要服务	可能会有物质从受染土地上迁移
地下水和土壤修复阶段	建筑被拆除，不存在进一步的风险	不再需要服务	水和土壤被修复，无进一步的风险

每个退役阶段都可能向环境排放废物。例如,拆除作业产生的粉尘、去污作业可能产生的废液等。任何情况下采取的排放物削减措施都可能会形成二次废物(例如过滤器等),需要在使用后进行最终处置。包装废物以及退役中使用的设备也会消耗自然资源,其中一些可能无法再利用。

退役各阶段对环境的影响包括:需要提供服务(如水、空气)以及处理相应的排放物;现场清洗及二次废物的产生;可能由自然灾难或恶意行动造成主要设施发生故障,从而产生潜在排放物;以前发生的泄漏事件造成建筑物下方土地中的物种迁移等。

5.8 结论

在任何核设施的全寿命周期内,退役都是非常重要的阶段,该阶段将正常运行的核设施转变为计划的最终状态。英国拥有大量运行了多年的民用核设施,核燃料循环工厂和反应堆的退役面临着巨大挑战。要使遗留的核工厂退役,将产生高额负债和大量的核废物。

虽然核设施退役的过程一般可以分为多个阶段,但是退役措施却需要针对工厂、设施或特定区域来制订。核设施的退役由多种因素驱动,诸如公众期待减少陈旧核设施的危害、核设施场地重新利用的需求等。本文列出了一系列退役措施确定标准,其中环境和安全因素至关重要。

参考文献

[1] DTI, 2002. Managing the Nuclear Legacy: a strategy for action. London: Department of Trade and Industry, Cm 5552.

[2] NDA, 2008. NDA prioritisation procedure. Moor Row, Cumbria: Nuclear decommissioning authority, EGPR02, Rev 4.

[3] NDA, 2010. Project controls framework document. Moor Row, Cumbria: Nuclear decommissioning authority, PCP-M, Rev 1.

[4] IAEA, 2004. Safety considerations in the transition from operation to decommissioning of nuclear facilities. Vienna: International Atomic Energy Agency, Safety report series 36.

[5] IAEA, 2002. Safe enclosure of nuclear facilities during deferred dismantling. Vienna: International Atomic Energy Agency, Safety reports series 26.

[6] NDA, 2009. Nuclear decommissioning authority annual report and accounts 2008/2009. Moor Row, Cumbria: Nuclear decommissioning authority.

[7] IAEA, 2004. Status of the decommissioning of nuclear facilities around the world. Vienna: International Atomic Energy Agency, STI/PUB/1201.

[8] CoRWM, 2006. Managing our radioactive waste safely: CoRWM's recommendations to government. London: Committee on Radioactive Waste Management, CoRWM Doc 700.

[9] Sellafield Ltd, 2008. Sellafield integrated waste strategy-update to version 2. Seascale, Cumbria: Sellafield Ltd.

[10] Magnox South, 2008. Magnox south integrated waste strategy. Berkeley, Gloucestershire: Magnox South Sites, LTP08 Rev D, MES/EST/GEN/REP/0002/09.

[11] UKAEA, 2008. Dounreay 'interim' integrated waste strategy. Dounreay: UKAEA, WSU/STRATEGY/P033(08), Issue 4.

[12] LLW Repository Ltd, 2009. Strategic BPEO study for very low level waste. Holmrook, Cumbria: LLW Repository Ltd.

[13] IAEA, 2008. Innovative and adaptive technologies in decommissioning of nuclear facilities. Vienna: International Atomic Energy Agency, IAEA TECHDOC 1602.

[14] IAEA, 1999. State of the art technology for decontamination and dismantling of nuclear facilities. Vienna: International Atomic Energy Agency, Technical reports series 395.

[15] Banford, A. W., Eccles, H., Jarvis, R. B. and Ross, D. N., 2010. The development of an integrated waste management approach for irradiated graphite. In Proceedings of Waste Management 2010, March 7-11th 2010, Phoenix, AZ. Tempe, AZ: WM Symposia, 3975-3987.

[16] IAEA, 2007. Decommissioning strategies for facilities using radioactive material. Vienna: International Atomic Energy Agency, Safety report series 50.

[17] IAEA, 2001. Decommissioning of nuclear fuel cycle facilities. Vienna, International Atomic Energy Agency, WS-G-2.4.

[18] IAEA, 1999. Decommissioning of nuclear power plants and research reactors. Vienna, International Atomic Energy Agency, WS-G-2.1.

[19] Jarvis, R., 2006. The Radiological Hazard Potential: a progress measure for nuclear clean-up. Moor Row, Cumbria, NDA, EGR009.

第6章
高活度废物的地质处置

KATHERINE MORRIS, GARETH T. W. LAW AND NICK D. BRYAN

摘要：当前，英国50多年核能发电过程中产生的核废物都存放在地面上。全球许多国家目前也都面临着数十年核能发电所产生的放射性废物问题。随着社会各界将新型核能视为低碳的、安全的能源，人们倾向于使用地质处置方法对高活度废物进行处置。因此，对这些核废物实施及时的地质处置以确保子孙后代的生存安全是英国和其他有核国家当前所面临的挑战。本章回顾了英国需要处置的高活度废物的种类和特性，并依据英国和国际上的实践经验研究了地质处置设施的概念；探讨了在遗存有大量复杂核废物背景下英国实施高放废物地质处置的可行途径；最后论述了环境化学研究领域在安全管理和处置这些放射性废物方面所面临的挑战。

6.1 引言

对英国来说，放射性废物管理是一个亟待解决的问题：英国境内遗存有大量高活度废物(higher activity wastes，HAW)，其中一些已经进行了储存和地质处置，将来也需要妥善管控新型核反应堆（被认为是一种低碳、安全的能源）所产生的核废物。在英格兰和威尔士，地质处置已经成为长期管控高活度废物的方法，国家地质处置设施(geological disposal facility，GDF)实施方案已于2008年启动[1]。实际上，在核废物管控方面，英国正面临着科学和社会的双重挑战，也受到全球关注。本章主要讨论了可能需要送交国家地质处置设施处置的放射性废物的种类和数量，以及这类设施的规划和设计理念。此外，也有选择性地列出了环境化学领域在地质处置方面所面临的几个研究热点，它们主要涉及如何减少影响地质处置设施安全的不确定因素。

6.2 放射性废物

放射性废物是指含有放射性核素或被放射性核素污染后放射性活度高于英国法规规定的阈值且不能再利用的物质。值得注意的是，核反应堆及核武器发展的复杂历史造成英国的放射性废物复杂多样。在英国，按规定必须要进行地质处置的高活度废物有：根据现有管理规定无法长期储存或管理的固态低放废物；没有纳入苏格兰行政院(Scottish Executive)制订的有关放射性废物处置新政策中的核废物[1]。依据放射性含量不同，这些核废物大体上可分为释热型高放废物(high level waste，

HLW)和非释热型中放废物(intermediate level waste,ILW)。除高放废物、中放废物外,还包括少量的低放废物(low level waste,LLW)、当前未被定义为核废物的材料(如乏燃料、库存的铀和钚等)以及新型核反应堆产生的所有核废物等,以上核废物将来都可能需要进行地质处置。本章6.2.1节~6.2.4节将对各种类型的核废物进行详细阐述。

6.2.1 高放废物(HLW)

在英国,根据高放废物的放射性,将其定义为释热型核物质,在设计储存和处置设施时都需要考虑热辐射的影响[2]。英国的高放废物主要源于乏燃料的后处理过程(见图 6.1)[2]。后处理前,乏燃料首先在收集池中储存数年使半衰期较短的放射性核素衰变,并释放核反应热量。在塞拉菲尔德处置站,将多个反应堆的乏燃料从包壳中取出或进行切割处理后溶解在硝酸中,再使用普雷克斯(PUREX)法进行化学处理,以分离铀、钚和其他裂变产物。在后处理过程中,裂变产物最终溶于液相而分离,形成高放射性萃余液(highly active raffinate,HAR)。这种溶有裂变产物的硝酸溶液保留了乏燃料的大部分放射性,其主要组成是放射性同位素^{90}Sr 和^{137}Cs,在未来数十年内仍将持续产生热量。在储存和最终处置前,将这些高放射性萃余液进行玻璃化,可以形成更为稳定的废物形态[3]。由于萃取得到的铀和钚具有经济价值,所以目前还未将它们划分成核废物,而是将其封存起来。

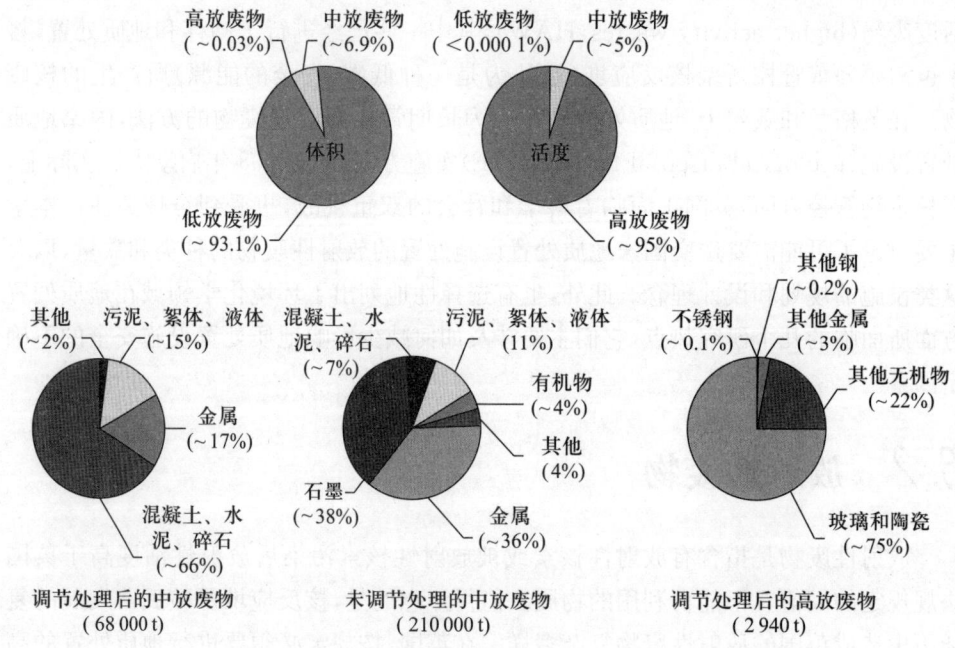

图 6.1 英国现存高放射性废物的数量、放射性和材料组成
(数据源于《英国放射性废物目录(2007)》)[2]

6.2.2 中放废物(ILW)

中放废物是指辐射水平超过低放废物的最高值,但在设计储存或处置设施时不需考虑热辐射的核废物[2]。在塞拉菲尔德,大部分中放废物产生于乏燃料后处理过程,它包括多种物质,例如从镁诺克斯型反应堆燃料上剥离的镁合金表层;改进型气冷反应堆和压水反应堆燃料中的钢铁、锆合金和石墨;普雷克斯法及放射性废物去污过程中产生的废水、油泥、絮状物和有机物质;废物处理池内的废水、絮状物和过滤器;后处理过程中的受染机械装置等(见图 6.1)[2]。大部分现存的中放废物由核电站产生,主要产生于反应堆的运行过程以及随后的退役过程;还有一些是过去在核设施内储存核废料的过程中产生的。因此,中放废物的组成和化学性质极其复杂(见图 6.1)[2]。

6.2.3 低放废物(LLW)

低放废物是指 α 放射性不超过 4 GBq·t^{-1} 或 β/γ 放射性不超过 12 GBq·t^{-1} 的核废物[2]。大部分低放废物由受染的纸张、塑料和金属制品组成。目前,英国的这些核废物大多由位于德瑞格(Drigg)的国家低放废物库存场采用浅埋法处置。然而,由于一部分核废物的化学性质不相容,且半衰期长的放射性同位素(如 ^{237}Np、^{239}Pu、^{241}Am)浓度较高[2],不适合进行浅埋处理,所以它们与中放废物一样需要进行地质处置[2]。

6.2.4 其他潜在的核废物

一些现存的放射性物质因具有潜在的经济价值而未被划分成核废物,但在未来它们也可能会作为核废物进行地质处置[1]。这些物质包括:尚未进行再生处理的英国核反应堆乏燃料;乏燃料后处理过程中再生的铀和钚;燃料制造过程中产生的铀;来自试验堆和研究堆的非标或"外源型"核燃料等。这些潜在的核废物在地质处置方面所占比例也越来越大。例如,英国塞拉菲尔德处置站在过去和当前按计划开展的再生活动中,已收集了近 100 t 分离状态的钚。不管其最终处理方式如何,这些材料与高放废物一样,都是极具挑战的核废物形式。例如,出于核安全和公众舆论的考虑,如何妥善处置目前库存的钚将是一个重大挑战。除此之外,不论是新建核设施还是国防部管辖的放射源,它们所产生的核废物也都可能需要进行地质处置[1]。

6.3 地质处置

6.3.1 地质处置设施(GDF)的概念

地质处置是将高放废物安置并隔离于一个地库(地质处置设施)中,该地库位于深层地下环境条件适宜的岩层内(见图 6.2)。对于英国来说,地质处置就是"对放射性废物进行地下深埋(200~1 000 m),不再重新使用"[1,4-5]。地质处置设施采用多重屏障的设计理念,通过数道工程屏障的共同作用来抑制和阻滞废物中放射性核素的迁移。通常,多重屏障地质处置设施的主要组成为(见表 6.1):

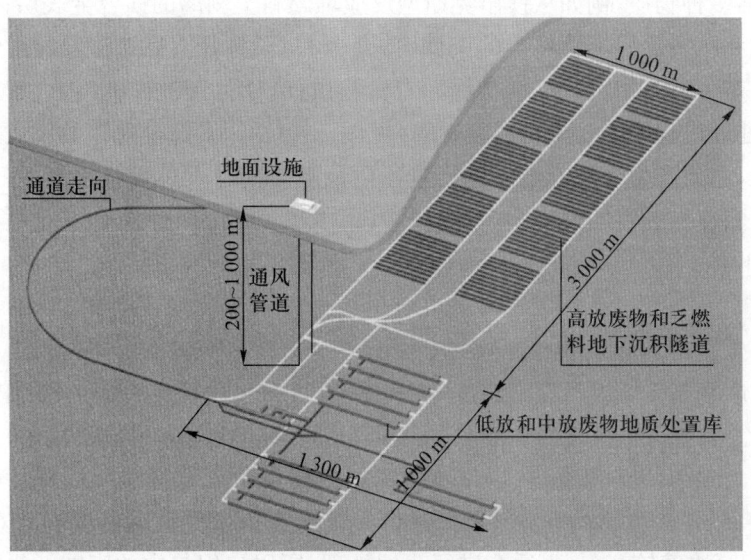

图 6.2 一种处理高、中、低放废物和乏燃料的地质处置设施示意图
(已获英国保密许可)[2]

(1) 废物体:处置前,通常采取调节措施使核废物更稳定(详见 6.3.3.5 节)。例如,乏燃料后处理过程中所产生的高放射性萃余液玻璃化后可使其转化成不溶性固体形式。对于中放废物,通常采用灌浆封装法使其 pH 呈超碱性,此时大多数放射性废物(包括锕系元素)极难溶。

(2) 废物包装容器:地质处置前,经过调节处理的核废物封存在容器内形成核废物包。例如,使用钢铁材料对经过灌浆封装的中放废物进行再次包裹,以提高其机械稳定性;此外,随着地质处置设施的使用,钢铁材料的腐蚀会提供还原性的环境,从而阻滞放射性核素(尤其是锕系元素)的迁移。

(3) 缓冲材料:直接放置于核废物包四周。这些材料能够提供有益的作用,例如,在地质处置设施的使用过程中,控制地库内的化学环境或水文环境。

(4) 回填材料:用来填埋地质处置设施建设过程中挖掘的隧道、竖井和坑道。所用材料必须具备足以支撑地质处置设施构筑物的机械强度,它是废物包的补充调节措施,可通过控制 pH、氧化还原作用和(或)水文状况进一步调节地质处置设施的环境,从而阻滞放射性核素的迁移。

(5) 密封系统:采用高性能防水密封材料,主要用于地质处置设施构建过程中以及核废物安放后阻挡地下水的渗入。

表 6.1 当前国际高放废物地质处置的理念

国家/责任主体	当前所处阶段及储存形式	位置/地质条件	核废物类型	废物包裹形式	缓冲/回填形式
瑞典/核燃料及废料管理公司(SKB)[6-8,11]	所处阶段:非常先进。20世纪70年代初期开始启动,随后两处适宜的备选站点并在现场搭建了测试设施对其特征进行了深入分析,工程进展顺利,通过对材料和围岩层的可行性分析,最终选定了一个站点,正在申请许可证。储存形式:采用平硐通向坑道的入口,使用位于坑道底部的独立钻孔可降低石崩塌的风险。所有核废物均在同一设施中处置;废物将分阶段存放,以使其在存放初期具有可再生利用的可能性	位置:SKB确定的可行性站点位于东哈马尔市的福斯马克(Forsmark in the Osthammar)。地质条件:结晶岩地质,因为瑞典境内没有足够的其他岩层,所以初始站点的选择限定为稳定的前寒武系结晶岩矿床的储存库拟建在地下400~700m范围内,此处的水力渗透系数较低,且发生冰冻的风险较低	乏燃料、长半衰期的中放废物	乏燃料棒采用铜罐封装,然后在其中加入球状石墨铸铁以提高机械强度,化学稳定性和较低的水力渗透性能。使用的铜镀层耐腐蚀能力达1 000~10 000年。目前还在研究中放废物调理方法	包装后的乏燃料置于独立竖井中。中放废物的放置形式尚在研究。在乏燃料废物包的周围填充高度压缩的膨润土颗粒,当水浸入时,这种膨润土颗粒环发生膨胀并将废物包密封起来。膨润土同时还具有良好的导热性,机械保护性能。化学稳定性和较低的水力渗透性能。使用的膨润土有MX-80型钠质膨润土或Ca-N型钙质膨润土。当前用于平衡压缩井回填材料有:预先压缩的膨胀黏土块,其孔隙中充填有相同材质的小颗粒;预先压缩的膨润土和碎岩(混合比例为7:3)组成的颗粒物

续表

国家/责任主体	当前所处阶段及储存形式	位置/地质条件	核废物类型	废物包裹形式	缓冲/回填形式
芬兰/波西瓦公司(Posiva)[21]	所处阶段：正在构建中。20世纪70年代末开始启动，确定了4个适宜的备选站点，并对全部备选站点进行了特征分析、环境评估和公开研讨；最终选定了站点，并在现场建设了岩层测试设施 储存库形式：与瑞典类似，但是有水平钻孔与垂直钻孔之分，并考虑了地质处置全程中可能出现的回收再利用情况	位置：最终确定的处置站点位于埃乌拉约市的奥尔基基洛托(Olkiluotoin Eurajoki)，并已获芬兰政府批准 地质条件：稳定的前寒武纪结晶岩地质（片麻岩），在地下420 m处放置核废物，此处地下水力渗透性较低且地下水中氧含量较少（减少了腐蚀）	乏燃料	与瑞典KBS-3理念类似（同上）	与瑞典KBS-3理念类似（同上）
法国/放射性废物管理委员会(ANDRA)[6,11,22,23]	所处阶段：先进。1991年开始启动，并确定了合适的围岩地质条件，正在进行特征分析，工程进展顺利，现场安装的地下测试设施正在运转 储存库形式：在挖掘的平硐和竖井内设置水平或近似于水平的钻孔，所有核废物都在一个设施内处置。为不同类型的设施内处置了独立区域，分阶段对放射废物设计以使其能够回收再利用	位置：备选区域位于巴黎盆地布尔区的默兹-上马恩省(Meuse-Haute-Marne) 地质条件：Callovo-Oxfrodian黏土层(130 m厚的硬化黏土层)，具有较低的水力渗透性，有限的化学交换性，可在提供较高的地质时间内保持稳定性，黏土层的裂缝还会自动封闭，这种黏土位于约400 m深的地下，上下由石灰岩包覆	高放废物（在乏燃料后处理过程中进行玻璃化）、乏燃料（MOX、UOX)(注：虽然法国未将乏燃料视作核废物，但仍可能通过地质处置方法进行管理，因此在设计地质处置设施时考虑了乏燃料的存放问题） 长半衰期的中放废物	处于发热阶段的高放废物置于非合金钢制容器中，以防止水的渗入 通过添加铸铁增加乏燃料的机械强度，确保其处于亚临界状态，并提高热传导效率；最后用非合金钢容器盛装乏燃料组件，防止水的渗入 用沥青或混凝土对中放废物进行调节或者压缩处理。废物用钢材料包裹，并用混凝土进行二次包裹。这些废物包堆放在坑道/竖井中	处置高放废物的钻孔无需使用任何缓冲材料 存放乏燃料的钻孔均衬以膨润土和钢材 所有的钻洞都用膨润土和混凝土密封 使用衬砌混凝土的平硐，并用膨润土和混凝土支撑整体结构。竖井采用混凝土密封，并用膨润土回填 填入挖出的黏土来回填，并采用膨润土和挖出的黏土回填

续表

国家/责任主体	当前所处阶段及储存库形式	位置/地质条件	核废物类型	废物包裹形式	缓冲/回填形式
比利时/ONDRAF-NIRAS公司[6,9-11]	所处阶段：先进。20世纪70年代中期开始启动，确定了两个适宜的固岩地质条件，发展了通用的地质处置理念，工程进展顺利，现场安装的地下测试设施正在运转。储存库形式：核废物沿轴向送入坑道内，所有核废物在同一个设施中处理，未考虑核废物的回收再利用问题	位置：最终站站点尚未选定，但是确定了两种适宜的地质条件。地质条件：博姆泥岩(Boom clay)和伊普雷斯黏土层(Ypresian clay)。博姆泥岩(第三纪)。黏土不高，但比伊普雷斯黏土(第三纪早期)具有更好的机械强度，两者均为黏土质、组成均一、渗透性和水力交换性较低	高放废物、长半衰期的中放废物	玻璃化的高放废物/乏燃料(装在硅玻璃化容器中)放置于碳钢容器中超级容器中。使用普通硅酸盐水泥混凝土作为缓冲层。中放废物用沥青或水泥调节处理后，并将400 L放入预制的200 L或400 L的钢桶中，再将钢桶放入大型石料坑中，缝隙用混凝土填充	高放废物/乏燃料：坑道与盛放容器之间的缝隙用水泥材料填充。坑道用混凝土密封，用黏土回填。中放废物：用大型石料覆盖内衬水泥的洞穴/坑道/廊道
瑞士/耐格如信(NAGRA公司)[6,11,24]	所处阶段：非常先进。20世纪80年代中期开始启动，随后对两种岩石类型(结晶岩和沉积岩)进行了一般性评价，深入研究了岩石的性质，在两种类型的岩石中均建立了现场测试仪器，进行了沉积物(硬泥岩/耐格如信公司)评估以及有关材料和固岩的可行性分析。储存库形式：进出坑道通向处置坑道，核废物均在沿轴向处置中。所有核废物在同一个设施中处置，分阶段处置可回收再利用，从而使其能够回收再利用	位置：尚未选定站点。地质条件：侏罗纪时代的沉积性黏土——硬泥岩，但其厚度足以覆盖地下黏土层不超过100 m，处置设施(约需40 m厚)，黏土的性质均一、化学和黏土机械性能稳定，储存库将建于地下约650 m处	乏燃料、高放废物、中放废物	玻璃化的高放废物和乏燃料将被存放在碳钢容器中。乏燃料用沥青或水泥调节后处理，然后封装在钢桶中，再在钢桶中灌注性的废物浆，形成低渗透性的废存放包	高放废物和乏燃料的处置坑道内：高放废物包将坑道内膨润土压缩以高度压缩。使用膨润土包裹的碎石、干石(如花岗岩或玄武岩)、膨润土及沙子混合物等组成的复合结构来密封坑道，然后用混凝土回填。将膨润土碎屑及粉末用作回填材料。中放废物包封存在混凝土坑道内，并用透气性砂浆密封回填

续表

国家/责任主体	当前所处阶段及储存库形式	位置/地质条件	核废物类型	废物包裹形式	缓冲/回填形式
德国/DBE技术[6,11,25]	所处阶段：先进。从历史角度而言，盐岩层最适宜德国高放废物的储存；在全国范围开展了针对性调研，20 世纪 70 年代末确定了最终选址。之后深入研究了站点的特性并开展了测试；工程设计理念在 80 年代中期完善和发展；站点及其理念非常可靠；2000 年由于政治因素暂停 储存库形式：竖井与平硐相通；核废物放于平硐或平硐底部的垂直钻孔内；核废物分阶段存放；没有考虑核废物回收再利用问题，但仍有可能回收再利用	站点：位于德国东北部，戈莱本（Gorleben）盐层 地质条件：盐岩层——盐丘的性质均一，且较厚（达 1 000 m），足以覆盖处置设施；支撑层内仅有极少量或无地下水流动；上有沉积岩；化学和机械性质稳定。储存库将建在地下约 870 m 处；盐岩层在自然应力（如压力、热力）下可塑变，从而将核废物封存于不透水的岩层中	乏燃料 高放废物	将乏燃料封装在巨大的波利克斯（POLLUX）容器（内层为不锈钢，外层为球墨铸铁）内，再将该容器堆放于平硐内 高放废物（或乏燃料）用薄壁的钢制容器封装，存放在垂直钻孔中。当存放工作完成，设施关闭后，这种容器提供一种非长期性存放功能	对于高放废物和乏燃料，不需要缓冲材料，平硐和钻孔可以采用碎盐岩回填 使用碎盐岩回填处置坑道，并用混合材料（沥青、混凝土等）密封，防止地下水渗透盐岩层到达设施密封层

（6）地质条件：地质处置设施所在地的地质条件是地库的最后屏障。地质屏障能够提供很多优势，例如可以保持低水平的地下水流动，或含有某些矿物质和比表面积较大的物质，能够从溶液中吸附放射性核素。

地质处置设施一旦关闭，虽然自然的水化学和生物地球化学过程将逐步侵蚀工程结构，但是按照设计要求，多重防护屏障应能储存放射性废物达数千年之久[1]。在该工程控制阶段之后，预计将有地下水渗入填充物和废物包装容器，并最终进入废物包溶解部分放射性核素。这部分受侵蚀的屏障由许多演化的矿物相构成，包括铁氧化物和老化的水泥成分等，对水泥结构的地库而言，其 pH 将由超碱性逐渐变成弱碱性。总体上，这种不断演变的防护系统有望在几千到几万年间阻滞放射性核素从废物体中释放。尽管如此，随着地质演变，由于受地质处置设施中碱性液体影响，放射性核素仍将扩散到周围的地质环境中。在这种情况下，虽然放射性核素可能会被稀释和扩散，但是围岩和伴生矿物质及其表面的吸附作用将确保传递到生物圈的放射性水平控制在"可接受范围"之内。显然，建立地质处置设施的关键是向相关管理者和公众解释这些不确定性之间的相关联系。毫无疑问，需要开展高质量、独立的、同行评议的科学研究，以全面监督地质处置设施的安全性。同样，随着这些科学成果交流以及地质处置设施理念的不断深入，需要在所有相关方之间建立清晰且透明的"互信"，这对集中力量推进地质处置设施的建设至关重要。

6.3.2 国际经验

6.3.2.1 适宜的地质条件

在全球范围内，至少有 39 个国家产生了大量的高放废物，其中 25 个国家选择地质处置作为高放废物的长期处理方式，另外还有 6 个国家也倾向于这种处置方法。虽然地质处置方法近期刚在英国发展起来，但是多个国家在地质处置策略方面积累了较多的先进经验可供参考（见表 6.1）。通常这些策略已经发展了几十年且都有详细的地质特征方案，一般都包括在原址建设岩石测试实验室以评估该区域作为地质处置设施的适用性。根据实验结果，确定了适宜进行高放废物地质处置的岩层带（见表 6.1），例如，比利时和法国确定的黏土结构、芬兰和瑞典确定的结晶岩结构、德国拟采用的蒸发岩矿床、瑞士确定的结晶岩和沉积层等[6]。此外，瑞典已经率先选定了合适的地质处置设施地点，芬兰已经开始地质处置设施的前期施工（待政府最后审批）（见表 6.1）。在上述国家的项目推进过程中，最成功的一点是在选址的核心计划中充分考虑了公众的参与。与英国相比，这些国家仅有少量复杂的核废物。

6.3.2.2 工程方法

工程方面，采用多重屏障结构是经过广泛研究后确定的，但是不同国家针对不同核废物类型所采取的设计理念却各不相同。例如，瑞典对乏燃料处置的最新设计理念（KBS-3 理念，见表 6.1）目前也被芬兰采用，它们倾向于把核废物封装于耐腐蚀铜罐后再将废物包置于内衬膨润土的独立钻孔内，并用黏土或膨润土块和碎岩石回填(见表 6.1)[7-8]。相反,比利时对乏燃料/高放废物的处置理念主要是用钢制容器封装,轴向安放在处置管道内,并用普通硅酸盐水泥制成的混凝土作为缓冲材料,用水泥基材进行回填(见表 6.1)[9-10]。一般来说,国际上倾向于将中放废物与乏燃料及高放废物一起处置,只是将它们存放于不同的位置(见图 6.2 和表 6.1)。此外,中放废物调节过程通常采用混凝土/灌浆封装在钢质材料内,置于钻孔中或洞穴中,再以混凝土、浆液、黏土和(或)碎岩石回填(见表 6.1)。

此外值得一提的是,目前美国拥有世界上唯一正在运行的地质处置设施——废物隔离中间工厂(the waste isolation pilot plant,WIPP)。这家工厂接收含铀、钚和其他锕系元素的超铀废物(与英国的中放废物大致相同)。该设施自 20 世纪 50 年代开始选址,1999 年开始实施废物处置。它位于稳定的盐岩层,其设计特点是,核废物包裹在钢制容器内后放置于水平钻孔或坑道中,并以氧化镁作为回填材料[11]。然而,虽然该设施已开始处置美国的军事核废物,但是由于美国能源部(Department of Energy,DOE)近日撤回了拟在内华达州尤卡山建设高放废物处置库的申请,美国民用核废物的长期管控措施目前尚不明确。

6.3.3 英国地质处置设施的实施

6.3.3.1 历史回顾、广泛磋商、决策和职责

20 世纪八九十年代,针对英国中放废物地质处置法开展的早期调研未能取得成功,最终于 1997 年放弃[13]。然而,1999 年,上议院科学技术委员会针对英国放射性废物现状的报告[13]指出,地质处置是切实可行且能满足需要的,但未来的决策应该建立在广泛磋商的基础上。因此,2001 年,英国政府就《放射性废物安全管理条例》(the Managing Radioactive Waste Safely,MRWS)计划向民众广泛征求意见,以便为英国的高放废物处置找到最佳的管理办法。获得反馈意见后,政府委托放射性废物管理委员会针对高放废物的最佳管理办法提出独立性建议。2006 年,放射性废物管理委员会向政府提交的一系列建议表明其倾向于地质处置法,并附以安全可靠的过渡储存办法以及一份正在进行的研发计划[4]。最终,2006 年 10 月政府向国会提交了关于高放废物长期管理的计划[5]。该计划接受了放射性废物管理委员会关于地质处置的建议,同时政府针对"如何开展地质处置"发起了进一步的咨询活动。经过咨询后,2008 年政府发布了《放射性废物安全管理:实施地质处置的基本框架》(Managing Radioactive Waste Safely:A Framework for Implementing Geological Dispal)[1]白皮书,详细介绍了地质处置的政策和计划,并指定核退役管理局负责英国的地质处置工作。于是,核退役管理局创建了放射性废物管理理事会(the Radioactive Waste Management Directorate,RWMD)以促进该计划。白皮书还明确了以下内容:

(1) 政府保留制订地质处置政策的职责。
(2) 独立监管机构将依据国家和国际法律进行监督。

(3) 保留放射性废物管理委员会,以向政府提供针对地质处置计划和方案的独立审查和建议。

6.3.3.2 指导原则和时间表

虽然英国地质处置设施的规划目前尚处于起步阶段,以后很可能发生变动。但是,白皮书阐述了实施地质处置的指导原则:

(1) 地质处置设施的选址将基于"地区志愿"的原则,选址过程可能需要数年时间(见6.3.3.3节)。

(2) 地质处置设施将根据英国库存核废物的现状量身定制,英国的核废物数量多、放射性强,同时核能发电与核武器研制的悠久历史也造成了核废物的性质较为复杂(见6.3.3.4节)。

(3) 地质处置设施的设计过程将参考国际经验和最佳做法(见6.3.2节和表6.1)。

(4) 目前政府倾向于建设一个单一的地质处置设施,它可以储存当前和未来产生的所有高放废物和乏燃料(如果也将其视为废物的话)。也可能在一个或多个地点建设多个独立的地质处置设施(一个用于高放废物/乏燃料,另一个用于中放废物),但与单一的地质处置设施相比,多个地质处置设施将增加成本和对环境的影响。

(5) 出于经济性和安全性考虑,地质处置设施内的核废物最好是长期存放且不可再生的,但是在规划设计和建设地质处置设施时,必须考虑到这些核废物经过一定的储存期后有可能会取出再利用的情况。

(6) 因为地质处置设施的建设需要数十年,在进行地质处置之前,高放废物应该进行调节处理以增强其稳定性(见6.3.3.5节),同时,在放入地质处置设施前,核废物的临时储存设施也应不断加以改进以提高安全性(见6.3.3.6节)。

(7) 继白皮书之后,核退役管理局的放射性废物管理理事会发表了名为《地质处置:实施步骤》的总结报告[14],概述了核退役管理局进行的用以代替地质处置设施(geological disposal:steps towards implementation)最终选址决议的筹备工作,确定了地质处置设施建设的规划时间表。其中重要的是,筹备工作涉及数个与地质处置设施相关的构想(包括地质和工程两个方面),详见6.3.3.7节。规划时间表中,预计到2040年可以开始往地质处置设施中放置核废物,该设施将使用数十年,期间,核废物会受到监控,也可能会被重新取出进行再利用(见图6.3)。

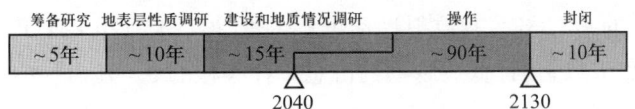

图6.3 英国地质处置设施各工作阶段的纪年表[14]
(该图表的复制获得了英国核退役管理局的许可)

6.3.3.3 选址

《放射性废物安全管理》白皮书中指出了英国地质处置设施的选址过程[1]。该过程以"地区志愿"为基础,同时发布了地质浅表层筛选标准(geological sub-surface screening criteria,SSSC),以初步评估适宜建设地质处置设施的地质情况。此外,"地区志愿"坚持"参与而不需要承诺"的原则,即参与地质处置设施选址的地区哪怕是在地质处置设施勘测和建设活动即将开始那一刻都有权撤出该活动。目前,英国政府已向有兴趣承办地质处置设施建设的相关地区发出了邀请。截至 2010 年秋季,坎布里亚郡西部的两个地区已与政府开展并正在进行"非承诺"谈判。目前的进展是,政府已要求英国地质调查署(the British Geological Survey,BGS)对提出申请的地区进行地质浅表层筛选,从而在早期发现不适宜的选址地质条件[1]。不适宜建设地质处置设施的地点包括化石燃料矿藏地、浅表层中含有废物或储气库的主要区域、饮用水含水层、大范围浅透地层(<500 m)、复杂水文地质环境(深层喀斯特地质或温泉岩石)[1]。通过地质浅表层筛选的地区才可以提交正式"决定参加"的申请。此后,这些选址点将接受更高水平的审核。最初是审核纸质文件,审核通过后,再对现场的浅表层进行考察,直到最终确定选址。重要的是,这个过程的结果并不意味着地质处置设施将具备"理想的"地质条件;相反,地质处置设施的主要地质条件仍将取决于参与地区的地质背景。

6.3.3.4 地质处置的核废物清单

英国地质处置设施的规划取决于对需要处理的高放废物种类和数量的准确评估。相应地,英国政府在 2008 年《放射性废物安全管理》计划中公布了放射性废物的《基准库存目录》[1]。该目录(见表 6.2)在英国 2007 年颁布的《放射性废物目录》(UK Radioactive Waste Inventory)[2]的基础上进行了扩充,包括现存高放废物、未来的高放废物以及目前尚未列为核废物的放射性物质(如库存的乏燃料、铀和钚等)的数量、放射性和物质组成。因此,《基准库存目录》确定的核废物体积总量(经包装和调节处理)约为 48 万立方米、放射性活度约为 8.7×10^{19} Bq。其中,高放废物所占体积虽然很小(仅约 0.3%),但其放射性活度所占比例约为 41%(见表 6.2);乏燃料(目前尚未提纯回收)所占体积也很小(约 2.3%),但其放射性活度所占比例却达到近 52%;虽然对高放废物的评估数据仅具象征意义,因为当前反应堆及乏燃料后处理设施的范围和寿命不确定,且乏燃料的处置方法以后也有可能改变(见 6.3.3.5 节)。需要记住的是,预计需要进行地质处置的中放废物体积约为 36.4 万立方米(占总库存容积的 76.3%),其放射性活度约为 2.2×10^{18} Bq(占总库存放射性活度的 2.5%)(见表 6.2);预计低放废物约占总库存容积的 3.6%,其放射性活度所占比例小于 0.1%(见表 6.2)。最后,在对英国地质处置设施进行通用设计评估时,必须考虑新建核电站所产生的放射性废物[1,15]。然而,目前的《基准库存目录》并不包括任何新建核设施产生的核废物。英国新建核反应堆的发展和运营必将产生大量核废物,因此政府有义务根据地质处置设施规划与新建核设施的计划来更新《基准库存目录》。需要重点注意的是,新建核反应堆产生的高放废物(包括乏燃料)应符合地质处置管理的相关要求[16-17]。

表 6.2 英国地质处置的放射性废物目录[1]

物质	备注	包装体积		放射性活度(截至 2040 年 4 月 1 日)	
		/m³	/%	/TBq	/%
高放废物	a~c,e	1 400	0.3	36 000 000	41.3
中放废物	a,b,e	364 000	76.3	2 200 000	2.5
低放废物	a,b,e	17 000	3.6	<100	0
乏燃料	a,d,e	11 200	2.3	45 000 000	51.6
钚	a,d,e	3 300	0.7	4 000 000	4.6
铀	a,d,e	80 000	16.8	3 000	0
总计	—	476 900	100	87 200 000	100

a 放射性材料和废物的数量引自《2007 年英国放射性废物目录》[2]。
b 高放废物、中放废物以及不宜存放于现有低放废物储存库的低放废物的包装数量引自《2007 年英国放射性废物目录》[2]。这些数量以后可能会发生改变。
c 当用于处置废物罐(玻璃化高放废物置于其中)的设施开始启用时,高放废物的包装体积可能增加。
d 钚、铀和乏燃料的包装数量引自 2005 年放射性废物管理委员会的《基准库存目录》[26]。这些数量以后可能会发生变化。
e 核废物和核材料的放射性数据是由《2007 年英国放射性废物目录》[2]推算得出。2040 年为预期地质处置设施启用时间。
f 值得注意的是,目前《基准库存目录》仅基于英国库存数据。同样的,我们期望新建核反应堆产生的所有废物均能受到苏格兰政府放射性废物新政策的监管。

6.3.3.5 地质处置废物的调节处理与包装

调节处理是将放射性废物固定在某种适宜介质中,使其形成稳定的(固态的)废物形式。经调节处理的放射性废物通常采用容器封装,封装后的核废物可以保存数十年,当地质处置设施建成后,它们最终会送至地质处置设施进行处置。根据核废物的种类不同,调节处理方法也各不相同:

1. 高放废物

乏燃料后处理产生的高放射性萃余液(见 6.2.2 节)热量大、放射性强,且极度不稳定。因此,高放射性萃余液可以通过蒸馏处理减少体积后形成高放射性液体。用冷却水箱储存高放射性液体,以进一步散热和衰变。储存期结束后,高放射性液体将被均质化、固化,然后送往玻璃化处理厂进行调节处理:首先进行焙烧去除水和硝酸盐,然后与硼硅玻璃碎片一起加热形成熔融玻璃态[3],最后采用 150 L 的不锈钢容器封装和冷却。这种玻璃化废物为高放废物的主要形式,最终需要进行地质处置。值得一提的是,乏燃料后处理也会产生大量的中放废物(见 6.2.3 节)。截至

2007年，英国现有高放废物中的1/3进行了调节处理[2]，而且政府承诺，到2016年镁诺克斯后处理工厂关闭前，处理所有镁诺克斯型反应堆燃料[18]。虽然目前尚不确定热中子堆氧化物燃料后处理厂的有效期以及它对氧化物燃料后处理的效果，但是核退役管理局已签订合同，承诺再生处理大约一半的英国氧化乏燃料[18]。目前公众对现存乏燃料的命运颇为关注，而核退役管理局也指出，部分乏燃料无法进行后处理，只能直接进行地质处置[18]。目前认为，赛兹维尔B以及未来新建反应堆产生的乏燃料不大可能进行后处理[1,18]。

2. 乏燃料

英国关于氧化物燃料后处理的最终决策以及关于新建核设施的决定，都会影响到需要实施地质处置的乏燃料数量。由于英国目前没有将乏燃料视为核废物，也无从谈起对其实施地质处置。然而，国际上的最佳实践经验（见6.3.3.2节和表6.1）可能会引导英国未来乏燃料处理的政策。事实上，核退役管理局最新的地质处置实施办法中曾明确表示将考虑瑞士耐格如信公司的处置理念（见表6.1）[14]。

3. 中放废物

对于英国的中放废物（见6.2.3节和图6.1），现有的调节处理方法是将其固化在水泥基材后封装在钢桶内[2]，这也是国际上通用的做法（见表6.1）。迄今为止，英国约有1/5的中放废物采用这种方法处理[2]。从务实的角度看，现有的废物包可能会决定未来的调节处理方法以及英国地质处置设施的设计思路。例如，有可能需要一个洞穴系统以容纳大量的中放废物，另外胶结态中放废物、高放废物与缓冲材料之间的化学兼容性问题也必须考虑。同样需要注意的是，体积较小但放射性较强的中放废物已经采用有机聚合物进行调节处理[2]，同时来自改进型气冷反应堆的石墨材料是一种体积较大、难以处理的中放废物。

6.3.3.6 核废物的临时储存

地质处置设施的规划和建设需要几十年的时间。因此，高放废物的临时安全储存是其长期管理中的重要环节[1,4]。为了确保从储存设施到处置设施的顺利交接，目前的临时储存设施必须加以改进，以满足"高放废物在不危及人与环境安全的前提下储存100年以上"的设计原则[1]。这对英国而言是沉重的负担，因为其高放废物大部分存放在已经老化的储存设施中。此外，值得注意的是，目前英国高放废物都集中在西部坎布里亚郡的塞拉菲尔德。因此，任何地质处置的实施计划都需要考虑如何将这些材料从该地运输到最终的地质处置设施。

6.3.3.7 参考方案

如前所述，英国地质处置设施的初步规划具有显著的不确定性，在这一阶段方案的适应性至关重要。特别是，必须在一个通用水平上考虑诸多潜在的地质条件以及储存库设计方案，由于任何先进的案例研究都需要满足一定的假设条件，所以目前预选址阶段中的一些设想也可能是不合适的。因此，核退役管理局的放射性废物管理理事会制定了一套预选方案，并于近期公布了一份文件概述了当前英国地质处置设施的实施策略[14]。其中,采用了通用型站点设计模型(该模型能够反映英国地质条件和储存库设计的典型性和适宜性)来证明英国实施地质处置的可行性,并优化了概念设计流程。可用于地质处置设施选址的围岩层包括强度较高的岩石(代表性的有晶质火成岩、变质岩,或流体仅能在其岩缝中渗流的古老沉积岩,如花岗岩)、强度较低的沉积岩(通常为较年轻的沉积岩,在这类岩石中,流体可以穿过岩石孔隙流动,如黏土)、蒸发岩(含盐水蒸发后形成的岩石,如盐岩)。此外,通用地质评估也需要考察覆盖岩层(包括延伸到地表的围岩层或沉积覆岩)。由地质情况列表(见表6.3)可以看出:在英国,除了未延伸到地表的蒸发岩这种情况外,上述潜在的地质组合都是可行的。

表6.3 英国可行的备选围岩层与覆岩层列表[14]

覆岩	围岩		
	高强度岩石	强度较低的沉积岩	蒸发岩
延伸到地表的围岩	可行	可行	不可行
沉积覆岩	可行	可行	可行

根据地质因素,核退役管理局确定了反映地质处置设施概念的模型(见表6.4),明确了工作范围。这些概念既体现了国际经验(见表6.1),也兼顾了英国中放废物地质处置的理念。这种相对比较先进的理念[19]源于20世纪90年代英国所进行的地质处置的失败尝试(见6.3.3.1节)。这一理念假设地质处置设施建在地下几百米深处,该处地质构造为低渗透性沉积岩覆盖于高渗透性沉积岩上,地质处置设施安置在坚硬的低渗透性岩石中[11]。在这种模式下,先将(使用水泥和钢材)调节处理后的废物储存起来,当地质处置设施启用后再放入其中。数十年甚至数百年后,当存有核废物的地质处置设施到期时,将用水泥回填材料封存地质处置设施,并最终将其废弃。此时,地质处置设施周边的地下环境中将含有经调节处理并包装后的核废物,同时伴有大量的水泥和建筑用铁,并被地下水淹没。考虑到地质处置设施将被地下水淹没,水泥态废物包装和回填材料采用可以维持高pH的形式,以促进金属离子(包括锕系元素)水解,从而降低放射性核素的溶解度。此外,在设施中使用金属铁(包装材料与建筑材料)以形成强还原性环境,进一步限制放射性核素的溶解。

表6.4 英国核退役管理局构想的地质处置设施设计理念列表[14]

围岩层	地质处置设施设计理念的实例	
	中放废物/低放废物	高放废物/乏燃料
高强度岩石[a]	英国中放废物/低放废物设计理念(核退役管理局,英国)	KBS-3理念(瑞典SKB)
强度较低的沉积岩[b]	硬泥岩黏土理念(耐格如信公司,瑞士)	硬泥岩黏土理念(耐格如信公司,瑞士)

续表

围岩层	地质处置设施设计理念的实例	
	中放废物/低放废物	高放废物/乏燃料
蒸发岩c	美国能源部废物隔离中间工厂(WIPP)所采用的层状盐岩理念	格莱本盐丘理念(德国 DBE)

a 受英国当前能够获得的信息局限,核退役管理局选择英国中放废物/低放废物的设计理念以及瑞典 KBS-3 理念处置乏燃料。

b 核退役管理局选择硬泥岩黏土设计理念处置高放废物、乏燃料和中放废物,这是因为世界经合组织核能机构最新发布的评论认为,就当前的知识水平而言,瑞士耐格有信公司理念是最先进的。然而,核退役管理局强调也会同时考虑法国 ANDRA 和比利时 ONDRAS/NIRAS 等设计理念。

c 核退役管理局宣称,选用废物隔离中间工厂评估法处置中放废物是由于这种获得批准的、正在运营的设施可以提供关于健康影响方面的信息。同样地,选用德国 DBE 设计理念处置高放废物/乏燃料也是基于这方面信息的可获取程度。

6.4 地质处置给环境化学研究带来的挑战

目前全球存在大量放射性废物,同时也面临建设低碳发电站的迫切需求,这种局面意味着我们正处在实施放射性废物地质处置的关键时刻。在英国,长达半个世纪的核能发电和核武器生产导致英国遗存有庞大而复杂的核废物。事实上,英国是第一个实现核能发电的国家,并一直积极致力于研究和发展核电,也一直拥有全面的后处理方案,这意味着英国存有多种具有高度挑战性的核废物。在这一背景下,界定一些关键的观点和概念非常有用,可以使环境化学研究成功应对所面临的高放废物地质处置所带来的挑战:

(1) 对于中放废物(假设为水泥态废物且处于储存库中)来说,了解、预测废物及围岩环境在储存和处置过程中的腐蚀及演化过程等方面存在着诸多挑战。

(2) 微生物会影响放射性核素的溶解度[20]。然而,在地质处置条件下,关于放射性核素生物地球化学(尤其是包括超铀元素在内的长半衰期放射性核素对地质处置的重要影响)的基本定义比较模糊。电子供体(如核废物中的有机物、水辐解以及铁矿厌氧腐蚀所产生的氢气、地质处置设施中的铁材料本身)的存在,以及对"嗜极性"微生物能耐受高 pH 和极端辐射量的理解和认识进一步加深,意味着演变过程中的地质处置设施的整个生物地球化学基础对设施安全具有至关重要的作用。

(3) 对于高放废物/乏燃料而言,如果与中放废物储存在同一地质处置设施内,将面临一些技术难题,因为大部分中放废物都可能需要用水泥浇注与回填。虽然对中放废物和高放废物分别建设独立的"地下储存间"(综合考虑了预测的地下水文情况)也许能够解决这些难题,但是从化学角度而言,这种超碱性中放废物的处置理念与国际上高放废物和乏燃料的处置理念是相悖的。

（4）对英国某些特殊燃料（如改进型气冷反应堆的氧化物燃料）的长期存放特性还缺乏了解。

（5）胶体有可能影响放射性核素在地质处置设施内部和外部环境中的迁移。

（6）需要注意的是，有必要采用计算模型（从原子尺度到广域尺度）来增强用于评估地质处置设施性能的预测模型的准确性，这是因为科学研究无法在所有相关的时间和空间尺度下针对影响系统性能的所有因素开展实验（尤其是存在高放射性超铀元素的条件下）。

（7）使用放射性核素开展研究存在重大安全隐患，而且在过去数十年里，英国从事这些实验的基础设施和研究能力已经逐步弱化，因此，成功落实地质处置设施需要创新、协作和多学科领域的投入。

总之，应该认识到，安全落实英国地质处置设施会面临许多环境化学方面的技术挑战，包括：时间维度上，从亚微秒级到数百万年级的反应；空间维度上，从在分子级别上理解生物地球化学过程到在宏观尺度上建立传递模型；浓度维度上，从基本上为纯放射性核素（如 UO_2 燃料）浓度到亚摩尔级别（10^{-12}）的（可能从地下处置设施迁移到围岩层的）放射性核素浓度。英国的地质处置设施建设是独特的、令人兴奋的挑战，它需要跨学科的创新，同时应与广大公众建立密切联系并向其证明核废物处置办法的安全可靠。因此，放射性废物的处置将成为环境化学领域研究的焦点，这既可以让我们实现对困难且富有挑战的核废物的处置，也可以让我们考虑新建核反应堆以满足英国对未来能源的需求。

致谢

感谢 Francis Livens 教授的有益建议和对初稿的校阅；感谢英国环境研究委员会（National Environment Research Council，NERC）提供了遗留核废物处置的最新研究成果，尤其是 NE/H007768/1、NE/D00473X/1、NE/D005361/1。

参考文献

[1] Department for Environment, Food and Rural Affairs, Department for Business, Enterprise and Regulatory Reform, Welsh Assembly Government, and Department of the Environment Northern Ireland, Managing Radioactive Waste Safely: A Framework for Implementing Geological Disposal, 2008.

[2] Nuclear Decommissioning Authority and Department for Environment, Food, and Rural Affairs, UK Radioactive Waste Inventory 2007 Main Report, 2008.

[3] C. Sharrad, L. M. Harwood and F. R. Livens, Nuclear Power and the Environment, eds. R. E. Hester, J. M. Harrison, Royal Society of Chemistry, Cambridge, UK, 2011, pp. 39-55.

[4] Committee on Radioactive Waste Management, Managing our Radioactive Waste Safely-CoR-

WM's Recommendations to Government, CoRWM Document 700, 2006.

[5] UK Government, Response to the Report and Recommendations from the Committee on Radioactive Waste Management (CoRWM), 2006, www. defra. gov. uk/environment/radioactivity/waste/pdf/corwm-govresponse. pdf (accessed October 2010).

[6] T. D. Baldwin, N. A. Chapman and F. B. Neall, Geological Disposal Options for High Level Waste and Spent Fuel, Galson Sciences Limited report to NDA-RWMD, 2008.

[7] SKBF/KBS, Report on the Final Storage of Spent Nuclear Fuel-BS-3, 1983.

[8] SKB website and associated information materials, http: //www. skb. se (accessed October 2010).

[9] ONDRAF/NIRAS, Safety Assessment and Feasibility Interim Report. NIROND 2001-06-E-December 2001.

[10] ONDRAF/NIRAS website and associated information materials, www. nirond. be (accessed October 2010).

[11] T. W. Hicks, T. D. Baldwin, P. J. Hooker, P. J. Richardson, N. A. Chapman, I. G. McKinley and F. B. Neall, Concepts for the Geological Disposal of Intermediate-Level Radioactive Waste, Galson Sciences Limited report to NDA-RWMD, 2008.

[12] United States of America Department of Energy, Motion to Withdraw License Request for HLW Repository at Yucca Mountain, Nevada, 2010, http: //www. energy. gov/news/documents/DOE_Motion_to_Withdraw. pdf (accessed Oct 2010).

[13] UK House of Lords Science and Technology Select Committee Report on the Management of Nuclear Waste, 1999, http: //www. parliament. thestationery-office. co. uk/pa/ld199899/ldselect/ldsctech/41/4102. htm (accessed October 2010).

[14] Nuclear Decommissioning Authority, Geological Disposal: Steps Toward Implementation, NDA report number NDA/RWMD/013, 2010.

[15] Department for Business, Enterprise and Regulatory, Reform Meeting the Energy Challenge: A White Paper on Nuclear Power, 2008.

[16] Nuclear Decommissioning Authority, Generic Design Assessment: Summary of Disposability Assessment for Wastes and Spent Fuel arising from Operation of the UK EPR, 2009.

[17] Nuclear Decommissioning Authority, Generic Design Assessment: Summary of Disposability Assessment for Wastes and Spent Fuel arising from Operation of the Westinghouse AP1000, 2009.

[18] Nuclear Decommissioning Authority, Draft Strategy Published for Consultation, 2010.

[19] NIREX, Generic Repository Design, Nirex Report N/077, 2003.

[20] J. R. Lloyd and J. Renshaw, Microbial transformations of radionuclides: fundamental mechanisms and biogeochemical implications in Metal Ions in Biological Systems, ed. A. Sigel, H. Sigel and R. K. O. Sigel, CRC Press, Boca Raton, FL, USA, 2005, vol. 44, 205-240.

[21] POSIVA website and associated information materials, http: //www. posiva. fi/en (accessed October 2010).

[22] ANDRA website and associated information materials, http: //www. andra. fr (accessed

October 2010).

[23] ANDRA, Dossier 2005 Argile. Synthesis: Evaluation of the Feasibility of a Geological Repository in an Argillaceous Formation, Meuse/Haute-Marne Site, ANDRA, France, 2005.

[24] NAGRA, Project Opalinus Clay Safety Report, NAGRA technical document NTB02-05, 2002.

[25] DBE Technology website and associated information materials, www.dbetec.de/en/about-dbe-tec/publications(accessed October 2010).

[26] Committee on Radioactive Waste Management, CoRWM's Radioactive Waste and Materials Inventory, CoRWM Document 1279, 2005.

第 7 章
环境中放射性物质的传播途径

JOANNA C. RENSHAW, STEPHANIE HANDLEY-SIDHU
AND DIANA R. BROOKSHAW

摘要：放射性核素在环境中的排放和传播广受公众关注。环境中放射性核素主要来源于核武器试验和生产，以及与核燃料循环过程相关的泄漏。核武器试验是大气放射性污染的主要来源，它造成了全球范围的低水平污染，而进行核武器生产和核燃料循环使用的地区的局部污染水平更高，与此同时，这些污染物通过水体扩散造成了严重的环境问题。放射性物质在大气中的迁移取决于其性质和气象条件，在地表水和地下水环境中的迁移受水体循环系统的物理过程（如对流等）以及生物地球化学等条件控制。在流动特征显著的水体中，对流是主要的传播过程，但随着水力传导系数的降低，化学过程及环境条件逐渐成为影响放射性核素迁移的重要因素。系统中液相化学条件（如离子强度和配体浓度）、E_h（化学键能）和矿物相的性质等因素对放射性核素的形态有着至关重要的影响，它们决定了放射性核素的液相、固相比例，并最终影响核素的迁移。了解这些参数之间复杂的相互作用，对预测放射性核素的环境行为及其在环境中的迁移是非常必要的。

7.1 引言

过去 70 年里进行的核武器试验和核能项目是放射性污染的主要来源[1-2]。除此之外，其他来源还包括医药行业和工业领域放射性材料的事故性排放、其他工业过程（主要是采矿和矿物加工）中放射性核素的自然排放以及近年来贫铀武器的大量使用[2]。在环境中，放射性核素可经由大气和水生系统（地表水及地下水）迁移。图 7.1 总结了放射性核素的主要来源以及控制放射性核素迁移的自然途径和关键过程。核武器试验已经成为全球放射性核素的主要来源，经大气传播形成低水平的污染，同时其他来源的放射性核素造成局部地区的高水平污染，这些污染经由水生途径传播可快速进入食物链，造成现实的环境风险。本章对环境中放射性核素迁移的主要途径和控制放射性核素迁移的因素进行了综述，重点探讨控制放射性核素在水生系统中传播的地球化学因素。

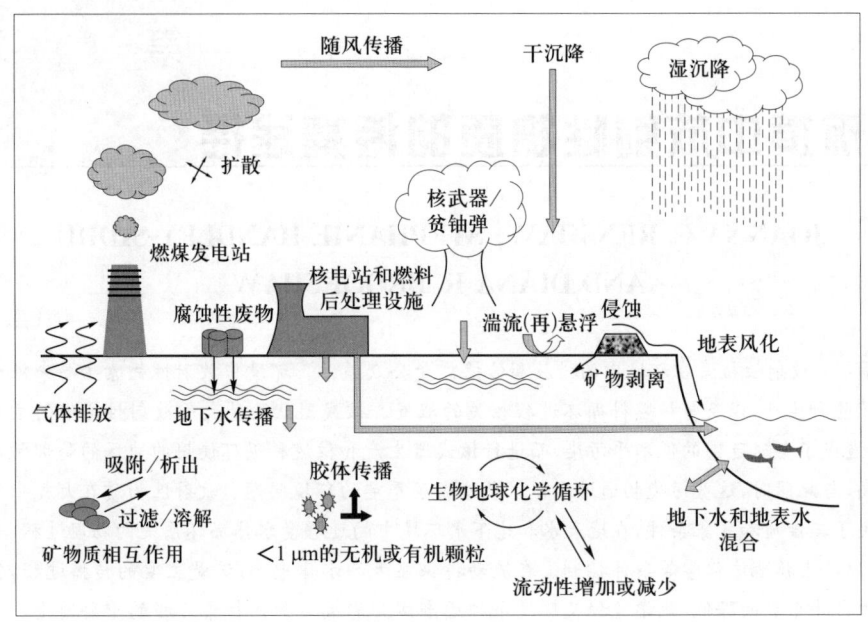

图 7.1 放射性核素的主要来源以及控制放射性核素迁移的环境途径和关键过程

7.2 环境中放射性核素的来源

7.2.1 核武器

排放到环境中的总放射性中,核武器试验占据了很大的比例,约 2×10^8 TBq 的放射性物质被排放到大气中,使其成为大气中放射性核素的主要来源[3]。表 7.1 列出了大气层核试验产生和排放的放射性核素[4]。核武器试验排放出来的放射性物质大多数半衰期较短,因此大气中的放射性水平于 20 世纪 60 年代达到顶峰后迅速下降;余下的放射性来自于长半衰期的 ^{14}C,因此后期放射性水平下降速度非常缓慢[4]。大气层核试验产生的放射性落下灰还会污染地表水体和陆地的环境,其覆盖范围既可能是本地的(距试验地点 100 km 以内),也可能是区域性的(距离试验地点可达数千公里),甚至是全球性的,放射性落下灰的扩散取决于爆心所处的海拔、纬度以及爆炸当量[5-6]。

尽管核武器试验造成的全球污染大多数比较分散且辐射水平较低,但核武器试验和生产地点附近的放射性水平仍非常高。在美国,能源部武器生产设施附近有超过 7 000 万立方米的土壤、18 亿立方米的水受到污染[7]。在俄罗斯,位于车里雅宾斯克地区的马亚克核设施从事武器级钚生产约 40 年,生产和偶然排放造成该处及周边地区发生了严重的污染[8-9]。1949—1956 年,约 10^5 TBq 放射性废液从该设施排进捷恰河,其中放射性物质主要是 $^{89+90}$Sr(20.4%)、^{137}Cs(12.2%)、稀土同位素

(26.8％)、^{95}Zr-^{95}Nb(13.6％)和Ru同位素(25.9％)[9-10]。在同一地点,由于高放废液罐爆炸致使约$7.4×10^4$ TBq放射性物质泄漏,污染了约20 000 km^{2}土地(浓度超过4 000 Bq·m^{-2})[8,11]。地下核试验产生的氚、裂变产物、聚变产物、锕系元素等造成了浅表层的污染[2,12]。在美国主要的核武器试验基地——内华达州试验基地进行的828次试验共造成约$1×10^7$ TBq放射性物质排入了浅表层[13]。截止到1992年(最后一次核试验),衰变后的放射性核素残余量为$4.86×10^6$ TBq,其中绝大部分放射性是由^{3}H、^{137}Cs、^{90}Sr、$^{241+239}$Pu、^{85}Kr、$^{152+154}$Eu和^{151}Sm[14]造成的。当然,随着短半衰期放射性核素衰变以及子代放射性核素的出现,残余量会发生改变;浅表层中残余放射性核素将主要是长半衰期放射性核素(如铀、钚、镎和镅等)。

表7.1 大气层核试验所产生的放射性核素及其在全球分布情况[4]

放射性核素	半衰期	总释放量/pBq	放射性核素	半衰期	总释放量/pBq
H-3	12.33 年	186 000	Sb-125	2.76 年	741
C-14	5 730 年	213	I-131	8.02 天	675 000
Mn-54	312.3 天	3 980	Ba-140	12.75 天	759 000
Fe-56	2.73 年	1 530	Ce-141	32.5 天	263 000
Sr-89	50.53 天	117 000	Ce-144	284.9 天	307 000
Sr-90	28.78 年	622	Cs-137	30.07 天	948
Y-91	58.51 天	120 000	Pu-239	24 110 年	6.52
Zr-95	64.02 天	148 000	Pu-240	6 583 年	4.35
Ru-103	39.26 天	247 000	Pu-241	14.35 年	142
Ru-106	373.6 天	12 200			

7.2.2 核燃料循环

核燃料循环是放射性废物和污染的另一个主要来源[2,7]。就数量而言,最大的污染源来自铀矿开采及加工[15]。铀矿开采产生了约$9.37×10^8$ m^{3}的尾矿,其放射性活度从小于1到大于100 Bq·g^{-1}不等[16]。这些尾矿中含有铀及其衰变产物,以及放射性气体氡。尽管目前尾矿均得到较好的维护,但是仍然有许多废弃多年的开采基地需要修复,特别是在东欧和苏联[4,16]。

放射性污染也来自乏燃料(民用、军用)的加工和后处理过程,它们将导致局部的高浓度污染[1,17]。排放到环境中的污染物主要为经政府批准排放到大气、地表水和地下水中的污染物,以及储存容器的事故性排放和泄漏的污染物[18,21](见表7.2和表7.3)。在英国塞拉菲尔德,经政府批准向大气和海洋中排放核废物的历史已经超过40年。历史上,排放的废液(通过管道进入爱尔兰海)主要来源于后处理工艺的废液和燃料储存池的水;图7.2中列出了放射性核素在1952—1992年的排放情况[22]。排入海洋的放射性水平在 20 世纪 70 年代中后期达到峰值,此后开始降低。

表 7.2 1999—2003 年,每年从欧洲乏燃料后处理厂排放到大气中的 ^{14}C、^{3}H、^{129}I、^{85}Kr 以及总 β/γ 射线(不包括 ^{14}C、^{3}H 和 ^{129}I)和总 α 射线的活度[21]　　单位:GBq

年份	^{14}C	^{3}H	^{129}I	^{85}Kr	总 β/γ	总 α
1999	2 719	3.2×10^5	33.47	3.86×10^8	3.64	0.22
2000	2 676	2.85×10^5	32.06	3.08×10^8	3.00	0.13
2001	972	3.05×10^5	24.42	3.31×10^8	2.88	0.11
2002	857	3.17×10^5	31.49	3.46×10^8	2.84	0.07
2003	737	4.41×10^5	22.26	3.72×10^8	3.91	0.17

表 7.3 1999—2003 年,每年从欧洲乏燃料后处理厂排放到水体中的 ^{14}C、^{3}H、总 β/γ 射线(不包括 ^{14}C 和 ^{3}H)、总 α 射线和铀的活度[21]　　单位:GBq

年份	^{14}C	^{3}H	总 β/γ	总 α	铀
1999	1.57×10^4	1.54×10^7	1.48×10^5	217.75	545.86
2000	1.31×10^4	1.28×10^7	1.15×10^5	206.16	614.70
2001	1.67×10^4	1.22×10^7	1.63×10^5	279.30	392.84
2002	2.09×10^4	1.52×10^7	1.69×10^5	495.22	444.64
2003	2.57×10^4	1.58×10^7	1.25×10^5	503.55	488.38

注:其中除铀以 kg/a 计外,其他元素以 GBq/a 计。

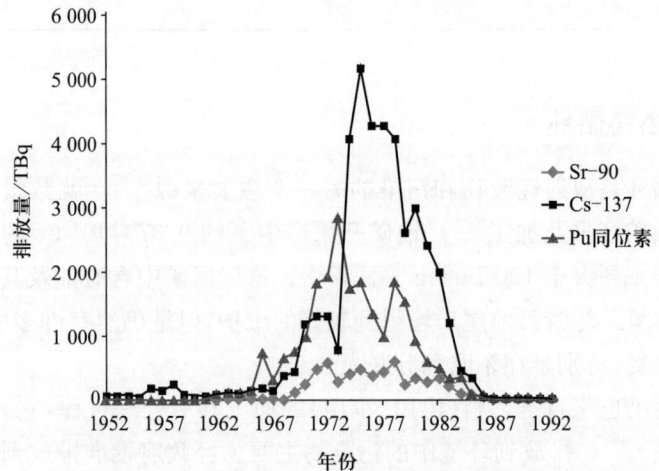

图 7.2 1952—1992 年,塞拉菲尔德排入爱尔兰海的几种放射性核素的数量
(钚的同位素为 ^{238}Pu、^{239}Pu 和 ^{241}Pu)[22]

储存设施泄漏也会造成严重的局部污染。在美国汉福德基地(原来的钚生产厂),约有体积为 570 m³、放射性活度为 3.7×10^4 TBq 的废料从地下储存罐中泄漏[7]。

与核武器相比,尽管民用核燃料循环过程中向大气排放的污染物较少,但是核燃料循环的各阶段仍会造成大气污染。例如铀矿开采和加工过程中会产生氡气,而废料随风传播也会导致污染范围的扩大[23-24]。

7.2.3 贫铀

除了核武器试验,环境中放射性核素的另一个军事来源是最近战争冲突中使用的贫铀弹。贫铀是核燃料浓缩过程的一种副产物,由于具有密度高、强度高和易于自燃的特性而被用于穿甲弹[25]。在第一次海湾战争中,美军使用了近 320 t 的贫铀弹[26]。2003 年伊拉克战争中美军发射的贫铀弹数量虽未公布,但据推测,其使用量为 170~1 700 t[27]。尽管贫铀比天然铀的放射性低,但其放射性和化学毒性可能对健康造成双重损害[26,28]。

7.2.4 天然放射性物质

天然的放射性同位素包括原生放射性物质(伴随地球的形成产生,如 ^{40}K、^{238}U 和 ^{232}Th)及其衰变产物、宇生放射性物质(由宇宙射线照射产生)[4,29]。原生放射性核素以及 ^{238}U、^{232}Th 的衰变产物是造成环境污染的主要因素[30],它们的浓度受环境影响较大,且与地质条件有关[4]。采矿和矿物加工等活动增加了天然放射性核素的迁移和照射机会,尤其是磷酸盐生产[31-32]、石油开采和发电厂的煤炭燃烧(含微量放射性核素)[31,33-34]。不同类型的煤炭中,放射性物质的浓度分别是:^{238}U 的含量为 12~435 Bq·kg^{-1},^{226}Ra 为 21~309 Bq·kg^{-1},^{232}Th 为 7.5~56 Bq·kg^{-1},^{40}K 为 6~398 Bq·kg^{-1}[34]。在发电厂,煤燃烧产生的灰烬富含金属和放射性核素。不同发电厂排放到大气中的煤灰量也是不同的,老式发电厂为 10%,新式发电厂(排放受控)为 0.5%[35]。另外,煤燃烧也会排放氡。

与民用和军用核项目相比,尽管其他工业活动在全球范围内造成的天然放射性核素污染相对较小,但是仍可能对局部地区造成高浓度污染。2002 年 Flues 等[35]发现,在距离 10 MWe 燃煤发电厂 1 km 范围内,天然放射性核素(^{232}Th、^{226}Ra 和 ^{210}Pb)的浓度增加了 1~3 倍,也有报告称,燃煤发电厂内部和周边的氡含量较高,但其剂量小于所推荐的职业辐照限值[36]。

7.2.5 事故性排放

从核设施或其他设施(如工业或医学)事故性排放的放射性核素是一个比较重要的放射性污染来源,其中切尔诺贝利和福岛核事故造成的排放量最大[4]。切尔诺贝利核事故,有 1.76×10^{18} Bq 的 ^{131}I 和 8.5×10^{16} Bq 的 ^{137}Cs 排放到大气中;初步数据估计,2011 年 3 月 11 日至 4 月 5 日期间,福岛核事故中,有 1.5×10^{17} Bq 的 ^{131}I 和

1.2×10^{16} Bq 的 ^{137}Cs 排放到大气中(引自日本核安全委员会 2011 年 4 月 12 日发布的数据)。本书第 3 章对核事故展开过详细讨论。在其他意外事故中，最严重的事故发生在 1987 年的巴西戈亚尼亚(Goinaia)。当时从废弃诊所的一台癌症治疗设备中拆下来的一块放射源被卖给了一名废品经销商，这名经销商打开了这块含有 50.9 TBq ^{137}Cs(类似于荧光粉)的放射源[37-38]。这种材料引起了废品经销商的极大兴趣，并将其分享给家人和朋友，结果造成 249 人受染，其中 21 人患急性放射病，4 人死亡，6 人病重。在戈亚尼亚有 7 处总占地 5 000 m² 的场所都发现了高浓度污染，清除工作包括拆除受染房屋、建设放射性废物储存库等[38]。

7.3 主要污染物的环境化学研究

放射性废物包含多种同位素，其中多数为短半衰期或稳定的(即无放射性)同位素。造成环境问题的放射性核素是那些半衰期长、放射性强、数量较多、具有生物相容性的核素。表 7.4 列出了一些主要的放射性核素污染物的性质。除 ^{60}Co 以外，表中所列均为核武器试验和核燃料循环排放到环境中的放射性核素，其中铀和氡也可以是天然的，^{60}Co 被广泛应用于需要放射源的医学和工业领域，它是由中子与 ^{59}Co 聚合产生的。

表 7.4 主要的放射性核素污染物

	氧化态	主要同位素	半衰期	主要衰变方式
裂变产物				
锶	+2	^{90}Sr	29.1 年	β
锝	+4,+7	^{99}Tc	2.15×10^5 年	β
碘	−1, 0, +5	^{129}I	1.57×10^7 年	β, γ
铯	+1	^{137}Cs	30.17 年	γ
锕系元素				
铀	+3,+4,+5,+6	^{238}U	4.47×10^9 年	α
镎	+3,+4,+5,+6,+7	^{237}Np	2.14×10^6 年	α
钚	+3,+4,+5,+6,+7	^{238}Pu	87.7 年	α
		^{239}Pu	2.41×10^4 年	α
		^{240}Pu	6.55×10^5 年	α
		^{241}Pu	14.4 年	β
镅	+3,+4,+5,+6,+7	^{241}Am	432.7 年	α
其他				
钴	+2,+3	^{60}Co	5.271 年	β, γ
氡	0	^{222}Rn	3.8 天	α

许多放射性核素具有生物相容性。例如氡为气态,吸入会致癌,在美国,它是导致肺癌的第二大因素[39];Sr^{2+}与Ca^{2+}类似,会在骨骼里累积;Cs^+与K^+类似,通过K^+在体内的迁移机制而运送到细胞内;^{99}Tc和^{129}I则累积在甲状腺里[40-41]。

放射性核素在环境中的最终形态由多种因素决定,这些因素将在7.4、7.5节中详细讨论。放射性核素的氧化态对其化学特性、迁移特性和生物相容性有着显著影响,特别是对于氧化还原性较强的放射性核素。从表7.4可以看出,锕系元素存在一系列的氧化态,化学性质相当复杂。铀在环境中最稳定的氧化态为U^{6+}(如UO_2^{2+}),但是它在还原条件下仍能以U^{4+}稳定存在[42]。镎和钚在环境中最稳定和最常见的氧化态分别为+5价(如NpO_2^+)和+4价。但是,镎仍可以+4价和+6价形式存在,钚也可以+3价和+5价形式存在[43]。价态更高、更稳定的+5价与+6价锕系元素氧化态往往更容易溶解、更易迁移,同时+4价锕系元素具有较高的电荷/半径比,易于水解和聚合形成胶体和沉淀,易于吸附到矿物表面[1,44]。

表中所列的核裂变产物中,锝和碘易于发生氧化还原反应,但铯和锶只有一种稳定氧化态,分别为Cs^+和Sr^{2+}。因此,改变氧化还原条件并不会直接影响铯和锶的化学性质,但Cs^+和Sr^{2+}的环境行为和生物相容性与其氧化态有关。Cs^+具有低电荷密度,意味着它易于通过较弱的静电相互作用而非共价键形式与配体结合,故而溶解度较高、易于迁移,但是它与矿物相的相互作用又会阻滞其迁移过程[44]。比如,Cs^+和Sr^{2+}不能与配体发生牢固的络合反应,往往溶解在环境中,但它们能与碳酸钙或硫酸钙共沉淀[44-45]。锝的迁移特性主要由其氧化态决定,它在环境中有+7价和+4价两种稳定的氧化态。有氧条件下,锝以+7价形式(如TcO_4^-)存在,溶解性强、易于迁移;还原条件下,Tc^{4+}很稳定,一般以不溶性TcO_2存在[2]。碘在环境中的重要氧化态为-1价,0价和+5价。在水中,主要以+5价(如IO_3^-)和-1价(如I^-)形式存在;但在土壤中,碘大部分以有机物形式存在[1-2]。钴的氧化还原性相对简单,只有+2价和+3价这两种稳定的氧化价态,溶液中主要以Co^{2+}形式存在,比Co^{3+}氧化态更易溶解,但Co^{3+}能与某些配体结合形成稳定态化合物而发生迁移(见7.5.3节[46-47])。

7.4 影响放射性核素在大气中迁移的过程和因素

放射性核素能够以气体、气溶胶或颗粒物的形式进入大气。悬浮态放射性核素的迁移取决于粒径大小,大颗粒的沉降速度比小颗粒更快。排入大气后,放射性核素的分布主要受气象条件(如风、湍流、对流、降雨、降雪等)、放射性衰变和扩散的影响。

大气层核试验释放的放射性碎片,其迁移取决于爆炸的高度和当量、碎片性质、试验场位置和当时的气象条件。由于耐热性强的放射性核素(如钚、^{95}Zr和^{144}Ce)主要呈颗粒状[5,48],与易挥发的放射性核素(如^{137}Cs和^{131}I)相比,它们的沉降速度较快、扩散范围较小[49]。试验中,放射性碎片进入不同高度的大气层,这主要取决于试验高度和爆炸当量:低当量试验释放的碎片会进入对流层,随着爆炸当量的增加,大量放射性物质排放到平流层[50]。由于试验在地球表面附近进行,据估计大约有50%的碎片沉降到当地或试验区域内,剩余的则在更广范围内扩散[5,49]。由于大气层湍流运动,1~2周后,排放到对流层(底层大气)的碎片就能够扩散到距试验地点数千公里以外的地方[49-50]。粒状碎片主要伴随降水过程从对流层中降落下来,部分也会发生干沉降[50]。排放到平流层的放射性碎片在大气中停留的时间比排放到低海拔碎片的停留时间长(超过1年),以至于其扩散区域更广、主要靠降雨沉降[6,10]。因此,与试验场当地的污染相比,因平流层沉降下来的放射性污染对全球范围的影响主要来自长半衰期的放射性核素[6,49]。2004年,Simon等[6]调查了内华达州试验基地(the Nevada Test Site,NTS)及全球放射性落下灰在美国的地理分布。结果显示:来自NTS低当量试验的放射性碎片,其分布主要取决于试验期间的季风和当地的降雨情况,总体上在基地正东方向的沉降水平最高;全球性放射性落下灰在美国东部和中西部地区的沉降水平远高于西南部地区,这主要是由这些地区相对较高的降水量决定的。

随着贫铀武器的使用以及铀矿开采和加工,更多的放射性核素排放到区域性大气中。当贫铀弹药击中目标时,约10%~35%(最高达70%)的贫铀形成气溶胶,绝大多数的尘埃粒径小于$5\mu m$[26]。贫铀颗粒的传播取决于粒子属性(如粒径和密度)和当时的气象条件[51]。对战后科索沃、波黑等地区的调研显示,贫铀污染可以扩散到距撞击点200 m以外的区域[52-53]。2009年,Lloyd等[54-55]调查了美国纽约州的柯隆尼(Colonie)金属铀和贫铀加工厂在焚烧废弃金属过程中产生的气溶胶分布情况。结果显示:由于受季风影响,贫铀气溶胶一度扩散到距离工厂600 m以外的区域;据估计至少有3.4 t铀沉降到工厂周边1 km的范围内[56];同时风和人为干扰也会造成贫铀尘埃的再悬浮。

铀矿开采和铣削过程中产生的氡气会排入大气,在干旱条件下,放射性颗粒的风载扩散也会造成大面积污染[16,57]。2006年,Lottermoser和Ashley[58]考察了澳大利亚南部一个重新运营的铀矿所产生的放射性废物的物理扩散过程。结果显示:在半干旱条件下,放射性颗粒随风扩散的现象十分显著,在主要的尾矿储存设施的东北和东南部两侧80 m范围内,散布的残渣颗粒厚达10 cm(侧面反映出当地盛行的风向);当地一处面积为$1 km^2$区域内的铀浓度大于$100 mg·m^{-3}$,另一处面积为$2 km^2$区域内的铀浓度为$10\sim100 mg·m^{-3}$;浅表层或废料中蕴含的氡主要靠扩散释放到大气中,它主要受风的水平对流和气压影响,同时采矿活动也将增加其排放概率[24,59]。

尽管辐射水平非常低,全球范围内都检测到了福岛核电站事故排放到大气中的放射性物质。2011年3月14日,即地震和海啸引起核反应堆损坏后的第3天,从事核辐射监控的全面禁止核试验条约组织的筹备委员会在俄罗斯东部检测到微量的放射性物质。3月16日在美国西海岸检测到了放射性物质,事故发生15天后整个北半球都检测到了放射性物质。以赤道为南北半球大气的分界线,最初放射性物质的扩散仅限于北半球,4月13日以后,来自福岛的放射性物质已经扩散到南半球。

7.5 影响放射性核素在水生系统中迁移的过程和因素

由于化学形态决定了放射性核素的溶解性、表面活性等与表面作用相关的性质[15],任何放射性核素的环境行为和迁移能力都取决于其化学形态[60]。而化学形态又主要取决于生物地球化学条件,如 pH、E_h、络合剂的存在和系统中矿物质的表面性质,以及这些因素间的相互作用等,这些因素影响了放射性核素的固、液相比例[15,61-62]。图 7.3 描述了控制放射性核素形成的关键地球化学过程及其影响因素,如吸附和(共)沉淀等过程可能会阻碍放射性核素的迁移,而溶解、络合以及形成胶体的过程可能使放射性核素留存于液相从而提高其迁移能力。

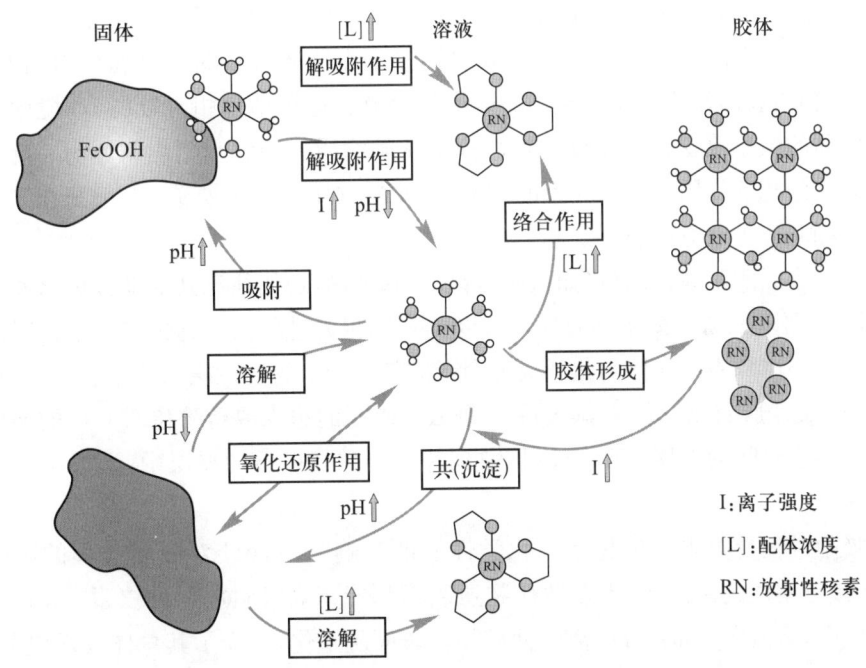

图 7.3 控制放射性核素形成的关键地球化学过程及其影响因素

不同水生环境的生物地球化学特性也不同。地表水可分为淡水区、咸水区与混合区域(苦咸水域或河口)。在淡水区,河流和溪流近于中性 pH,离子强度和氧化能力低。在流动性显著的水生系统中,水平对流传输(由整体水流产生的溶质传输)占主导地位。然而,当水力传导系数降低时(如在地下水中),水平对流传输对溶质迁移的影响很小[63],而化学梯度驱动和扩散过程就变得越来越重要[64]。在湖泊、水库或河口环境里,水的混合作用有限,能够形成不同 pH、E_h 的区域[43,65]。在这种环境下,促进阻滞过程的还原条件更强,例如微生物能够还原易于氧化还原的放射性核素,从而限制其迁移。在地下,放射性核素作为溶质被地下水流传输,所以地下水的生物地球化学条件将显著影响核素的迁移作用。由于氧的渗透量较小,地下水通常呈还原性。

7.5.1 矿物质表面吸附

放射性核素在浅表层的阻滞效应主要来自它们与矿物质之间的相互作用[61]。矿物质表面对放射性核素的吸附受矿物质表面的结构和电荷的影响[42]。放射性核素与矿物质之间存在许多作用机理,包括离子交换、化学吸收和物理吸附[45]。在离子交换过程中,被吸附的放射性核素离子与矿物质结构内部的相似带电离子进行交换,例如 Cs^+ 和黏土矿进行阳离子交换就是 Cs^+ 迁移的关键过程之一[44]。被吸附的放射性核素阳离子通过共价键与矿物表面键合,形成内部球形复合物的过程,被称为化学吸收反应[45,66]。键合作用只能发生在矿物表面的特定位置,键合强度取决于金属离子。例如,U^{6+} 就可以通过这种方式与四方纤铁矿(针铁矿和水合氧化铁)或云母(白云母和绿泥石)键合[66,68]。放射性核素也能通过较弱的范德华力(物理吸附)与矿物质表面作用[69],形成外部球形复合物。这种结合相对较弱,环境中地球化学性质的微小改变就能导致放射性核素从矿物质表面解吸附出来。Sr^{2+} 与许多矿物表面的相互作用就是最典型的实例,这些矿物质包括水铁矿[66]、细菌性铁氧化物[70]、高岭土[71]和方解石[72]。

矿石表面的不规则部位(如扭曲、台阶位和蚀刻点)往往比其他部位更易发生反应,成为吸附[66]、矿石微生物介导溶解以及其他相关过程的首选位置[73-74]。吸附位置的空间环境和表面配体的化学成分会影响其对特定放射性核素的亲和力。例如,伊利石[75]、蒙脱石、蛭石[76]、黑云母[73]等云母矿石的边缘或台阶位对 Cs^+ 的亲和力较高。随着时间的推移,Cs^+ 可以扩散到片状硅酸盐矿石的夹层中,形成不可逆转的吸附[77]。

吸附过程受溶质的生物地球化学性质的影响[61,78],pH 对吸附过程的影响极大:在接近中性的条件下,大多数矿物质表面都能有效吸附放射性核素[79];在偏酸性环境中,溶液中大量的 H^+ 离子使矿物质表面质子化,改变了其总体表面电荷;在碱性环境中,OH^- 离子与放射性核素阳离子结合减少了阳离子的正电荷。这两种效应均降低了放射性核素和矿物质表面的静电亲和力,从而降低了吸附效果。

液相中的离子强度和阳离子浓度也会影响矿物质表面的吸附作用。离子强度的增加,既降低了溶液中放射性核素的活度,又改变了矿物质表面的有效电荷,这两种情况都会降低矿物质表面的络合作用[62]。液相中离子强度的改变也将导致放射性核素的解吸附。Standring 等[9]调研了马亚克基地沿捷恰河水系修筑的 10 号水库中的底泥,对 ^{137}Cs、^{60}Co、^{99}Tc 和 ^{90}Sr 等核素的再活化潜能进行的研究发现,捷恰河水系中底泥对铯和锝的吸附相对不可逆,而当与淡水或海水混合时,大部分底泥吸附的锶和钴可能会再活化。解吸附效应在海水中明显增强，这主要是因为海水具有较高的 pH 和离子强度。

吸附性能可能会因矿物质表面存在的涂层而改变，但这一影响效果取决于放射性核素[78]。与无涂层的矿物质表面相比，覆有铝涂层的伊利石、高岭石和蒙脱石表面对 Sr^{2+} 的吸附能力有所增强[80]。矿物质表面腐殖质层对 Sr^{2+} 的吸附没有明显影响，但与无涂层的矿物质表面相比，对 Cs^+ 的吸附能力有所降低。由于吸附系统的特性差异较大，这种作用对不同种类黏土矿的影响是不同的（对伊利石影响最大、对高岭石影响最小）[80]。矿石表面的生物覆盖层（如细菌生物膜）可以屏蔽矿物质表面现有吸附位，从而改变矿物质表面的反应性。2007 年，Anderson 等[81]发现花岗石"断裂表面"上的一种生物膜能降低对 Am^{3+}、Pu^{4+} 和 Np^{5+} 的吸附能力，这是因为该生物膜能够降低放射性核素在矿物表面的扩散能力从而阻滞吸附作用。

7.5.2 氧化还原反应

对于易于发生氧化还原反应的放射性核素（如铀、锝、镎和钚），其氧化态是影响迁移的主要因素之一，它能影响放射性核素的沉降、络合、吸附和胶体形成。一些主要的放射性核素在 pH 为 7 时的氧化态如图 7.4 所示。微生物的新陈代谢过程需使用末端电子受体（terminal electron acceptors，TEA），包括一些易于氧化还原的放射性核素，所以能够促进多种氧化还原作用来氧化有机物质。每利用一个末端电子受体所获得的能量都会影响到对末端电子受体的利用速率和顺序。典型的末端电子受体还原性顺序为 $O_2 > NO_3 > Mn^{4+} > Fe^{3+} > SO_4^{2-} >$ 甲烷[17]，但放射性核素（如铀和锝）也可以作为末端电子受体。在 Fe^{3+} 和 SO_4^{2-} 还原条件下，U^{6+}（如 UO_2^{2+}）和 Tc^{7+}（如 TcO_4^-）可分别被多种微生物还原成迁移性较低的 U^{4+} 和 Tc^{4+}[1,82-83]。一些研究也报道了微生物对镎和钚的还原作用[84-85]。有报告称，*Geobacter sulfurreducens* 和 *Shewanella oneidensis* 能将 Pu^{4+}（例如，无固定形态的 $Pu(OH)_4$）慢慢还原成 Pu^{3+}；由于存在一种内源性氧化还原介质——核黄素，所以 *Shewanella oneidensis* 的还原性更强[84]，它与一种硫酸盐还原菌的混合菌团能将可溶性 NpO_2^+ 还原成不溶性的 Np^{4+}[85-86]。

除被微生物直接还原外，易于氧化还原的放射性核素的氧化态也会受微生物所产生的具有氧化还原作用的物种、活性矿物相以及矿物质的微生物演化物所影响。暴露在矿物质外表面的具有氧化还原作用的离子，如硫铁矿（FeS）中的硫或铁，能够将其吸附的放射性核素（如 U^{6+} 和 Tc^{7+}）还原[87]。这一性质改变了之后的再活化过程，使氧化（而不是溶液中存在的竞争性阳离子或 pH 变化）成为放射性核素再次悬浮的主要途径。Livens 等[87]发现，当引入氧气后，已被还原的铀易于被再氧化和解吸附。土壤中还原性铁质沉积物也可以通过类似的表面-介质还原作用将 Tc^{7+} 还原成 Tc^{4+}[88]。然而，与铀相比，锝与硫铁矿结合在一起时，不会轻易被氧气再活化[89]。

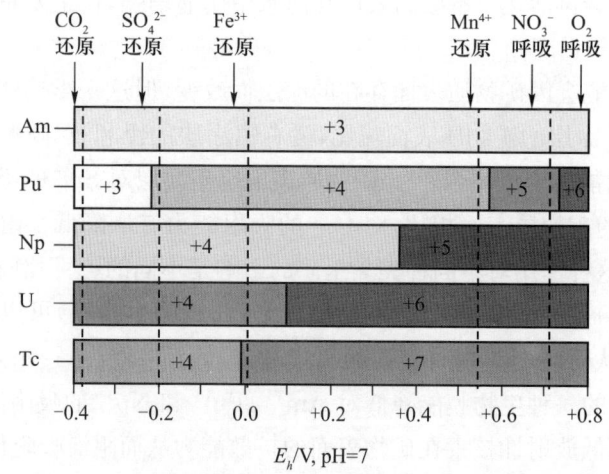

图 7.4 主要放射性核素的氧化态随 E_h 值的变化情况

在 0.01 mmol·L^{-1} 氯化钠水溶液中,pH=7,二氧化碳平衡大气压,改编自 Morris 和 Raiswell[17]。
锝的数据通过模拟地下水实验获得(pH=7,二氧化碳平衡大气压,改编自 Hu 等)[143]

细菌可以还原锁定在矿物结构里的过渡金属(尤其是铁和锰)[90-91],这会改变反应表面的特性、产生新的活性矿物相或释放具有氧化还原作用的物种到溶液中[15,74]。特别是含铁矿物,它还有一个重要作用:作为微生物厌氧呼吸和易于氧化还原的放射性核素之间的媒介。微生物还原含铁矿物释放出的亚铁与溶液中的一些配体和矿物相反应,形成一系列新的含铁化合物,如氢氧化物(磁铁矿、针铁矿)[92]、碳酸盐(菱铁矿)或磷酸盐(蓝铁矿)[93]和其他物质。虽然很难预测环境中的矿物相成分,但是因为溶液中存在大量的 CO_3^{2-}、OH^- 配体,所以矿物相的主体很可能是碳酸盐或氢氧化物。Wildung 等[88]研究了美国大西洋沿岸浅含水层底泥中的锝,Tc^{7+} 的还原过程主要由底泥中存在的大量易溶出性(活性较高)Fe^{2+} 控制。其他研究也发现,Tc^{7+} 可被生物所产生的 Fe^{2+} 还原成 Tc^{4+}(生物所产生的 Fe^{2+} 易与 TcO_2 相结合)[94-95]。在已还原底泥的再氧化过程中,锝发生了明显的再氧化和再活化,这一过程取决于氧化剂的性质:当底泥被空气再氧化时,大部分(50%~80%)已还原固化的锝发生了再氧化和再迁移;当氧化剂是硝酸盐时,锝的再氧化能力较弱(<10%)[96-97]。生物还原也可能导致矿物相的溶解和吸附位减少[98]。细菌可还原具有不同结晶度的四方纤铁矿(如赤铁矿、针铁矿、纤铁矿和施氏矿,甚至云母,如黑云母[101]、蒙脱石[102-103]和伊利石[99,104]等)中的铁[99-100]。这可能导致已吸附或纳入矿物相的放射性核素发生重新释放和再迁移。2009 年,Langley 等[105]调查了微生物对吸附到细菌性铁氧化物中的锶的影响。结果发现:铁氧化物中铁离子的微生物还原使锶发生了再度迁移,溶液中锶的浓度增加了,这可能是由吸附位的减少造成的。然而,作者也指出,在一个自然系统中,再度迁移的锶将在对流作用下向上传输,之后被水体表面新生成的细菌性铁氧化物重新捕获,再次阻滞其传输。

在接近中性的条件下，Fe^{2+} 或 Mn^{2+} 的非生物或生物氧化作用会形成新的氢氧化物[106-107]。这些二级矿物质具有表面积大、晶体粒度小的特点，且有非常高的吸附能力[106-107]。据报道，浓度低时，氧化铀会在生物矿化氧化锰上形成内部球形络合物[108]；浓度高时，U^{6+} 可被高效捕获，并被纳入氧化物结构内；直径较大的阳离子会造成锰氧化物晶格变形，形成类似于隧道结构的矿物。这一结论表明，溶液化学性质对矿物质形成、生物矿化过程以及溶液中存在的放射性核素具有重要作用。

7.5.3 络合反应

水环境中，阳离子都会与水分子（水合）或与水中存在的其他配体络合。自然环境中含有各种常见的配体（如 CO_3^{2-}、OH^-、Cl^-）以及能与放射性核素络合的天然有机物。此外，合成的有机配体还会以复合污染物的形式存在。对于锕系元素，无机配体的络合强度顺序为（由高到低）：CO_3^{2-}，$OH^- >$ HPO_4^{3-}，F^-，$SO_4^{2-} >$ NO_3^-，Cl^-[109]。锕系元素与阴离子配体通过很强的离子键络合，其络合强度与锕系元素的电荷量有关，因此络合作用的趋势为 $An^{4+} >$ $AnO_2^{2+} >$ $An^{3+} >$ AnO_2^{+}[110]。自然界中最重要的无机配体是碳酸盐，它无处不在（浓度范围从地表水中的 10^{-5} mol·L^{-1} 至地下水中的 10^{-2} mol·L^{-1}）[64]。碳酸盐能与锕系元素形成稳定的、带负电荷的络合物。这些络合物与带负电荷的矿物质表面间的亲和力较低，所以络合态放射性核素趋向于保留在液相中，增加了其在环境中的迁移性。例如，U^{6+} 与碳酸盐配体间的亲和力较高，能形成稳定的络合物（$UO_2(CO_3)_2^{2-}$ 或 $UO_2(CO_3)_3^{4-}$），见化学反应式(7.1)、式(7.2)[111]。当存在无机碳时，铀溶解后形成多种物质，如图 7.5 所示。在具有氧化性和弱还原性的环境中，当 pH>6 时，带负电荷的 $UO_2(CO_3)_2^{2-}$ 或 $UO_2(CO_3)_3^{4-}$ 占主导地位；pH=5~6 时，迁移性较差的 $UO_2(CO_3)$ 占主导地位；pH<5 时，铀酰离子（UO_2^{2+}）占主导地位[112]。

$$UO_{2(aq)}^{2-} + 2HCO_3^- \rightarrow UO_2(CO_3)_{2(aq)}^{2-} + 2H^+ \qquad (7.1)$$

$$UO_2(CO_3)_{2(aq)}^{2-} + HCO_3^- \rightarrow UO_2(CO_3)_{3(aq)}^{4-} + H^+ \qquad (7.2)$$

有机物的存在还可能增加放射性核素的迁移性。天然腐殖质普遍存在于环境中，其在沼泽地区的浓度从低于 1 mg·L^{-1} 到大于 200 mg·L^{-1}[113]。腐殖质由 3 种成分组成：腐黑酸，在任何 pH 条件下均不溶于水；腐殖酸，pH≤2 时不溶于水；黄腐酸，在任何 pH 条件下均可溶于水[114]。腐殖酸和黄腐酸是重要的天然配体，它们能够与放射性核素络合，从而可能增加其迁移性。腐殖质络合物的性质受 pH 影响，随着 pH 的升高，腐殖质功能团（如羧基和酚基）的离子化程度也将增加，从而提高腐殖质的络合强度[115]。腐殖质络合物的稳定性取决于络合金属的氧化态，根据放射性核素和功能团之间静电作用强度的不同，放射性核素与腐殖质的络合稳定性排序为 $U^{4+} >$ $Th^{4+} >$ $Am^{3+} >$ $Eu^{3+} >$ $U^{6+} >$ $Co^{2+} >$ Sr^{2+}[42,116]。锕系元素与腐殖的络合反应可以改变放射性核素的氧化态，有报道称，发现存在有 Np^{6+} 到 Np^{4+} 以及 Pu^{6+} 到 Pu^{4+} 的中介还原过程[117]。腐殖质络合还受到其他络合物的影响。

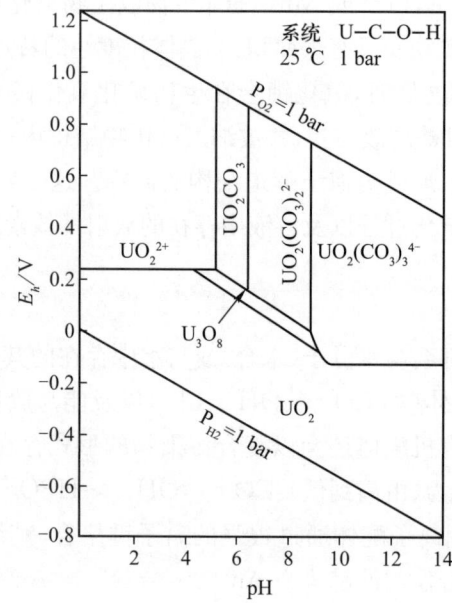

图 7.5　反映 U-C-O-H 体系的 E_h-pH 图。假定 溶解化合物
活度为 U=$10^{-8,-6}$，C=10^{-3}（改编自 Brookins[112]）

V. Moulin 和 C. Moulin[115]研究了某些核废物处置环境（pH≤7）中的腐殖质对锕系元素迁移性的影响，研究发现：只有+3 价锕系元素与腐殖质络合，而+5 价、+6 价锕系元素却与碳酸盐或氢氧化物络合。

作为微生物活动的结果，环境中也可能存在有机酸。这些酸性配体能螯合矿物质表面的阳离子或稳定液相中的阳离子[119]。微生物代谢过程中释放的有机酸具有很强的矿物质溶解性[119]。尽管大部分矿物质在接近中性的环境中是稳定的，但是在酸性条件下却能够溶解并释放出所吸附或络合的污染物[101,120]。

在核燃料处理或去污过程中使用的有机络合剂[如次氮基三乙酸（NTA）、乙二胺四乙酸（EDTA）和柠檬酸[121]]是共污染物，会与放射性核素共存。例如美国能源部负责的 149 个放射性废物罐中就装有约 83 t 的 EDTA[122]。有机配体与放射性核素的络合作用可以减少金属的还原电位，而且有研究发现，有机络合剂可增强细菌对放射性核素的还原作用。实验研究显示：沙门氏杆菌和地杆菌仅能将少量 Pu^{4+}（如无定形的 $Pu(OH)_4$）还原成 Pu^{3+}[123]，但同样的细菌却可以将 Pu^{4+}-EDTA 络合物快速还原成更易迁移的 Pu^{3+}-EDTA 络合物[123]。另一项研究表明，当 NTA 存在时，经铁还原性细菌还原后，PuO_2 的溶解度增加了约 90%，这可能是由于 Pu^{4+} 还原成了易溶解的 Pu^{3+}[124]。放射性核素 $^{60}Co^{2+}$ 与 EDTA 共同处置也成为研究的热点。环境中，Co^{2+} 与 EDTA 的络合物可以被 Mn^{4+} 和 Fe^{3+} 氧化，生成更稳定、更易迁移的 Co^{3+}-EDTA 络合物[47]。虽然金属还原性细菌可以将 Co^{3+}-EDTA 络合物还原为迁移性较差的 Co^{2+}-EDTA 络合物，但是在自然环境中 Co^{2+}-EDTA 络合物也可能会被其他氧化物再次氧化[125-126]。

共污染物也可以稳定液相中的放射性核素,从而增强其在环境中的迁移能力。1996 年,AlMahamid 等[127]研究了 Pu(+3 价、+4 价、+5 价、+6 价)与 NTA、EDTA 的络合作用。结果显示:pH=5~8 时,Pu^{4+} 为主要的氧化态;在 NTA、EDTA 存在的条件下,Pu^{3+} 被氧化,Pu^{5+}、Pu^{6+} 被还原;同时更重要的是,NTA、EDTA 的存在能够稳定溶液中的 Pu^{4+}。另一项研究发现,共污染物柠檬酸盐可降低富含铁的沙子对 U^{6+} 的吸附能力[128]。这主要由于柠檬酸盐改变了沙子表面的化学性质,降低了其对 U^{6+} 的吸附作用,而且 U^{6+} 与柠檬酸形成的水相络合物可能也起到了至关重要的作用[128]。

7.5.4 共沉淀作用

当放射性核素浓度较低时,矿物质表面的吸附作用是阻滞放射性核素在浅表层迁移的主要因素。然而,放射性核素也可以通过共沉淀作用形成新的矿物相,从而从液相中去除。当放射性核素与配体的浓度比值较高时,放射性核素主要通过沉淀作用去除,当浓度比值较低时,则主要是通过共沉淀作用去除[45]。锕系元素的所有氧化态都易水解而从溶液中沉淀出来[129],特别是+4 价锕系元素具有非常强的水解性[110]。

在天然水体中,发生共沉淀的主要矿物相包括碳酸盐和(含氧的)氢氧化铁。1998 年,Parkman 等[72]研究了 Sr^{2+} 和方解石之间的反应,发现在较高的浓度(≥0.3 mmol·L^{-1})时,Sr^{2+} 可形成菱锶矿沉淀在方解石表面,这或许是由现有矿物相提供的成核点以及方解石和水的局部交界面上碳酸盐浓度较高造成的。有报道称 NpO_2^+ 会与方解石发生共沉淀作用[130]。尽管 pH 确实会影响 Np^{5+} 溶液中的特定状态,但是共沉淀作用似乎不受 pH 的影响。扩展的 X 射线吸收精细结构光谱分析表明,NpO_2^+ 中的 Np 和两个轴向 O 原子分别取代一个 Ca^{2+} 和两个 CO_3^- 功能团,从而融入方解石晶格。报道称,UO_2^{2+} 与方解石之间的共沉淀作用有限[130],但是在天然老化的方解石晶格中发现了铀酰[131-132],同时一项有关咸海(Aral Sea)污染的研究也表明,从液相去除铀的主要途径就是与方解石和石膏的共沉淀[133]。U^{6+} 也可与铁氧化物发生共沉淀,X 射线吸收光谱(XAS)分析表明,U^{6+} 以铀酸盐(含 U-O 单键和非轴向 U-O 双键)而不是以铀酰的形式被纳入氧化物晶格内[134]。

7.5.5 胶体传输

胶体是指至少有一个维度小于 1 μm、比表面积较大、能长期悬浮在水中的粒子[135-136]。放射性核素胶体形成的途径有:通过水解或沉淀过程凝并特定的放射性核素物种;核废料的降解(内源性胶体);放射性核素被吸附到其他胶体(如四方纤铁矿或腐殖质)上形成的外源性或承载性胶体[44,109,137]。

放射性核素胶体的传输受水生系统的地球化学及物理性质影响[135,138]。地球化学条件将影响放射性核素的胶体吸附(同矿物质表面吸附过程)、胶体形成及胶体稳定性[44-45]。例如,高离子强度可促进胶体形成,并从海水中析出[139]。固-水、气-水界面的沉积作用、孔隙变形作用等会削弱胶体的传输,而剪切和水合作用却可以促进胶体传输[135,139]。同时,因为胶体传输往往比液相传输的速度更快,所以放射性核素被胶体吸附和(或)本身形成胶体的过程对放射性核素的迁移有着至关重要的影响[135,140]。针对俄罗斯马亚克核基地地下水中钚迁移而开展的研究发现:在距离排放点 2.15 km 以外的液相和胶体中均发现了钚;在更远的地方(3.9 km 以上),70%~90%的钚与 1~1.5 nm 胶体相结合,可见胶体对远程传输起到了至关重要的作用[141]。2003 年,Mori 等[142]调查了瑞士 Grimsel 试验基地的膨润土胶体对放射性核素在花岗闪长岩内传输的影响。结果显示:在缺乏膨润土胶体时,注入的 Am^{3+} 和 Pu^{4+} 只能回收 20%~30%,而存在膨润土胶体时,则能回收 70%~85%;两种情况的传输速度均高于溶液传输。研究发现,Cs^+ 既可作为胶体组分传输,也可以在溶液中传输,其中在胶体中的传输速度更快,但 Sr^{2+} 的迁移速度会因岩石断裂面的吸附作用而减慢,其迁移性不受胶体存在与否的影响。

7.6 结论

环境中的放射性污染主要是由核武器生产和试验以及核燃料循环造成的。从历史上看,扩散到大气层中的污染物主要来源于核武器试验,其产生的放射性落下灰导致了全球性的低水平污染。放射性污染物在大气中的迁移取决于放射性物质的性质和气象条件。在陆生系统和地表水生系统中,核武器生产和核能使用过程导致的局部高水平污染造成了非常严重的环境问题。在这些环境中,放射性核素的迁移由物理过程(如水平对流)和生物地球化学条件决定。流动特征显著的水生系统中,对流是主要的迁移过程,但随着水力传导系数降低,化学过程和条件对核素迁移的影响则变得越来越重要。系统中液相化学条件(如离子强度和配体浓度)、E_h 和矿物相的性质等因素对多种放射性核素的形成有至关重要的影响,它们决定了放射性核素的液、固相比例,并最终影响核素的迁移。了解这些参数之间复杂的相互作用,对预测放射性核素的环境行为及其在环境中的迁移是非常必要的。

参考文献

[1] J. R. Lloyd and J. C. Renshaw, in Metal Ions In Biological Systems, ed. A. Sigel, H. Sigel, and R. K. O. Sigel, Taylor & Francis, Boca Raton, FL, USA, 2005, p. 205.

[2] Q. -H. Hu, J. -Q. Weng and J. -S. Wang, J. Environ. Radioact., 2010, 101, 426.

[3] G. R. Choppin, Radiochim. Acta, 2003, 91, 645.

[4] UNSCEAR, Sources and Effects of Ionizing Radiation. Report of the United Nations Scientific Committee on the Effects of Atomic Radiation to the General Assembly, United Na-

tions, New York, USA, 2008.

[5] UNSCEAR, Report of the United Nations Scientific Committee on the Effects of Atomic Radiation to the General Assembly. Annex C. Exposures to the Public from Man-made Sources of Radiation, United Nations, New York, USA, 2000.

[6] S. L. Simon, A. Bouville and H. L. Beck, J. Environ. Radioact., 2004, 74, 91.

[7] R. C. Ewing, in Energy, Waste, and the Environment: A Geochemical Perspective, eds. R. Gieré and P. Stille, The Geological Society, London, UK, 2004, p. 7.

[8] G. C. Christensen, G. N. Romanov, P. Strand, B. Salbu, S. V. Malyshev, T. D. Bergan, D. Oughton, E. G. Drozhko, Y. V. Glagolenko, I. Amundsen, A. L. Rudjord, T. O. Bjerk and B. Lind, Sci. Total Environ., 1997, 202, 237.

[9] W. J. F. Standring, D. H. Oughton and B. Salbu, Environ. Sci. Technol., 2002, 36, 2330.

[10] UNSCEAR, Sources and Effects of Ionizing Radiation-Report to the General Assembly with Scientific Annexes, United Nations, New York, USA, 1993.

[11] W. J. F. Standring, O. Stepanets, J. E. Brown, M. Dowdall, A. Borisov and A. Nikitin, J. Environ. Radioact., 2008, 99, 665.

[12] A. F. B. Tompson, C. J. Bruton, G. A. Pawloski, D. K. SMith, W. L. Bourcier, D. E. Shumaker, A. B. Kersting, S. F. Carle and R. M. Maxwell, Environ. Geol., 2002, 42, 235.

[13] National Securities Technologies, Nevada Test Site Environmental Report Summary, US Department of Energy, Nevada Test Site, Nevada, USA, 2008.

[14] D. K. Smith, D. L. Finnegan and S. M. Bowen, J. Environ. Radioact., 2003, 67, 35.

[15] J. C. Renshaw, J. R. Lloyd and F. R. Livens, C. R. Chim., 2007, 10, 1067.

[16] A. Abdelouas, Elements, 2006, 2, 335.

[17] K. Morris and R. Raiswell, in Interactions of Microorganisms with Radionuclides, ed. M. J. Keith-Roach and F. R. Livens, Elsevier, London, UK, 2002, 101.

[18] H. McKenzie and J. McCord, Groundwater Annual Report, Sellafield Ltd, Cumbria, UK, 2009.

[19] J. E. Banaszak, B. E. Rittmann and D. T. Reed, J. Radioanal. Nucl. Chem., 1999, 241, 385.

[20] G. A. M. Webb, R. W. Anderson and M. J. S. Gaffney, J. Radiol. Prot., 2006, 26, 33.

[21] S. Van Der Stricht and A. Janssens, Radioactive Effluents from Nuclear Power Stations and Nuclear Fuel Reprocessing Sites in the European Union, 1999 – 2003, European Commission Directorate-General for Energy and Transport, Luxembourg, 2005.

[22] J. Gray, S. R. Jones and A. D. Smith, J. Radiol. Prot., 1995, 15, 99.

[23] E. R. Landa, J. Environ. Radioact., 2004, 77, 1.

[24] G. M. Mudd, J. Environ. Radioact., 2008, 99, 288.

[25] S. Handley-Sidhu, M. J. Keith-Roach, J. R. Lloyd and D. J. Vaughan, Sci. Total Environ., 2010, 408, 5690.

[26] A. Bleise, P. R. Danesi and W. Burkart, J. Environ. Radioact., 2003, 64, 93.

[27] UNEP, Technical Report on Capacity-building for the Assessment of Depleted Uranium in

Iraq, United Nations Environmental Program, Geneva, Switzerland, 2007.

[28] W. Briner, Int. J. Environ. Res. Public Health, 2010, 7, 303.

[29] K. Rozanski and K. Froehlich, IAEA Bulletin, 1996, 9.

[30] IAEA, Naturally occurring radioactive material (NORM V), in Proceedings of the Fifth International Symposium on Naturally Occurring Radioactive Material, IAEA, Seville, Spain, 2007.

[31] B. Michalik, J. Environ. Monitor., 2009, 11, 1825.

[32] I. Othman and M. S. Al-Masri, Appl. Radiat. Isot., 2007, 65, 131.

[33] M. Betti, L. Aldave de las Heras, A. Janssens, E. Henrich, G. Hunter, M. Gerchikov, M. Dutton, A. W. van Weers, S. Nielsen, J. Simmonds, A. Bexon and T. Sazykina, J. Environ. Radioact., 2004, 74, 255.

[34] C. Papastefanou, J. Environ. Radioact., 2010, 101, 191.

[35] M. Flues, V. Moraes and B. P. Mazzilli, J. Environ. Radioact., 2002, 63, 285.

[36] K. Kant and S. K. Chakarvarti, Iran J. Radiat. Res., 2003, 1, 133.

[37] L. Roberts, Science, 1987, 238, 1028.

[38] L. A. Vinhas, in Security of Radioactive Sources, IAEA, Vienna, Austria, 2003.

[39] National Cancer Institute, Radon Cancer: Questions and Answers, 2004, http://www.cancer.gov/cancertopics/factsheet/Risk/radon (accessed 31st October 2010).

[40] P. D. Wilson, The Nuclear Fuel Cycle—From Ore to Waste, Oxford University Press, Oxford, UK, 1996.

[41] J. R. Lloyd and L. E. Macaskie, in Environmental Microbe—Metal Interactions, ed. D. R. Lovley, ASM Press, Washington DC, USA, 2000, 277.

[42] H. Koch-Steindl and G. Pröhl, Radiat. Environ. Biophys., 2001, 40, 93.

[43] K. O. Konhauser, R. J. G. Mortimer, K. Morris and V. Dunn, in Interactions of Microorganisms with Radionuclides, ed. M. J. Keith-Roach and F. R. Livens, Elsevier, Oxford, UK, 2002, p. 61.

[44] M. D. Siegel and C. R. Bryan, in Treatise on Geochemistry Volume 9: Environmental Geochemistry, ed. B. S. Lollar, Elsevier, Oxford, UK, 2003, p. 205.

[45] K. H. Lieser, in Nuclear and Radiochemistry, ed. K. H. Lieser, WileyVCH, Weinheim Germany, 2001, p. 395.

[46] R. N. Collins and A. S. Kinsela, Chemosphere, 2010, 79, 763.

[47] S. C. Brooks, D. L. Taylor and P. M. Jardine, Geochim. Cosmochim. Acta, 1996, 60, 1899.

[48] B. Salbu, B. Lind and L. Skipperud, J. Environ. Radioact., 2004, 74, 233.

[49] H. L. Beck and B. G. Bennett, Health Phys., 2002, 82, 591.

[50] B. G. Bennett, Health Phys., 2002, 82, 644.

[51] UNEP, Depleted Uranium in Serbia and Montenegro: Post-conflict Environmental Assessment in the Federal Republic of Yugoslavia, United Nations Environment Programme, Geneva, Switzerland, 2002.

[52] UNEP, Depleted Uranium in Kosovo: Post-conflict Environmental Assessment, United

Nations Environment Programme, Geneva, Switzerland, 2001.

[53] UNEP, Depleted Uranium in Bosnia & Herzegovina: Post-conflict Environmental Assessment, United Nations Environment Programme, Geneva, Switzerland, 2003.

[54] N. S. Lloyd, S. R. N. Chenery and R. R. Parrish, Sci. Total Environ., 2009, 408, 397.

[55] N. S. Lloyd, J. F. W. Mosselmans, R. R. Parrish, S. R. N. Chenery, S. V. Hainsworth and S. J. Kemp, Mineral. Mag., 2009, 73, 495.

[56] R. R. Parrish, M. Horstwood, J. G. Arnason, S. R. N. Chenery, T. Brewer, N. S. Lloyd and D. O. Carpenter, Sci. Total Environ., 2008, 390, 58.

[57] A. S. Rood, P. G. Voilleque, S. K. Rope, H. A. Grogan and J. E. Till, J. Environ. Radioact., 2008, 99, 1258.

[58] B. G. Lottermoser and P. M. Ashley, Aust. J. Earth Sci., 2006, 53, 485.

[59] UNSCEAR, Report of the United Nations Scientific Committee on the Effects of Atomic Radiation to the General Assembly. Annex B: Exposures from Natural Radiation Sources, United Nations, Vienna, Austria, 2000.

[60] B. Salbu, J. Environ. Radioact., 2009, 100, 283.

[61] G. E. Brown, A. L. Foster and J. D. Ostergren, Proc. Natl. Acad. Sci. U. S. A., 1999, 96, 3388.

[62] L. A. Warren and E. A. Haack, Earth Sci. Rev., 2001, 54, 261-320.

[63] C. W. Fetter, Contaminant Hydrogeology, Prentice Hall International, London, UK, 1998.

[64] W. Runde, Los Alamos Science, 2000, 26, 392.

[65] K. Morris, J. C. Butterworth and F. R. Livens, Estuarine Coastal Shelf Sci., 2000, 51, 613.

[66] G. A. Waychunas, C. S. Kim and J. F. Banfield, J. Nanopart. Res., 2005, 7, 409.

[67] T. Arnold, S. Utsunomiya, G. Geipel, R. C. Ewing, N. Baumann and V. Brendler, Environ. Sci. Technol., 2006, 40, 4646.

[68] D. M. Singer, K. Maher and G. E. Brown, Geochim. Cosmochim. Acta, 2009, 73, 5989.

[69] K. H. Lieser, Radiochim. Acta, 1995, 70-1, 355.

[70] S. Langley, A. G. Gault, A. Ibrahim, Y. Takahashi, R. Renaud, D. Fortin, I. D. Clark and F. G. Ferris, Environ. Sci. Technol., 2009, 43, 1008.

[71] N. Sahai, S. A. Carroll, S. Roberts and P. A. O'Day, J. Colloid Interface Sci., 2000, 222, 198.

[72] R. II. Parkman, J. M. Charnock, F. R. Livens and D. J. Vaughan, Geochim. Cosmochim. Acta, 1998, 62, 1481.

[73] J. P. McKinley, J. M. Zachara, S. M. Heald, A. Dohnalkova, M. G. Newville and S. R. Sutton, Environ. Sci. Technol., 2004, 38, 1017.

[74] J. K. Fredrickson and J. M. Zachara, Geobiology, 2008, 6, 245.

[75] A. de Koning, A. V. Konoplev and R. N. J. Comans, Appl. Geochem., 2007, 22, 219.

[76] B. C. Bostick, M. A. Vairavamurthy, K. G. Karthikeyan and J. Chorover, Environ. Sci. Technol., 2002, 36, 2670.

[77] T. G. Hinton, D. I. Kaplan, A. S. Knox, D. P. Coughlin, R. V. Nascimento, S. I. Watson, D. E. Fletcher and B. J. Koo, Environ. Sci. Technol., 2006, 40, 4500.

[78] E. D. van Hullebusch, P. N. L. Lens and H. H. Tabak, Rev. Environ. Sci. Bio/Technol., 2005, 4, 185.

[79] M. O. Barnett, P. M. Jardine, S. C. Brooks and H. M. Selim, Soil Sci. Soc. Am. J., 2000, 64, 908.

[80] J. P. Bellenger and S. Staunton, J. Environ. Radioact., 2008, 99, 831.

[81] C. Anderson, A. M. Jakobsson and K. Pedersen, Environ. Sci. Technol., 2007, 41, 830.

[82] M. J. Wilkins, F. R. Livens, D. J. Vaughan and J. R. Lloyd, Biogeochemistry, 2006, 78, 125.

[83] D. R. Lovley, E. J. P. Phillips, Y. A. Gorby and E. R. Landa, Nature, 1991, 350, 413.

[84] J. C. Renshaw, N. Law, A. Geissler, F. R. Livens and J. R. Lloyd, Biogeochemistry, 2009, 94, 191.

[85] B. E. Rittmann, J. E. Banaszak and D. T. Reed, Biodegradation, 2002, 13, 329.

[86] J. R. Lloyd, P. Yong and L. E. Macaskie, Environ. Sci. Technol., 2000, 34, 1297.

[87] F. R. Livens, M. J. Jones, A. J. Hynes, J. M. Charnock, J. F. W. Mosselmans, C. Hennig, H. Steele, D. Collison, D. J. Vaughan, R. A. D. Pattrick, W. A. Reed, L. N. Moyes, Proceedings of the International Conference on Radioactivity in the Environment, Monaco, 2002.

[88] R. E. Wildung, S. W. Li, C. J. Murray, K. M. Krupka, Y. Xie, N. J. Hess and E. E. Roden, FEMS Microbiol. Ecol., 2004, 49, 151.

[89] M. J. Wharton, B. Atkins, J. M. Charnock, F. R. Livens, R. A. D. Pattrick and D. Collison, Appl. Geochem., 2000, 15, 347.

[90] K. H. Nealson and D. Saffarini, Annu. Rev. Microbiol., 1994, 48, 311.

[91] J. E. Kostka, E. Haefele, R. Viehweger and J. W. Stucki, Environ. Sci. Technol., 1999, 33, 3127.

[92] C. M. Hansel, S. G. Benner, J. Neiss, A. Dohnalkova, R. K. Kukkadapu and S. Fendorf, Geochim. Cosmochim. Acta, 2003, 67, 2977.

[93] K. Hama, K. Bateman, P. Coombs, V. L. Hards, A. E. Milodowski, J. M. West, P. D. Wetton, H. Yoshida and K. Aoki, Clay Minerals, 2001, 36, 599.

[94] I. T. Burke, F. R. Livens, J. R. Lloyd, A. P. Brown, G. T. W. Law, J. M. McBeth, B. L. Ellis, R. S. Lawson and K. Morris, Appl. Geochem., 2010, 25, 233.

[95] M. J. Wilkins, F. R. Livens, D. J. Vaughan, I. Beadle and J. R. Lloyd, Geobiology, 2007, 5, 293.

[96] I. T. Burke, C. Boothman, J. R. Lloyd, F. R. Livens, J. M. Charnock, J. M. McBeth, R. J. G. Mortimer and K. Morris, Environ. Sci. Technol., 2006, 40, 3529.

[97] K. Morris, F. R. Livens, J. M. Charnock, I. T. Burke, J. M. McBeth, J. D. C. Begg, C. Boothman and J. R. Lloyd, Appl. Geochem., 2008, 23, 603.

[98] T. Borch, R. Kretzschmar, A. Kappler, P. Van Cappellen, M. GinderVogel, A. Voegelin and K. Campbell, Environ. Sci. Technol., 2010, 44, 15.

[99] H. Dong, R. K. Kukkadapu, J. K. Fredrickson, J. M. Zachara, D. W. Kennedy and H. M. Kostandarithes, Environ. Sci. Technol., 2003, 37, 1268.

[100] R. S. Cutting, V. S. Coker, J. W. Fellowes, J. R. Lloyd and D. J. Vaughan, Geochim. Cosmochim. Acta, 2009, 73, 4004.

[101] J. Hopf, F. Langenhorst, K. Pollok, D. Merten and E. Kothe, Chem. Erde-Geochem., 2009, 69, 45.

[102] J. E. Kostka, D. D. Dalton, H. Skelton, S. Dolhopf and J. W. Stucki, Appl. Geochem., 2002, 68, 6256.

[103] J. Kim, H. L. Dong, J. Seabaugh, S. W. Newell and D. D. Eberl, Science, 2004, 303, 830.

[104] D. P. Jaisi, H. L. Dong and C. X. Liu, Geochim. Cosmochim. Acta, 2007, 71, 1145.

[105] S. Langley, A. G. Gault, A. Ibrahim, Y. Takahashi, R. Renaud, D. Fortin, I. D. Clark and F. G. Ferris, Chem. Geol., 2009, 262, 217.

[106] D. Fortin and S. Langley, Earth-Sci. Rev., 2005, 72, 1.

[107] B. M. Tebo, J. R. Bargar, B. G. Clement, G. J. Dick, K. J. Murray, D. Parker, R. Verity and S. M. Webb, Annu. Rev. Earth Planet. Sci., 2004, 32, 287.

[108] S. M. Webb, C. C. Fuller, B. M. Tebo and J. R. Bargar, Environ. Sci. Technol., 2006, 40, 771.

[109] R. J. Silva and H. Nitsche, Radiochim. Acta, 1995, 70-71, 377.

[110] G. R. Choppin, Marine Chem., 2006, 99, 83.

[111] C. C. Choy, G. P. Korfaitis and X. Meng, J. Hazard. Mater., 2006, 136, 53.

[112] D. G. Brookins, Eh-pH Diagrams for Geochemistry, Springer-Verlag, Berlin, Germany, 1988.

[113] C. E. W. Steinberg, S. Kamara, V. Y. Prokshotskaya, L. Manusadzianas, T. A. Karasyova, M. A. Timofeyev, Z. Jie, A. Paul, T. Meinelt, V. F. Farjalla, A. Y. O. Matsuo, B. K. Burnison and R. Menzel, Freshwater Biol., 2006, 51, 1189.

[114] R. Sutton and G. Sposito, Environ. Sci. Technol., 2005, 39, 9009.

[115] P. E. Reiller, N. D. M. Szabo and G. Szabo, Radiochim. Acta, 2008, 96, 345.

[116] R. E. Keepax, D. M. Jones, S. E. Pepper and N. D. Bryan, inInteractions of Microorganisms with Radionuclides, ed. M. J. Keith-Roach and F. R. Livens, Elsevier, London, UK, 2002, p. 143.

[117] K. Nash, S. Fried, A. M. Friedman and J. C. Sullivan, Environ. Sci. Technol., 1981, 15, 834.

[118] V. Moulin and C. Moulin, Appl. Geochem., 1995, 10, 573.

[119] S. Uroz, C. Calvaruso, M. P. Turpault and P. Frey-Klett, Trends Microbiol., 2009, 17, 378.

[120] J. M. Arocena, L. P. Zhu and K. Hall, Earth Surf. Processes Landforms, 2003, 28, 1429.

[121] M. J. Keith-Roach, Sci. Total Environ., 2008, 396, 1.

[122] W. D. Samuels, D. M. Camaioni and H. Babad, Initial Laboratory Studies into the Chemi-

cal and Radiological Aging of Organic Materials in Underground Storage Tanks at the Hanford Complex, Pacific Northwest National Laboratory, Richland Washington, USA, 1998.

[123] H. Boukhalfa, G. A. Icopini, S. D. Reilly and M. P. Neu, Appl. Environ. Microbiol., 2007, 73, 5897.

[124] P. A. Rusin, L. Quintana, J. R. Brainard, B. A. Strietelmeier, C. D. Tait, S. A. Ekberg, P. D. Palmer, T. W. Newton and D. L. Clark, Environ. Sci. Technol., 1994, 28, 1686.

[125] Y. A. Gorby, J. F. Caccavo and H. Bolton, Environ. Sci. Technol., 1998, 32, 244.

[126] J. F. Caccavo, D. J. Lonergan, D. R. Lovley, M. Davis, J. F. Stolz and M. J. McInerney, Appl. Environ. Microbiol., 1994, 60, 3752.

[127] I. AlMahamid, K. A. Becraft, N. L. Hakem, R. C. Gatti and H. Nitsche, Radiochim. Acta, 1996, 74, 129.

[128] B. A. Logue, R. W. Smith and J. C. Westall, Environ. Sci. Technol., 2004, 38, 3752.

[129] G. R. Choppin, Czech. J. Phys., 2006, 56(Suppl. D), D13.

[130] F. Heberling, M. A. Denecke and D. Bosbach, Environ. Sci. Technol., 2008, 42, 471.

[131] S. D. Kelly, M. G. Newville, L. Cheng, K. M. Kemner, S. R. Sutton, P. Fenter, N. C. Sturchio and C. Spotl, Environ. Sci. Technol., 2003, 37, 1284.

[132] S. D. Kelly, E. T. Rasbury, S. Chattopadhyay, A. J. Kropf and K. M. Kemner, Environ. Sci. Technol., 2006, 40, 2262.

[133] J. Friedrich, J. Marine Systems, 2009, 76(special issue), 322.

[134] M. C. Duff, J. U. Coughlin and D. B. Hunter, Geochim. Cosmochim. Acta, 2002, 66, 3533.

[135] R. Kretzshmar and T. Schäfer, Elements, 2005, 1, 205.

[136] F. Eyrolle and S. Charmasson, J. Environ. Radioact., 2001, 55, 145.

[137] H. Geckeis, B. Grambow, A. Loida, B. Luckscheiter, E. Smailos and J. Quinones, Radiochim. Acta, 1998, 82, 123.

[138] J. F. McCarthy and L. D. McKay, Vadose Zone J., 2004, 3, 326.

[139] J. N. Ryan and M. Elimelech, Colloids Surf., A, 1996, 107, 1.

[140] H. Geckeis and T. Rabung, J. Contam. Hydrol., 2008, 102, 187.

[141] A. P. Novikov, S. P. Kalmykov, S. Utsunomiya, R. C. Ewing, F. Horread, A. Merkulov, S. B. Clark, V. V. Tkachev and B. F. Myasoedov, Science, 2006, 314, 638.

[142] A. Möri, W. R. Alexander, H. Geckeis, W. Hauser, T. Schäfer, J. Eikenberg, T. Fierz, C. Degueldre and T. Missana, Colloids Surf., A, 2003, 217, 33.

[143] Q. -H. Hu, M. Zavarin and T. P. Rose, Geochem. Trans., 2008, 9, 1.

第8章 环境的辐射防护：当前陆地生态系统辐射评估方法

B. J. HOWARD AND N. A. BERESFORD

摘要：过去10年中，国际社会已经认识到有必要对野生生物进行保护，使其与人类一样免受环境中放射性物质的伤害。目前已经建立了环境放射性评估框架和模式，并进行了持续测试和改进。本章概述了影响野生生物遭受辐射剂量的基本要素，同时还介绍了当前环境中放射性核素的迁移量及相应剂量值的评估方法。本章还介绍了基于辐射效应推导出的评估基准来估算辐射剂量值的方法。由于无法对所有物种量化放射性核素的迁移量和剂量值，所以在评估过程中使用了某些有代表性的生物群体，例如"参考生物体"[包括国际放射防护委员会(the International Commissionon Radiological Protection, ICRP)指定的"参考动植物"(the reference animals and plants, RAPs)]。当前，针对野生生物与针对人类的评估方法之间既存在着一定的共性，又存在着显著的差异。生物体往往被看作均匀的、简化的几何体，且整个机体的吸收速率一定；大多数辐射效应的数据均基于生物体的整体剂量率。通过估计整个生物体内放射性浓度来量化从环境介质(如土壤、空气和水)迁移到生物体体内的放射性物质。辐射防护重点针对生物种群，而非生物个体，因此某些适用于化学污染评估的方法也适用于放射性核素评估。

8.1 引言

人工放射性核素在核燃料循环过程中，通过气体排放进入大气，通过液体排放进入水生系统。放射性核素可以从空气、土壤、水和底泥中转移到有机体内。放射性核素随废液排放进入水体后，又可以从水中转移到水生系统的主要沉积物(底泥)中。随气体排放的放射性核素会沉降在植物和土壤表面，其中土壤是陆地环境中大多数放射性核素的容纳层。为了阐明本章的议题，此处仅重点讨论 ^{60}Co、^{90}Sr、^{137}Cs、$^{239+240}$Pu、^{241}Am 和 ^{131}I 等放射性核素。至于惰性气体，虽然排放量相对较大，但由于其环境迁移率和剂量系数较低(参见 Copplestone 等提出的预期剂量率)，故它们在辐射剂量中的比重较小[1]。

本章描述了核燃料循环过程中放射性核素排放的主要陆生途径，重点针对野生生物，而非针对人类的食物链；简要描述了正在使用和改进中的保护陆生野生动物免受环境中放射性物质伤害的方法；强调了人类食物链间环境迁移量的评估方法与野生动物环境评估方法之间的关键区别。更详细的信息参见 http://www.ceh.ac.uk/protect。

本章还简要介绍了影响放射性核素向生物体迁移的主要因素。近期发表的许多有关放射性的报告中，将"非人类物种"这个术语用于表示除人类以外的其他生物,这个术语仅用于生态毒理学以及其他与环境保护相关的领域。本章使用的"野生生物"包括野生植物、野生动物和微生物(如真菌、细菌等)等环境保护的潜在对象。

人工核素对环境造成的影响程度取决于放射性核素的环境行为。不同放射性核素的环境迁移能力差别很大。环境迁移能力较高的放射性核素包括^{131}I、$^{134/137}$Cs、^{90}Sr、^{14}C、^{3}H、^{35}S,环境迁移能力较低的核素包括$^{239/240}$Pu 和^{241}Am。有大量因素影响放射性核素的环境迁移能力,这些因素同时也影响了放射性核素从环境向生物体的迁移。本章简要描述了放射性核素的多种迁移过程,并重点关注影响其向野生生物体中迁移的关键因素。

8.2 野生生物的辐射防护

多年来,对环境进行的辐射防护以人类为中心,国际放射防护委员会认为[2]:
"用以保护人类安全,并使当前人类安全状况达到令人满意程度的环境控制标准应该也能够保证其他物种不处于风险中。虽然极个别情况下,非人类物种的个体成员可能受到辐射伤害,但不会危及整个物种或导致物种间失衡。委员会现阶段只关注人类生态受放射性核素环境迁移的影响,因为这直接关系到对人类的辐射防护问题"。

因此,针对人类所制订的保护标准($1~\mathrm{mSv\cdot a^{-1}}$,参见 Pentreath 编写的章节)被认为具有足够约束性,与人类生活在同样环境中的非人类生物群体也能获得足够的保护。

过去 10 年中,野生生物的辐射防护问题已取得较大进展,许多国际组织和国家都在为此努力。2007 年,国际放射防护委员会建议详细审议《环境辐射防护》(*Environmental Radiological Protection*)文件,指出了实施建议和指导的必要性,并提出了清晰的建设框架[3]。2005 年,国际放射防护委员会成立第五委员会,专门负责电离辐射环境防护问题。第五委员会提出的环境防护框架采用了"参考动植物"的概念,该框架设计成与人类防护系统兼容[4]。国际放射防护委员会也致力于建立一套与其他危害防护类似的辐射防护系统。

国际组织,如国际原子能机构[5]和大量监管机构都认识到,有必要建立一套新的体系来充分保护环境,使其免遭放射性物质伤害。环境的辐射防护已纳入国际原子能机构的基本安全准则[6],即将修订的《国际基本安全标准》(*Fundamental Safety Principles*)也提到了环境的辐射防护问题。目前已提出多种评估野生生物遭受电离辐射剂量的方法。一些国家基于这些方法制订了法律,以确保环境免遭人为排放的放射性物质伤害[7,12]。除了促成法律条文的制订,某些国家还建立了与环境保护立法相配套的环境保护体系。

国际放射防护委员会重点关注的"参考动植物"(reference animals and plants,

RAPs)定义为[4]:

"一个具有某种特定动植物基本生物学特性的假想实体,它被赋予了某类物种的普遍特征,具有鲜明的解剖、生理和生存特征,能够用于反映某类生物遭受的辐射剂量以及辐射效应。"

参考动植物为假想的实体,并不代表特定的物种。通常,涉及处理手段的评估方法多采用"参考生物体"(reference organisms)来指代不同野生物种。选择参考生物体时,需要考虑"涵盖所保护的物种、不同的营养水平和照射途径"[13-14]。参考生物体的定义往往针对一个宽泛的野生动物群体(如土壤中的无脊椎动物、食肉鱼类、陆地哺乳动物等)。在欧共体研究人员开发的电离污染环境风险综合评价管理(the integrated environmental risk from ionizing contaminants assessment and management, ERICA)方法中,对参考生物体的定义为[15]:

"能够为评估受污染环境中典型生物所遭受的辐射剂量率提供基准的实体。反过来,这些评估结果又能够为评估辐射效应产生的可能性及其程度提供基准"。

相比之下,很多方法只考虑了特定物种,而没有对广泛的物种进行分组[11,16]。

为了评估野生生物遭受辐射危害的风险,建立的评估方法需要考虑以下因素:

(1) 放射性核素迁移到野生生物体内的剂量;

(2) 用于估算野生生物吸收剂量率的剂量转换系数,该系数与生物体内部和环境中的放射性浓度密切相关;

(3) 充分认识辐射生物学效应,以确定野生生物所面临的风险。

目前建立了3种免费的、且相对全面的评价模式:① 采用 ERICA 集成方法的 ERICA 工具[17];② 采用美国能源部(the US Department of Energy, USDE)分级法的 RESRAD-BIOTA 模型[18];③ 采用英格兰和威尔士环保局(the England and Wales Environment Agencies)的 R&D128 模型[11,14]。

8.3 陆地生态系统的环境迁移

为了评估生物体内放射性核素的浓度,需要对放射性核素的迁移过程进行量化和建模。随研究目的与所需信息的不同,可以选用不同的方法。某些方法采用稳态空间模型(假设环境中的放射性核素的来源与受体平衡)对迁移过程进行数学描述。然而,在某些情况下可能需要对迁移过程进行更为详细的描述,例如考虑环境中影响迁移程度的诸多因素,或者量化放射性核素进入生态系统后随时间的变化情况。

陆地生态系统中生物所遭受到的辐射来自生物体外部(见第 8.4 节)和内部。内照射主要是由吸收并分布在生物体内的放射性核素造成的。植物、动物、土壤/沉积物和碎石的摄入也会导致对消化道的直接辐射。

由于在估算吸收剂量时所开展的剂量学计算都是针对具有指定形状的生物体(见第 8.4 节),这就需要估算整个生物体所积聚的放射性活度。与其不同的是,对人类食物链而言,关注重点在于人类摄取的那部分生物。

在列出当前用于量化和评估生物体遭受放射性核素辐射的方法前,先对陆地环境中核素的迁移途径和迁移过程进行简要总结。

8.3.1 大气沉降

放射性物质排入大气后,植被从湿的、干的或肉眼不可见的沉降物中捕获了部分放射性核素[19],剩余的放射性核素则沉降到地面。植被捕获的放射性核素比例取决于植物的生长阶段和地上植被的数量。因此,季节的不同决定了最初残留在植物表面的放射性核素数量。

因为绿叶蔬菜的表面积较大,所以它对放射性核素的捕获效率较高,近期发生的福岛核事故证实了这一点,福岛核电站周围的农作物中,菠菜里放射性碘和铯的浓度比其他作物更高[66]。

对于干沉降,植被对小颗粒、反应性气体的捕获效果优于大颗粒。对于湿沉降,放射性核素的捕获是元素化学形式与植物生长阶段间复杂的相互作用的结果。

放射性核素从植物表面流失的过程称为"风化",它受诸多物理过程影响,包括雨水冲刷(或农业系统的灌溉)、表面磨蚀、风力作用、组织衰老、叶落、放牧、生长、挥发和蒸发等[20]。动物直接摄食含有放射性核素的植被可能是放射性核素摄入的主要渠道。

8.3.2 土壤中的放射性核素

大部分放射性核素主要通过植物根系吸收从土壤中迁移到其他生物体,这一过程在很大程度上取决于影响土壤中放射性核素固相、液相比例的物理化学因素。被植物根系吸收的大部分元素主要来自土壤中的溶液。

在溶液中,任何化学物相间的相互作用都将影响其在土壤中的流动性和最终的根系吸收,包括电荷交换、与其他化学物相(有机、无机配体)间的络合及沉淀反应、氧化还原作用、与土壤成分(含土壤生物群)的相互作用等。下文将简要介绍影响放射性核素流动性的土壤因素。放射性核素在土壤中的吸附程度可通过固液分布系数(K_d)来描述

$$K_d(\text{L} \cdot \text{kg}^{-1}) = \frac{\text{土壤中的放射性浓度}(\text{Bq} \cdot \text{kg}^{-1}\text{干重})}{\text{滤过水中的放射性浓度}(\text{Bq} \cdot \text{L}^{-1})} \quad (8.1)$$

基于K_d的简单模型假设固相、液相中的放射性核素浓度是一致的。然而,在吸附过程的末期,K_d会随吸附时间而变化。

对某种放射性核素而言,K_d可能在不同数量级之间变化,这取决于放射性核素与土壤的类型[21]。使用辅助因子法可以缩小与土壤类型相关联的K_d值的变化范围。例如,K_d受放射性铯的捕获电位(the radio caesium interception potential,RIP)、K和NH_4^+的状态、阳离子交换容量(the cation exchange capacity,CEC)、钙和镁浓度(相对于放射性锶)以及重放射性核素pH等的影响[21]。

铯通过离子交换牢固地吸附于土壤中,其中一部分是不可逆的或固定化的(固定化程度受黏土矿物学性质影响)。针对放射性铯与土壤之间相互关系建立了许多模型,包括:随着土壤中有机物的增多,铯从土壤向植物迁移量增多[22-23];随土壤中溶液态钾的增多[24],铯从土壤向植物迁移量减少;改变土壤黏土和有机物质、可交换的钾盐、pH 和 NH_4^+ 浓度建立了一种半机械方法[25];最近还采用土壤 RIP 值与可交换钾盐的浓度对铯的吸收量进行了预测[21]。

日本地区吸附了福岛放射性核素沉降物的土壤特征可用来预测放射性铯对食品的长期影响。最近的数据对比表明[21],锶在沙地、壤土、黏土和有机土壤中的 K_d 值相似,尽管沙地中的 K_d 值明显低一些。对于放射性锶,决定吸附剂量的关键土壤特性是阳离子交换容量、钙和镁的浓度。

由于土壤颗粒对镅和钚等超铀放射性核素的吸附性较强,因此这些放射性核素的流动性相对较低[26]。镅通常以+3 价或+4 价存在,而钚通常以+4 价存在,但是根据土壤系统氧化还原条件的不同,钚的 4 种氧化态(+3 价、+4 价、+5 价或+6 价)均存在。

8.3.3 迁移到植物中的放射性核素

放射性核素可通过气孔摄入和表皮吸收作用迁移到植物中,通常称为"叶面吸收"。对于许多放射性核素而言,"根系吸收"比叶面吸收更显著,但是如果存在持续的空气放电,叶面吸收的效果可能更明显。叶面或根系吸收后,放射性核素通过韧皮部迁移到植物的不同部位。

由于放射性核素在土壤溶液中的分布比例不同,发生在土壤中的物理化学过程会改变植物吸收量。例如放射性铯从土壤向植物中的迁移遵循以下顺序:黏土<壤土<沙土<有机土壤,但是在这 4 类土壤中铯迁移量的变化幅度较大,且存在一定的重叠。植物对镅的吸收量通常比钚高 10 倍[26]。

植物(真菌和细菌)吸收的放射性核素因物种与土壤类型的不同而有所差异。

通常采用"浓度比"这个参数来量化经由不同植物和土壤迁移到人类食用植物中的放射性核素。最近国际原子能机构颁布的一本手册针对人类食物链提供了一系列的浓度比值[27-28]。其中假设放射性核素在植物和土壤之间存在着平衡,但如果存在大量临时性排放情况,则该假设是无效的。

同样,在环境评价模式中常用整体浓度比(CR_{wo})来估算植物所遭受的辐照量,其中

$$CR_{wo} = \frac{整个生物体内的放射性浓度(\text{Bq} \cdot \text{kg}^{-1} 鲜重)}{土壤中放射性浓度(\text{Bq} \cdot \text{kg}^{-1} 干重)} \quad (8.2)$$

在人类的食物链模型中,通常基于植物干物质放射性浓度来定义 CR。CR 值以土壤类型分类,用于评估放射性核素对人类食物链影响的 CR 值已由国际原子能机构整理后提供在手册中[28]。在人类食物链的评估工具中,还有一些基于机理的方法,它们能估算随土壤性质而变化的放射性核素(如放射性铯和放射性锶)。相比

之下，当前用于估算植物遭受辐射的 CR 值通常没有区分土壤类型。

虽然根系吸收是植物受染的主要途径，但对根系吸收较弱的放射性核素（如钚和镅）来说，通过再悬浮而黏附到植物表面的污染土壤成为植物中放射性核素的主要来源。

国际原子能机构的新版手册公布了以选定的放射性核素-野生生物种群为例测算的迁移到野生动物体内的 CR 值，见图 8.1。

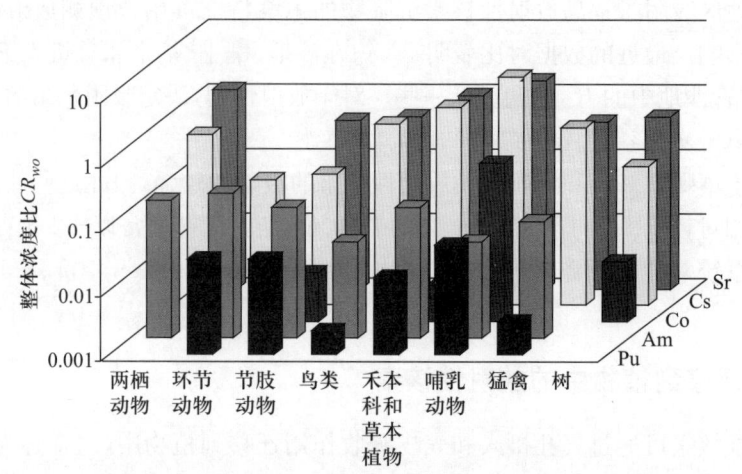

图 8.1　不同放射性核素-野生动物种群的 CR_{wo} 值

数据转载自国际原子能机构草案技术规范（IAEA TRS）[41]。Am—爬行动物（仅包括食肉动物）；Co—哺乳动物（仅包括杂食性动物）；Pu—禾本科和草本植物（仅为草，而非所有的草本植物）

8.3.4　迁移到陆地动物体内的放射性核素

虽然可以通过皮肤吸收和呼吸吸入放射性污染物，但是动物遭受辐射的主要途径还是通过放射性核素的摄入。通常，经皮肤吸收的放射性核素量最少，这里不予考虑。通过呼吸吸入的放射性核素量远大于皮肤吸收量，而且肺作为气体交换的场所更易被多种元素渗透。放射性核素能以不同形式被陆地动物吸收，包括气态化合物、气溶胶和微粒。放射性核素通过肺黏膜的能力差别很大。尽管锕系元素（如钚）的迁移率较低，但它们通常更容易通过肺部吸收（与胃肠道吸收相比）。气态碘很容易被动物吸收，呼吸吸入可能是切尔诺贝利核事故和当前日本饲养动物乳品污染的一条途径[67]。然而对动物来说，呼吸吸入通常不是大多数放射性核素的主要污染途径，这里不做进一步考虑。

对动物而言，最重要的受染途径是食用污染后的食物、土壤和饮用水。通过饮用水摄入仅占放射性核素摄入总量的很小一部分。通过土壤摄入的放射性核素量比较大，但是动物对土壤结合型放射性核素的吸收率低于对植物结合型放射性核素的吸收率（尽管有证据证明铯是个例外）[29]。因此，受染饲料的摄入以及影响核素吸收和残留的生物过程，通常决定了动物体内放射性核素的含量。

8.3.4.1 胃肠道吸收

胃肠道吸收的程度是决定动物组织内放射性核素含量的一个重要因素。

对哺乳动物来说,部分吸收量已被量化成实际吸收系数 A_t,该值定义为饮食摄入剂量和粪便排出剂量之间的差值(需根据放射性核素内源性分泌进入胃肠道的情况进行修正)[29],它以饮食摄入量的比值表示。大多数动物体内必需元素的吸收量由饮食供应、动物需求(当需求被满足后,随着膳食浓度的不断增加,吸收量趋于减少)决定,在某些情况下也受其他必需元素(如钙、磷)之间相互作用的影响。

国际放射防护委员会[30]和 Howard 等[31]也提到了单胃哺乳动物和反刍动物对部分化学元素的吸收值。动物对必需元素的吸收量往往相对较高,而对原子量较大的非必需元素或必需元素类似物的吸收很少。

大多数形式的碘在消化道内被迅速还原成碘化物,无论是放射性碘还是饮食中稳定的碘都将被完全吸收。

对于放射性铯,源吸收是决定其在动物组织中辐射浓度的主要因素,其实际吸收系数范围从小于 0.1 到大于 0.8 不等[29]。动物对微粒或土壤结合型放射性铯的吸收率远远低于对植物结合型放射性铯的吸收率。

放射性锶的 A_t 值(0.05~0.7)与源强无关,但受其类似物——钙的影响很大,钙是一种能自主平衡的必需元素。钙在胃肠道中的吸收程度受动物对钙的需求控制,这种需求取决于诸多因素,如年龄、生长率和乳品产量。对于特定的钙需求情况,钙的吸收剂量与饮食中的含钙量之间存在着逆向关系[29]。摄入正常水平钙的情况下,放射性锶的摄入量可能对其吸收程度或其在组织里的浓度影响不大。

超铀元素(如钚和镅)的生物利用率低于其他元素,吸收系数一般不超过 0.0001。

胃肠道对部分化学元素的吸收能力随年龄而降低,这可能是由于成熟动物胃肠道黏膜的渗透性低于年轻动物(特别是刚出生到几周大的幼年动物),因而幼年动物需要吸收更多的营养物质和必需元素。

8.3.4.2 **放射性核素在动物体内的分布**

放射性核素一旦被吸收后会进入循环系统,并分布到动物体内的各个组织。某些情况下,放射性核素还会通过生物转化作用进入动物组织内部,以多种形式存在于动物体内。例如,^3H 以组织水分或有机键合氚的形式存在于组织的蛋白质和脂肪中。

不同的放射性核素累积在不同的组织里。一些放射性核素沉积的地点由相应的稳定元素或类似物的生物作用决定。碘在身体里主要储存在甲状腺中,也能被乳腺大量吸收并转移到乳汁里。放射性锶的理化行为与钙相似,因此它会在骨骼和卵壳里累积,也可能转移到乳汁中。放射性铯的理化行为与钾相似,因此在所有的软组织中都发现有放射性铯存在。锕系元素和稀土元素富集在骨骼里。肝脏(或节肢动物和腹足类动物的肝胰腺)以及肾脏都是常见污染物(包括锕系元素和重金属在内的放射性核素)的储存组织,但肾脏的受染程度相对较轻。

8.3.4.3 量化迁移到动物体内的放射性核素

对于人类的食物链,以前普遍使用迁移系数来量化迁移到牛奶和肉中的放射性核素,其定义为牛奶或肉中放射性浓度与每日膳食摄取的放射性核素浓度的比值(F_m,单位为 $d·L^{-1}$ 或 $d·kg^{-1}$;F_f,单位为 $d·kg^{-1}$)。小型动物的迁移系数远高于大型动物,成年动物的迁移系数低于幼年动物。Beresford 等[32]指出,之所以会出现这种差异,是因为迁移系数纳入了干物质质量这个参数,该参数随动物体积增大而增大。Beresford 等还建议,采用动物粪便与饮食中放射性浓度的比值可能是一个变量较少且更通用的参数(后来被国际原子能机构的手册[28]证实)。国际原子能机构的手册[28]指出,牛奶中放射性核素的平均浓度比最高,其中 Cs 为 0.15、必需元素(如:I)是 0.46[68-69]。因此,在温茨凯尔、切尔诺贝利和福岛事故后,各国都对如何减少铯和(或)碘同位素向牛奶中的迁移量提出了相应要求。

大多数的野生生物评估方法都使用"浓度比"(concentration ratios,CR)这个参数来针对至少一种生物组织进行评估。CR 是将陆生动物整个机体内放射性浓度与土壤放射性浓度相比较所得到的一个数值[见式(8.2)]。

"整个机体"通常不包括体表组织(如皮肤和羽毛),以及用来储存食物的内脏,因为内脏的受染程度远高于其他组织。

采用"浓度比"的方法中,假设放射性浓度是守恒的。但实际上,随着时间变化,动物摄入的放射性核素可能有相当大的变化,因此组织中的放射性浓度也是不断变化的,往往在动物的整个生命周期内都难以达到平衡状态,尤其是那些物理和生物半衰期较长的放射性核素(如钚)。针对人类食物链开发出的动态模型描述了放射性核素在动物组织内的行为,可用来预测放射性核素在连续的、单次的或各种吸入方式下在不同组织里的浓度[33-36]。

目前使用的评估工具中,核素迁移率的不同导致对整个机体的放射性浓度与内照射剂量的估算存在着显著差异[37-40]。为此,国际原子能机构将陆地、淡水、海洋及河口生态系统的 CR_{wo} 值整理成在线数据库,并筹划出版了《技术报告丛书手册》以发布野生生物种群的数据[41]。由于手册中关于生物体中放射性浓度的数据大多针对人类食物链中的可食用部分,因此手册也提供了一些数据表,利用这些数据表可将食用部分的数据转换成整个有机体的数值[42]。

国际原子能机构手册中所有的 CR 值均来自于公开报道的数据。某些陆地野生生物种群的 CR_{wo} 值如图 8.1 所示。

在环境评估中需要考虑大量潜在的放射性核素-生物的结合体,其中有许多 CR_{wo} 值无法从文献中得到。Beresford 等[43]和 Higley[44]提出了很多种方法,可以通过已知数据来推断未知结合物的 CR_{wo} 值。

8.4 野生生物的放射性测定

环境中的放射性核素使动植物同时遭受内照射和外照射。内照射由摄入有机体内的放射性核素造成(见前文)。除了有机体内的放射性浓度,内照射也取决于有机体体积、辐射类型和能量大小。

外照射在很大程度上取决于环境中的污染水平、生存环境(辐射源与生物体之间的几何关系、介质的屏蔽性能)、生物体体积和放射性核素的物理性能。

辐射与物质之间的相互作用导致了目标材料或组织的激发和电离。吸收剂量的单位为戈[瑞](Gy),1 Gy=1 J·kg^{-1}(即每公斤材料吸收 1 焦耳能量)。剂量转换系数(dose conversion coefficients,DCCs)定义为生物体或介质在单位放射性浓度(Bq·kg^{-1}鲜重)下的吸收剂量率(μGy·h^{-1}),用于描述生物体和介质内放射性浓度与吸收剂量率之间的关系。

在最简单的情况下,将生物看作一个密度相同的均匀介质,放射性核素均匀分布在其所有的组织中。此时,单能量辐射源的内照射(DCC_{int})和外照射(DCC_{ext})剂量转换系数均可以表示为吸收分数的函数,如式(8.3)和式(8.4)所示

$$DCC_{int} = E \times \Phi(E) \tag{8.3}$$

$$DCC_{ext} = E \times (1-\Phi(E)) \tag{8.4}$$

式中,E 为单能量辐射源的能量,eV;$\Phi(E)$ 为对能量 E 的吸收分数。

上述方程假设生物体和周围介质具有相似的密度和元素。如果辐射不是单能量源,那么上述方程可以改写为多个放射性核素衰变能量之和,并对每个能量源的权重因子进行加权。对于外照射,如果生物受到不同环境介质的辐射(可能与生物体密度不同),上述方程也需要将这些辐射源的能量进行加权处理。

估算内照射剂量的关键是吸收分数(Φ),该参数定义为被生物体吸收的能量占放射源辐射能量中的比例。有人曾对由生物体内放射性核素不均匀分布产生的不确定度进行了评估[45],结果发现:研究案例中,由放射性核素的不均匀分布所造成的光子动量不确定度低于 20%~25%;电子动量的不确定度低于 30%,能量小于 0.5 MeV 时可以忽略不计。

根据介质和生物体内的放射性浓度,利用剂量转换系数可以估算未加权的吸收剂量率。对于内照射,吸收剂量率为

$$\dot{D}_{int}^{b} = \sum_{i} C_i^b \times DCC_{int,i}^b \tag{8.5}$$

式中,$\dot{D}_{int}^{b}$ 为参考生物 b 的内照射吸收剂量率;C_i^b 为参考生物 b 体内放射性核素 i 的平均浓度(Bq·kg^{-1}鲜重);$DCC_{int,i}^b$ 为放射性核素 i 在参考生物体 b 内的剂量转换系数,指内照射吸收剂量率与放射性核素 i 在参考生物 b 内的比值[μGy·h^{-1}/(Bq·kg^{-1})]。

对于外照射,陆地生态系统的外照射吸收剂量率为

$$\dot{D}_{ext}^{b} = \sum_{z} v_z \sum_{i} C_{zi}^{ref} * DCC_{ext,zi}^{b} \tag{8.6}$$

式中,v_z 为居留因子,指参考生物 b 在其栖息地指定位置 z 度过的时间分数;C_{zi}^{ref} 为放射性核素 i 在指定位置 z 的参考介质中的平均浓度(Bq·kg^{-1}土壤鲜重);

$DCC^b_{\text{ext},zi}$ 为外照射剂量转换系数，指参考生物 b 的吸收剂量率与放射性核素 i 在指定位置 z 的参考介质中的平均辐射浓度的比值($\mu Gy \cdot h^{-1}/Bq$)。

由 β 和 α 放射源造成的外照射 DCCs 相对较低，一些方法假定某些放射性核素的外照射效应为零[46]。加权总剂量率($\mu Gy \cdot h^{-1}$)为

$$DCC_{\text{int}} = wf_{\text{low}\beta} \cdot DCC_{\text{int,low}\beta} + wf_{\beta+\gamma} \cdot DCC_{\text{int},\beta+\gamma} + wf_\alpha \cdot DCC_{\text{int},\alpha} \quad (8.7)$$

$$DCC_{\text{ext}} = wf_{\text{low}\beta} \cdot DCC_{\text{ext,low}\beta} + wf_{\beta+\gamma} \cdot DCC_{\text{ext},\beta+\gamma} \quad (8.8)$$

式中，wf 为各种放射源成分的权重因子(低能 β、β+γ、α)。

虽然野生生物的 wf 值尚未统一，目前大多数评估方法都使用默认辐射权重值，其中，α 辐射为 10~20、低能 β 辐射为 1~3、β-γ 辐射为 1[13-14,47]。α 辐射的权重因子与 Chambers 等[48]报道的变化范围上限基本一致，该范围与确定的端点(主要是致死率)有关。目前，对野生生物辐照剂量的估算不考虑组织权重因子，该因子主要用于人类剂量学研究。

国际放射防护委员会运用 Ulanovsky 和 Pröhl[49]为 ERICA 工具开发的方法[13]，推导出了 75 种放射性核素在"参考动植物"内的剂量转换系数[4]。

Vives i Batlle 等[50]对采用 10 种野生生物辐射剂量评估方法得出的非加权全身剂量率进行了比较。

8.5 对野生生物的影响

所有生物体的 DNA 是辐射生物学效应诱导的主要对象。不同生物体在辐射响应特性上有着广泛的共同点，但在辐射敏感性上存在着差异。不同生物体因急性辐射导致的致死率可能相差 3~4 个数量级，其中哺乳动物最敏感，而病毒的抗辐射能力最强[51]。

当辐射能量足够强时，可以从受其影响的原子中激发出一个或多个轨道电子，此时辐射造成的损伤主要由电离作用引起。电离辐射释放的大量能量可以打破牢固的化学键，电离过程及其产生的带电粒子能对生物细胞产生明显的破坏，这称为"直接效应"。然而，辐射引起的很多生物损伤是由自由基"间接效应"造成的，这些自由基为离子化后残留在生物体内的原子碎片。

自由基具有一个未配对的(或奇数个)轨道电子，因此其化学性质不稳定。这种自由基容易打破化学键，它们是造成辐射损伤的一个主要原因[52]。自由基并非只有辐射产生，许多激发源都能产生自由基。自由基引起的损伤非常大，以至于所有生物物种都进化出高效的修复机制来对抗它们的影响。

辐射及其产生的自由基通过引起多种病变来破坏 DNA，针对这些病变，虽然都存在有效的 DNA 修复过程[52]，但是修复过程中出现的错误会导致细胞死亡(凋亡)、染色体畸变或突变。突变可能是有害的、中性的(影响不明显，可能持续许多代)或者能引起选择性进化(这种情况极少)。某一种群的细胞类型决定了突变结果

及其后续影响。生殖细胞的突变,可能会减少雌雄配子的数量、增加胚胎致死率,或遗传给后代而导致后代发生变异;体细胞的突变会导致细胞死亡,如果损坏的 DNA 被错误修复也会导致癌症。人类患非致命癌症的风险概率约为每毫希 0.001%[52]。

电离辐射对生物系统的毒害效应主要由辐射剂量决定。有效剂量不仅取决于所受的总辐射能量,还取决于辐射类型以及组织的辐射敏感性。在国际单位(SI)中,对人类的有效剂量单位为希[沃特](Sv),它是被两个量纲—权重因子校正后的吸收剂量(Gy),这两个权重因子分别为辐射权重因子(用于表征吸收的辐射所产生的生物效应)和组织权重因子(用于表征身体不同组织器官的辐射敏感性差异)。这些权重因子主要由人类辐射生物学制订,而其他生物体不存在这些因子。因此,野生生物所受剂量以 Gy 表示(而不是 Sv),虽然剂量率可能是在加权或未加权的基础上提出的。

下面介绍对环境辐射的防护。

在评估人类所受辐射风险和其他生物所受辐射风险时,所用的方法存在着本质上的区别[53],人类风险分析大多聚焦于个体致癌风险。目前,人们已充分掌握了剂量与效应的关系,且确定了一些风险因子(如单位剂量的癌症致死率)。相比之下,野生生物的生态风险一般与动植物种群有关。对大多数生物而言,癌症与辐射是不相关的,适宜描述辐射效应的表征包括发病率(生理机能较差的状态)、降低生育成功率、死亡率和染色体损伤。这些剂量-效应关系并非针对全部的野生动物种群,为此人们建立并量化了多种风险因子对造成某种可能风险的剂量进行等效评估。

在确定野生生物风险时,最具相关性的表征现象为死亡率和发病率上升、生育率降低。三者中,繁殖率的变化对辐射最敏感,这也是野生生物种群保护(环境评估保护的对象为生物种群而非生物个体)重点关注的领域[54]。然而,预测辐射对野生动物种群造成的影响还需要更多的数据支持[55]。在采用的评估方法中,尤其缺乏慢性病以及低放辐射的数据。关于野生生物电离辐射生物学效应的数据可在弗雷德里卡(FREDERICA)辐射效应数据库里(http://www.Frederica-online.org)找到[56]。

8.6 野生生物评估基准

基准(或某些以数字形式表示的标准)以文本形式表达环境评估的结果,并为后续评估或修复行动提供辅助决策。历史上,辐射环境评估基准的制订主要依赖于专家的判断。

与人类辐射基准不同,为保护某种野生生物制订的基准通常针对该生物群体,尽管这一基准的支撑数据可能来自对生物个体的研究。该基准可以是具有法律约束力的标准或与某项规定有关的标准,超过该标准时可能需要采取法律或监管行动;也可以是一个相对保守的筛选值,用以区分"无需保护"和"需要保护"的区域。

其中,后者通常与分级风险评价方案相关,主要用于引出进一步的调查。放射性评估筛选值通常称为"预测的无确定性效应剂量率(the predicted no effect dose rate, PNEDR)"。PNEDR 的推导方法将在下文中简述,这些方法通常与化学物质风险评价方法一致。目前,人们对估计剂量率超过筛选标准后需要采取的处理措施尚未达成共识。

8.6.1 国际放射防护委员会制订的导出参考水平

国际放射防护委员会第108期出版物描绘了环境辐射防护的框架,叙述了其参考动植物的使用方法[4]。该出版物采用文献调研和专家判断来制订每个参考动植物的导出参考水平(derived consideration reference levels, DCRLs)(见图 8.2)。DCRLs 定义为能够标示电离辐射对某一类参考动植物个体可能造成有害影响的剂量率(单位为 $mGy \cdot d^{-1}$),该剂量率根据此类生物的预期生物效应推算。导出参考水平与其他相关信息结合,也可以作为评估环境保护优化水平的参考值,环境保护的优化水平取决于整体管理目标和具体辐射情况。DCRLs 为超出本底辐射值的那部分剂量率(对国际放射防护委员会制订的所有"参考动植物"而言,^{238}U、^{232}Th 和 ^{40}K 系放射性核素所造成的本底辐射剂量率通常都低于 $2\ mGy \cdot h^{-1}$)[57-58]。目前,国际放射防护委员会正致力于制订一份指南,用于指导在实际评估中使用导出参考水平。

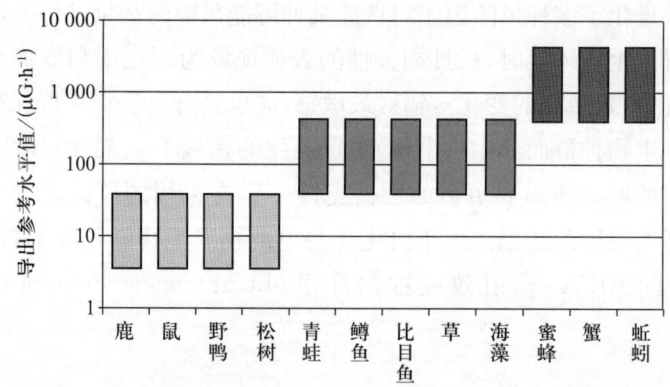

图 8.2 国际放射防护委员会对参考动植物制订的导出参考水平[4]

针对参考动植物制订的导出参考水平反映了不同动植物的辐射敏感性差异。总的来说,哺乳动物、鸟类和松树对辐射的敏感性比其他有机体更强。

8.6.2 其他辐射风险评价方法

对于辐射环境风险评价,评价基准可以表达为剂量率的形式,或者使用评价工具反算出每种放射性核素在介质环境中的浓度,从而得出以"预测的无确定性效应剂量率"表达的基准。这些环境浓度在 ERICA 工具中采用环境介质浓度限值(environmental media concentration limits，EMCLs)，在USDOE分级方法中采用生物群浓度参考线(biota concentration guides，BCGs)，它们可以直接与测量到的或模型预测得到的环境介质浓度值进行比较，从而确定"风险熵数(risk quotient，RQ)"。计算得到的环境介质浓度基准值通常应用于早期风险评价，以识别（或筛选）出潜在风险可以忽略的场所。通常在环境浓度基准值计算中，所采用的关于向有机体迁移、辐射场景和某些几何实例的假设都是保守的。

风险熵数是一种简单的风险评价手段，它通过整合辐射及其影响数据来确定生态风险发生的可能性，由预测出的辐射值除以标准数值（以基准剂量率或活度表达）得到。基准剂量率为假定环境"安全"时的剂量率。RQ的定义是

$$RQ = \frac{预测出的环境剂量率}{假定环境"安全"时的基准剂量率} \tag{8.9}$$

当$RQ<1$时，通常不需要采取进一步行动来降低风险。当RQ远大于1时，有必要采取进一步行动（如收集更多的数据、细化照射评估等）来降低风险。

生态毒理学中通常采用3种方法推导标准值：

（1）确定度法：适用于将评估（或安全）因子应用于最严格的单灵敏度值的情况。

（2）概率法：基于物种敏感性分布(species sensitivity distribution，SSD)模型。

（3）证据权重法：通常采用户外辐射数据，如现场测量的随辐射源强度变化的生物多样性指数。

多年前，前两种方法已经在欧洲制订的《化学风险评价技术指导文件》(the European Technical Guidance Document，TGD)[64]的指导下应用于放射性评估[59,63]。这两种方法所产生的基准程序主要用于确保生态系统的结构和功能。

虽然第三种方法曾在特定场所使用过（如铀矿开采），但是这种方法并没有广泛用于推导环境放射性评估基准[65]。

确定度法采用监测到的最低辐射剂量率来评估被测物种的生物效应，并将该辐射剂量率除以预定的评估/安全因子（根据有效数据的质量和数量从10到1 000不等，海洋生态系统为10 000）。该因子在一份支持EC 93/67/EEC指令的技术文件指导下使用，用于处理不确定性[64]。

相比之下，概率法采用有效的（有质量保证的）生态毒理学数据来确定剂量率，它假定在某剂量下遭受长期辐照的物种中，有10%的生物会出现生态毒理学反应，该剂量即为"10%效能的有效剂量率(EDR_{10})"。常将EDR_{10}用来补偿实验设计的影响。例如，重复实验得到的最低无影响浓度或最高无影响浓度可能与真正的无影响浓度之间存在较大差别，因此（通常）将这些EDR_{10}值与所有信息已知的物种数据绘制在同一张图上，由此来识别究竟有哪些物种的数据是位于$EDR_{10} \pm 5\%$（即第5百分位）的范围内，这些物种即为敏感物种，这些数据即为物种敏感性分布(SSD)数据。考虑到残余不确定性的影响，根据物种敏感性分布(SSD)数据的质量和数量情况，将一个取值范围为1~5的评估因子用于第5百分位，来估算"预测的无确定性

效应剂量率"。Garnier-Laplace 等[60,62]叙述了这种方法在放射性评估中的应用。

人们采用不同数据选择标准将物种敏感性分布(SSD)法用于估算 10 μGy·h^{-1}级别的筛选剂量率[59-60];在 ERICA 工具中,该剂量率为默认的筛选剂量率[13]。筛选剂量率适用于评估增量(即高于本底辐射)辐射情况。目前,由于针对野生生物种群的定量数据不足,使用这种方法仅能获得应用于所有生态系统的通用筛选值。因此,受统计学约束,无法通过 SSD 法推导出根据不同野生生物种群细分的筛选值。

筛选剂量率可用于对计划性放射物排放情况进行常规评估,但不适用于意外情况,如福岛核事故。Beresford 和 Copplestone 关于切尔诺贝利事故对野生生物的影响研究可作为福岛核事故的参考[70]。

致谢

作者用到了由英国环境研究委员会(National Environment Research Council,NERC)资助的环境辐射保护课程(http://www.ceh.ac.uk/Protect)的一些材料。这些材料由 Jordi Vives i Batlle(比利时国家核能研究中心,SCK·CEN)、Tom Hinton(法国核安全与辐射防护研究所,IRSN)和 David Copplestone(斯图灵大学)准备。我们感谢他们允许本文使用这些材料。我们也很感谢 Claire Wells 和 Cath Barnett(环境健康中心,CEH)对该稿编制给予的帮助。

参考文献

[1] D. Copplestone, J. E. Brown and N. A. Beresford, J. Radiol. Prot., 2010, 30, 283-297.

[2] ICRP, 1990 Recommendations of the International Commission on Radiological Protection, ICRP Publication 60, Ann. ICRP 21 (1-3), Elsevier, 1990.

[3] ICRP, 2007 Recommendations of the International Commission on Radiological Protection, ICRP Publication 103, Ann. ICRP 37 (2-4), Elsevier, 2007.

[4] ICRP, Environmental Protection: The Concept and Use of Reference Animals and Plants, ICRP Publication 108, Ann. ICRP 38 (4-6), Elsevier, 2009.

[5] IAEA, International Basic Safety Standards for Protection against Ionizing Radiation and for the Safety of Radiation Sources, Safety Series No. 115, IAEA, Vienna, Austria, 1996.

[6] IAEA, Fundamental Safety Principles, IAEA Safety Standards Series No SF-1 IAEA, Vienna, Austria, 2006.

[7] Environment Canada, Environmental Assessments of Priority Substances under the Canadian Environmental Protection Act, Guidance Manual Version 1. 0-March 1997, EPS 2/CC/3E, Environment Canada, Ottawa, ON, Canada, 1997.

[8] Strålsäkerhetsmyndigheten, Strålsäkerhetsmyndighetens föreskrifter och allmänna råd om skydd av människors hälsa och miljön vid slutligt omhändertagande av använt kärnbränsle och kärnavfall, SSMFS 2008: 37, ISSN 2000-0987, The Swedish Radiation Protection Insti-

tute's regulations on the protection of human health and the environment in connection with the final management of spent nuclear fuel and nuclear waste, 2009.

[9] USDOE, A Graded Approach for Evaluating Radiation Doses to Aquatic and Terrestrial Biota, Technical standard DOE-STD-1153-2002, Modules 1-3, US Department of Energy, Washington DC, USA, 2002.

[10] USDOE, Environmental Protection Program, DOE Order 450.1A, US Department of Energy, Washington DC, 2008.

[11] D. Copplestone, M. D. Wood, S. Bielby, S. R. Jones, J. Vives and N. A. Beresford, Habitat Regulations for Stage 3 Assessments: Radioactive Substance Authorisations, Environment Agency R&D Technical Report P3-101/SP1a, Bristol, UK, 2003, p. 100.

[12] D. Copplestone, M. D. Wood, P. C. Merrill, R. Allott, S. R. Jones, J. Vives, N. A. Beresford and I. Zinger, Radioprotection, 2005, 40, S893-S898.

[13] J. E. Brown, B. Alfonso, R. Avila, N. A. Beresford, D. Copplestone, G. Prohl and A. Ulanovsky, J. Environ. Radioact., 2008, 99, 1371-1383.

[14] D. Copplestone, S. Bielby, S. R. Jones, D. Patton, P. Daniel and I. Gize, Impact Assessment of Ionising Radiation on Wildlife, R&D Publication 128, Environment Agency, Bristol, UK, 2001.

[15] C.-M. Larsson, J. Radiol. Prot., 2004, 24, A1-A13.

[16] N. C. Garisto, F. Cooper and S. L. Fernandes, No-effect Concentrations for Screening Assessment of Radiological Impacts on Non-human Biota, NWMO TR-2008-02, Nuclear Waste Management Organisation, Toronto, ON, Canada, 2008.

[17] C.-M. Larsson, J. Environ. Radioact., 2008, 99, 1364-1370.

[18] USDOE, RESRAD-BIOTA: A Tool for Implementing a Graded Approach to Biota Dose Evaluation, user's guide, version 1, ISCORS technical report 2004-02 DOE/EH-0676, 2004.

[19] G. Prohl, J. Environ. Radioact., 2008, 100, 675-682.

[20] E. Leclerc and Y. H. Choi, Weathering, in International Atomic Energy Agency, Quantification of Radionuclide Transfer in Terrestrial and Freshwater Environments for Radiological Assessments, IAEA-TECDOC-1616, IAEA, Vienna, Austria, 2009.

[21] C. J. Gil-Garcia, A. Rigol and M. Vidal, J. Environ. Radioact., 2009, 100, 690-696.

[22] M. Frissel, H. Noordijk and K. E. Van Bergeijk, in Transfer of Radionuclides in Natural and Semi-natural Environments, ed. G. Desmet, S. Nassimbeni and M. Belli, Elsevier, London, UK, 1990, pp. 40-47.

[23] S. M. Wright, J. T. Smith, N. A. Beresford and W. A. Scott, Radiat. Environ. Biophys., 2003, 42, 41-47.

[24] A. Sanchez, S. M. Wright, E. Smolders, C. Naylor, P. A. Stevens, V. H. Kennedy, B. A. Dodd, D. L. Singleton and C. L. Barnett, Environ. Sci. Technol., 1999, 33, 2752-2757.

[25] J. Absalom, S. D. Young, N. M. J. Crout, A. L. Sanchez, S. M. Wright, E. Smolders, A. F. Nisbet and A. G. Gillett, J. Environ. Radioact., 2001, 52, 31-43.

[26] N. Sanzharova, S. Fesenko and E. Reed, Processes governing radionuclide transfer to

plants, in International Atomic Energy Agency Quantification of Radionuclide Transfer in Terrestrial and Freshwater Environments for Radiological Assessments, IAEA-TECDOC-1616, IAEA, Vienna, Austria, 2009.

[27] E. IAEA, Quantification of Radionuclide Transfer in Terrestrial and Freshwater Environments for Radiological Assessments, IAEA-TECDOC-1616, IAEA, Vienna, Austria, 2009.

[28] IAEA, Handbook of Parameter Values for the Prediction of Radionuclide Transfer in Terrestrial and Freshwater Environments, TRS 472, IAEA, Vienna, Austria, 2010.

[29] N. A. Beresford, R. W. Mayes, A. I. Cooke, C. L. Barnett, B. J. Howard, C. S. Lamb and G. P. L. Naylor, Environ. Sci. Technol., 2000, 34, 4455-4462.

[30] ICRP, Human Alimentary Tract Model for Radiological Protection, ICRP Publication 100, Ann. ICRP 36 (1-2), 2006.

[31] B. J. Howard, N. A. Beresford, C. L. Barnett and S. Fesenko, J. Environ. Radioact., 2009, 100, 1069-1078.

[32] N. A. Beresford, R. W. Mayes, C. L. Barnett and B. J. Howard, J. Environ. Radioact., 2007, 98, 24-35.

[33] A. M. Galer, N. M. J. Crout, N. A. Beresford, B. J. Howard, R. W. Mayes, C. L. Barnett, H. F. Eayres and C. S. Lamb, J. Environ. Radioact., 1993, 20, 35-48.

[34] N. A. Beresford, N. M. J. Crout, R. W. Mayes, B. J. Howard and C. S. Lamb, J. Environ Radioact., 1998, 38, 317-338.

[35] N. M. J. Crout, N. A. Beresford, B. J. Howard, R. W. M. Mayes and H. S Hansen, J. Dairy Sci., 1998, 81, 92-99.

[36] N. M. J. Crout, R. W. Mayes, N. A. Beresford, C. S. Lamb and B. J. Howard, Radiat. Environ. Biophys., 1998, 36, 243-250.

[37] N. A. Beresford, C. L. Barnett, J. Brown, J. -J. Cheng, D. Copplestone, V. Filistovic, A. Hosseini, B. J. Howard, S. R. Jones, S. Kamboj, A. Kryshev, T. Nedveckaite, G. Olyslaegers, R. Saxen, T. Sazykina, J. Vives I Batlle, S. Vives-Lynch, T. Yankovich and C. Yu, Radiat. Environ. Biophy., 2008, 47, 491-514.

[38] N. A. Beresford, C. L. Barnett, K. Beaugelin-Seiller, J. E. Brown, J. -J. Cheng, D. Copplestone, S. Gaschak, J. L. Hingston, J. Horyna, A. Hosseini, B. J. Howard, S. Kamboj, A. Kryshev, T. Nedveckaite, G. Olyslaegers, T. Sazykina, J. T. Smith, D. Telleria, J. Vives i Batlle, T. L. Yankovich, R. Heling, M. D. Wood and C. Yu, Radioprotection, 2009, 44, 565-570.

[39] N. A. Beresford, C. L. Barnett, J. E. Brown, J. -J. Cheng, D. Copplestone, S. Gaschak, A. Hosseini, B. J. Howard, S. Kamboj, T. Nedveckaite, G. Olyslaegers, J. T. Smith, J. Vives I Batlle, S. Vives-Lynch and C. Yu, J. Radiol. Prot., 2010, 30, 341-373.

[40] T. L. Yankovich, J. Vives i Batlle, S. Vives-Lynch, N. A. Beresford, C. L. Barnett, K. Beaugelin-Seiller, J. E. Brown, J. -J. Cheng, D. Copplestone, R. Heling, A. Hosseini, B. J. Howard, S. Kamboj, A. I. Kryshev, T. Nedveckaite, J. T. Smith and M. D. Wood, J. Radiol. Prot., 2010, 30, 299-340.

[41] IAEA, Handbook of Parameter Values for the Prediction of Radionuclide Transfer to Wildlife, IAEA, Vienna, in preparation.

[42] T. L. Yankovich, N. A. Beresford, M. Wood, T. Aono, P. Andersson, C. L. Barnett, P. Bennett, J. Brown, S. Fesenko, A. Hosseini, B. J. Howard, M. Johansen, M. Phaneuf, K. Tagami, H. Takata, J. Twining and S. Uchida, Radiat. Environ. Biophys., 2010, 49, 549-565.

[43] N. A. Beresford, C. L. Barnett, B. J. Howard, W. A. Scott, J. E. Brown and D. Copplestone, J. Environ. Radioact., 2008, 99, 1393-1407.

[44] K. A. Higley, Radiat. Environ. Biophys., 2010, 49, 657-672.

[45] J. M. Gómez-Ros, G. Pröhl, A. Ulanovsky and M. Lis, J. Environ. Radioact., 2008, 99, 1449-1455.

[46] J. Vives i Batlle, M. Balonov, K. Beaugelin-Seiller, N. A. Beresford, J. Brown, J.-J. Cheng, D. Copplestone, M. Doi, V. Filistovic, V. Golikov, J. Horyna, A. Hosseini, B. J. Howard, S. R. Jones, S. Kamboj, A. Kryshev, T. Nedveckaite, G. Olyslaegers, G. Prohl, T. Sazykina, A. Ulanovsky, S. Vives Lynch, T. Yankovich and C. Yu, Radiat. Environ. Biophys., 2007, 46, 349-373.

[47] N. A. Beresford, A. Hosseini, J. E. Brown, C. Cailes, K. Beaugelin-Seiller, C. L. Barnett and D. Copplestone, J. Radiol. Prot., 2010, 30, 265-284.

[48] D. B. Chambers, R. V. Osborne and A. L Garva, J. Environ. Radioact., 2006, 87, 1-14.

[49] A. Ulanovsky and G. PröhlG, Radiat. Environ. Biophys., 2006, 45, 203-214.

[50] J. Vives i Batlle, K. Beaugelin-Seiller, N. A. Beresford, D. Copplestone, J. Horyna, A. Hosseini, M. Johansen, S. Kamboj, D.-K. Keum, N. Kurosawa, L. Newsome, G. Olyslaegers, H. Vandenhove, S. Ryufuku, S. Vives Lynch, M. D. Wood and C. Yu, Radiat. Environ. Biophys., 2010, available online (DOI: 10.1007/s00411-010-0346-5). r.

[51] F. W. Whicker and V. Schultz, Radioecology: Nuclear Energy and the Environment, CRC Press, Boca Raton, FL, USA, 1982.

[52] IAEA, Radiation Biology: A Handbook for Teachers and Students, IAEA-TCS-42. ISSN 1018-5518, IAEA, Vienna, Austria, 2010.

[53] T. G. Hinton, Risks from exposure to radiation, in Fundamentals of Ecotoxicology, ed. M. C. Newman, Ann Arbor Press, Chelsea, ISBN-1575040131, 1998, ch. 14.

[54] IAEA, Effects of Ionizing Radiation on Plants and Animals at Levels Implied by IAEA, IAEA, Vienna, Austria, 1992.

[55] T. G. Hinton, J. S. Beford, J. C. Congdon and F. W. Whicker, Radiat. Res., 2004, 162, 332-338.

[56] D. Copplestone, J. L. Hingston and A. Real, J. Environ. Radioact., 2008, 99, 1456-1463.

[57] N. A. Beresford, C. L. Barnett, D. G. Jones, M. D. Wood, J. D. Appleton, N. Breward and D. Copplestone, J. Environ. Radioact., 2008, 99, 1430-1439.

[58] A. Hosseini, N. A. Beresford, J. E. Brown, D. G. Jones, M. Phaneuf, H. Thørring and T. Yankovich, J. Radiol. Prot., 2010, 30, 235-264.

[59] P. Andersson, J. Garnier-Laplace, N. A. Beresford, D. Copplestone, B. J. Howard, P.

Howe, D. Oughton and P. Whitehouse, J. Environ. Radioact., 2009, 100, 1100-1108.

[60] J. Garnier-Laplace, C. Della-Vedova, R. Gilbin, D. Copplestone, J. L. Hingston and P. Ciffroy, Environ. Sci. Technol., 2006, 40, 6498-6505.

[61] J. Garnier-Laplace, D. Copplestone, R. Gilbin, F. Alonzo, P. Ciffroy, M. Gilek, A. Aguero, M. Bjork, D. Oughton, A. Jaworsk, C. M. Larsson and J. Hingston, J. Environ. Radioact., 99, 1474-1483.

[62] J. Garnier-Laplace, C. Della-Vedova, P. Andersson, D. Copplestone, C. Cailes, N. A. Beresford, B. J. Howard, P. Howe and P. Whitehouse, J. Radiol. Prot., 2010, 30, 215-233.

[63] J. R. Twining, J. M. Ferris, I. Zinger and D. Copplestone, in Protection of the Environment from the Effects of Ionizing Radiation, Contributed Papers, STI/ PUB/1229 Companion CD, IAEA CN-109/114. IAEA, Vienna, 2005, 3-11.

[64] EC, Technical Guidance Document in Support of Commission Directive 93/67/EEC on Risk Assessment for New Notified Substances, Commission Regulation(EC) No. 1488/94 on Risk assessment for existing substances and Directive 98/8/EC of the European Parliament and of the Council concerning the placing of biocidal products on the market, Office for Official Publication of the European Commission, Luxembourg, 2003.

[65] P. A. Thompson, J. Kurias and S. Mihok, Environ. Monit. Assess., 2005, 100, 71-85.

[66] Ministry of Health, Labour and Welfare, 2011, Information about the great East Japan Earthquake, Food, http://www.mhlw.go.jp/english/topics/2011eq/index.html.

[67] N. A. Beresford and B. J. Howard, An overview of the transfer of radionuclides to farm animals and potential countermeasures of relevance to Fukushima releases, Integrated Environmental Assessment and Management, in press.

[68] B. J. Howard, N. A. Beresford, C. L. Barnett and S. Fesenko, J. Environ. Radioact., 2009, 100, 263-273.

[69] B. J. Howard, N. A. Beresford, C. L. Barnett and S. Fesenko, J. Environ. Radioact., 2009, 100, 767-773.

[70] N. A. Beresford and D. Copplestone, Intergrated Environmental Assessment and Management, in press.

第9章

职业人员和一般公众的辐射防护

JAN PENTREATH

摘要：辐射防护的历史悠久，它的起源几乎可以回溯到一个世纪以前。从那时起，人们不仅积累了大量的辐射效应信息，而且已经开始应用此类信息对人员辐射风险进行有效控制。这一成就很大程度上归功于国际放射防护委员会。该委员会一直致力于结合流行病学研究的大量成果，对从辐射物理学、辐射剂量学和辐射生物学研究中获得的辐射防护知识进行评估、解释和推广。此外，国际放射防护委员会还试图使不断进步的辐射防护技术与不断变化的文化和社会环境相适应，因为辐射防护需要在社会实践中进行长期验证。目前，辐射防护指南针对3种辐射情况（计划照射、应急照射、现存照射）而提出，涉及人体的辐射分为3类（医疗的、职业的和公众的）。通过数据分析，在区分辐射条件、可能受辐射对象种类的基础上，还需要根据诸多原则（如正当性原则、防护最优化原则及剂量限值应用原则等）进行辐射防护。本章简要陈述并讨论影响辐射防护的所有要素，同时简要介绍英国公众在不同辐射环境中所遭受的辐射剂量率。

9.1 引言

在核电大规模应用所造成的危害中，人们通常对辐射危害的了解相对较多，而对其他危害知之甚少。此外，与其他相关危害方面知识相比，辐射危害知识得到了较好的组织和管理，并被转化成国际上的通用程序。这主要是因为人们已经积累了超过一个世纪的大量数据，并建立了一个独特的、历史悠久的组织实体——国际放射防护委员会。

19世纪末，X射线以及镭射伽马射线被发现后，随即广泛应用于医疗领域，然而辐射的危险也很快显现出来，于是1913年成立了国家级委员会来解决这一问题。除此之外，建立某种形式的国际合作也很有必要，于是第二届国际放射学大会做出了一项决议，于1928年成立了国际放射防护委员会，时称"国际X射线和镭防护委员会"，该委员会于1950年重组，并更名为国际放射防护委员会。

国际放射防护委员会为咨询机构，它定期发布关于电离辐射危害防护的详细信息和建议，并在适当的时间间隔对其《建议书》进行修改。目前，系列出版物中第一份报告所提建议已于1958年得到应用[1]，并自那时以来，在第26版[2]、第60版[3]和最近的第103版[4]得到了修订。

国际放射防护委员会建议的主要对象是负有辐射防护职责的监管当局、组织和个人，事实上几乎所有涉及辐射防护的国际标准和国家法规都是根据其建议提出的。国际放射防护委员会的《建议书》和《国际电离辐射防护和辐射源安全的基本安全标准》(Recommendations and the International Basic Safety Standards for Protection against Ionizing Radiation and the Safety of Radiation Sources)(简称《基本安全标准》)存在着紧密联系,它们都是由联合国框架内的相关国际组织联合发起,并由国际原子能机构进行颁布的。国际原子能机构的执行机构要求《基本安全标准》采纳国际放射防护委员会的《建议书》。随后这些《建议书》被经合组织核能机构、某些地区性机构(如欧洲原子能联营)以及国家机构(如英国国家放射防护委员会,其职能为当前健康保护局的一部分)等组织采纳。

国际放射防护委员会由5个分委员会组成,广泛采用专业工作组的形式开展工作。该委员会还与联合国原子辐射效应科学委员会(the United Nations Scientific Committee on the Effects of Atomic Radiation,UNSCEAR,由联合国大会于1955年成立,负责进行电离辐射情况和辐射等级的评估和报告)密切合作。因此,国际放射防护委员会能够汇集世界各国的经验和数据,从而掌握与医疗实践、产业工人、社会公众以及自然环境研究相关的辐射情况。

成立于1928年的另一个委员会——国际X射线单位委员会(后更名为国际辐射单位委员会)针对X射线制订了首个剂量单位——伦琴(R)。该单位经修订后与术语"剂量"首次出现在1937年国际辐射单位委员会的《建议书》中[5]。国际辐射单位委员会提出了"吸收剂量"的概念,正式将其名称和单位定义为"rad",并于1953年将其拓展到除空气以外的某些材料[6]。首次使用的剂量值是"以rems(代表人体或哺乳动物的伦琴当量)表征的相对生物效应剂量",结合了"不同类型组织对不同辐射具有不同响应"的概念,即所谓的"相对生物效应"(Relative Biological Effectiveness,RBE)。相对生物效应剂量为吸收剂量(以rad为单位)的加权总和,在1956年国际辐射单位委员会的《建议书》中被废止。在国际辐射单位委员会和国际放射防护委员会的共同努力下,用名词"相对生物效应剂量"取代了"当量剂量","当量剂量"定义为吸收剂量、辐射品质因子、剂量分布因子和其他修正因子的乘积[7],同时保留"rem"作为当量剂量的单位。国际辐射单位委员会还定义了另一个剂量值"比释动能"(kerma),并于1962年建议将"照射剂量"简化为"照射"。

那时,还发生了很多事情,包括引进国际单位(SI)等。现在,辐射防护的基本剂量单位为"吸收剂量(D)",它表示每单位质量物体所吸收的能量,单位为焦耳每公斤或戈[瑞](Gy)。从其定义来看,吸收剂量可用于某一指定位置,但除另有说明外,国际放射防护委员会用它表示一个组织或器官的平均剂量。吸收剂量乘以相应的权重因子(取决于辐射类型)得到相应器官或组织的当量剂量H_T。辐射防护主要考虑当量剂量,因为它与受辐射器官或组织的危害风险密切相关。通过衡量与各组织辐射灵敏度成正比的当量剂量(即当量剂量与辐射产生危害的概率和严重程度成正比),再加上各个组织传递给生物整体的剂量,就可以得到第三种剂量表达方式——有效剂量(E)。辐射防护通常采取有效剂量作为剂量限值或风险评价的决定因素。当量剂量和有效剂量都以希[沃特](Sv)为单位。某些情况下,往往需要计算集体剂量,它由受辐照的个体数乘以其平均剂量得出。集体有效剂量(S)有时也作为衡量预期集体损伤的参数,有时则用于表示"辐射对健康伤害"的参数。

因此,人们已经建立一套体系,通过一系列概念和数字"模型"对辐射与剂量以及剂量与效应相关的基础理论进行验证、复核及解读(见图9.1)。这一过程首先需要创建"参考人",现采用参考个体(男性或者女性)和参考人的概念。前者被国际放射防护委员会定义为理想化的男性或女性模型,具有参考解剖学和生理学特性[8]。随着相关技术的快速发展,基于医学断层图像和三维体积像素的幻影成像技术已经可以用来计算某一器官或组织的平均吸收剂量,然后再乘以辐射权重因子就可以得出参考人(男性和女性)的当量剂量。这一过程的步骤见图9.1。

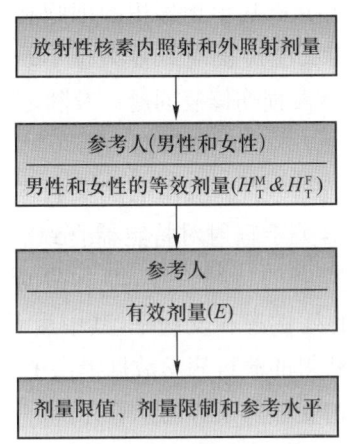

图 9.1　用于人员防护的某些数值的推导过程[9]

然而,为实现辐射防护的目的,人们认为不区分性别的有效剂量值也是可行的。通过推导理想的参考人器官或组织的当量剂量值(按性别取平均),再乘以相应的组织权重因子,即可得到其有效剂量值。

9.2　辐射对健康的影响

如果无法获得足够的人员辐射效应信息来区分不同组织和器官遭受内照射和外照射剂量水平及其所造成的影响后果,那么这种复杂的用于评估辐射对健康影响的方法有可能无法实现。各种因素之间存在着错综复杂的关系,为了控制人员辐射的风险,需要考虑以下两种主要的辐射影响:

(1) 确定性效应:很大程度上是由高剂量辐射造成的细胞死亡或功能缺陷。

(2) 随机性效应:如致癌和遗传影响,主要是遭受辐射的体细胞变异所引发的癌症以及生殖细胞突变在后代中产生的遗传疾病。

当然,这两类情况并未涵盖辐射对健康的所有不利影响,此外还应考虑到辐射对胚胎和胎儿的影响以及除癌症以外的其他疾病。确定性效应(也称组织反应)一般都有一个辐射剂量阈值,因为对于给定组织中的关键细胞群,其辐射损伤达到临界值之后才能造成医学损伤。超过辐射剂量阈值的辐射损伤程度(包括对受损组织恢复能力的伤害)将随辐射剂量的增加而增加。超出辐射剂量阈值后,早期组织反应(几天到几周)可能会表现为由细胞渗出所造成的炎症,也可能表现为由细胞缺失而引起的其他反应。后期组织反应(几个月到几年)普遍表现为对该组织的直接损害。从本质上讲,吸收低于 100 mSv 辐射剂量,人体组织一般不会表现出临床功能障碍,这一标准不仅适用于单一急性辐射,也适用于积年累月的低剂量辐射。

尽管约 100 mSv 或以下剂量的随机性效应具有很大的不确定性,但是流行病学和实验研究均证明了辐射有致癌风险,目前已进行了大量努力试图理解和量化这种风险。在致病机理方面,通过分析几十年累积的细胞和动物研究数据,发现遭受辐射的单细胞体内 DNA 损伤反应过程对致癌效应有决定性影响,与此同时,诱导 DNA 双链断裂、复杂形式 DNA 损伤修复问题以及随之而来的基因或染色体突变等也对致癌效应有特殊影响。

由于癌症发病的随机性较大,有必要对癌症发病率的流行病学进行深入研究。这些基础数据还在持续增多,关于辐射对特定器官致癌的很多信息来自于对 1945 年在日本原子弹爆炸中幸存者的持续追踪,即所谓的寿命研究(life span study,LSS)。这些数据涉及癌症的死亡率和发病率,其中后者提供的风险评价数据更为可靠。此外,由寿命研究所获得的流行病学数据提供了许多短期和长期辐射的致癌风险信息,尤其是针对幼年遭受辐射人群的风险评价。

寿命研究并非唯一的信息来源,医疗、职业和环境研究的数据也能够用于审议和评估。由于癌症发生在人体的某些部位,寿命研究和其他来源的数据具有相当的一致性。然而在采用不同来源的数据进行辐射风险评价时需要区别对待,而且大多数环境辐射研究目前还缺乏足够的能够直接用于风险评价的(关于剂量测定和肿瘤确诊方面的)数据。

在研究辐射致癌风险时,需要开展大量的剂量和剂量率检测。低剂量情况下,患癌症的风险较小,因而为了获得统计学上的重要信息,需要采集大量的数据。因此,联合国原子辐射效应科学委员会采用剂量和剂量率效能因子(dose and dose-rate effectiveness factor,DDREF)来表达从高剂量(及高剂量率)到低剂量(及低剂量率)辐射的致癌风险。通常,结合流行病学、动物学和细胞学的数据,可以判断出低剂量和低剂量率的致癌风险将随着 DDREF 等因子的降低而降低。然而在现实中,不同器官和组织应当采用不同的剂量和剂量率,国际放射防护委员会认为,对于普遍意义上的辐射防护而言,DDREF 取值为 2 是较为合适的,该值也可用于推断所有癌症的标称风险系数。

一种用于评估低剂量和低剂量率辐射致癌风险的方法认为,当剂量低于 100 mSv 时,剂量增量将导致辐射致癌概率(或遗传效应)相应增加。该剂量响应模型通常称为"线性无阈(linear-non-threshold,LNT)"模型。这是联合国原子辐射效应科学委员会的观点[10]，很多国家级组织也给出了其评估结果，其中有些与上述观点一致[11-12]，有些则不同，例如法国科学院的报告[13]就对辐射致癌风险的实际剂量阈值存在异议。

国际放射防护委员会指出，尽管存在个别例外情况，但是有大量证据表明，当剂量低于 100 mSv 时，假设"癌症发病率或遗传效应随器官或组织内当量剂量的增加成正比"的观点是科学合理的。当然，这是一种经验判断，为了得出这种判断，还需要考虑细胞适应性反应、自身的相对丰度以及低剂量诱导 DNA 损伤等相关因素的影响。事实上，诸如辐射后的诱导基因不稳定、存在旁杂信号等其他因素也需要考虑。所有生物因素的影响以及长期辐射可能引发的肿瘤效应和免疫现象，都可能影响辐射的致癌风险[14]。由于所有对患癌标称风险系数的评估都有赖于人类流行病学的直接数据，因此在任何情况下，所有影响评估系数的因素都应该加以考虑。

需要进一步说明的是，尽管 LNT 模型在实际辐射防护体系中具有一定的科学性和合理性，但是要通过现有生物学或流行病学数据来确证该模型也是不太现实的[10-11]。由于这种不确定性，国际放射防护委员会建议，对于公众健康计划而言，采用 LNT 模型计算遭受长期低剂量辐射人群中的癌症病例数或遗传性疾病数是不适用的。此外，与大众媒体的普遍观点不同，目前还没有直接证据证明遭受辐射的父母会导致其后代产生过多的遗传疾病。然而，有令人信服的证据表明，辐射会引起实验动物的遗传变化。因此，为慎重起见，国际放射防护委员会将遗传风险分析也纳入了辐射防护体系。目前，这种风险分析基于倍增剂量（doubling dose, DD）的概念，据估计，辐射剂量对下一代造成致病突变的风险约为 0.2%/Gy。

对于胚胎和胎儿，在胚胎发育过程中，着床初期对辐射比较敏感。子宫内的放射敏感性取决于胎龄，胚胎器官成型阶段的放射敏感性最强。参照动物实验数据，低于 100 mGy 的剂量所造成的致命影响非常罕见，能够造成畸形的辐射阈值约为 100 mGy。因此，实际上当辐射剂量远低于 100 mGy 时，子宫内的致畸风险可以忽略。针对子宫内部遭受医疗辐射的大量病例及实验研究表明，在胚胎发育期遭受过辐射的儿童，患癌症的风险会增加。子宫内部遭受辐射所诱发的癌症具有独特的不确定性，但是可以这样假设：由子宫遭受辐射所引发的致癌风险与婴儿早期辐射所引发的致癌风险相似。这种风险最多为人类平均风险的 3 倍左右。

9.3 人类辐射防护的科学体系

为人类辐射防护而建立的科学体系包括使用参考解剖和生理模型评估内照射剂量和外照射剂量、在分子和细胞水平研究辐射效应、开展大范围动物实验研究以及对数十年来遭受辐射人群开展的流行病学研究等。人们已将模型和数据制成标准数据表，例如，采用不同放射性核素的"单位摄入剂量"来表征内照射，以及采用"单位空气比释动能或辐射剂量"来表征职业人员、患者和公众所遭受的外部辐射。

目前，已采用流行病学和实验研究对外照射和内照射风险进行评估。在生物学效应方面，经验数据得到了动物实验的进一步证实。在癌症和遗传效应方面，研究的出发点是基于流行病学以及动物和人类遗传学的研究成果；反过来，除此以外，在进行低剂量辐射风险分析时，还需要辅以对癌变机制以及遗传有关的实验研究信息。

在对相关数据的解释中，需要区分其不同的影响权重。将光子、电子和μ介子的辐射权重因子均设为 1 是一种简化手段（特别是对光子），因为在低剂量范围内进行剂量限制、评估和控制时，采用这样的权重因子足以计算当量剂量和有效剂量等参数。对质子而言，外部辐射源最为重要，其辐射权重因子取为 2（也适用于介子）。质子和介子都是乘坐飞机遭受辐射时的粒子以及高能粒子加速器中的粒子。α 粒子在内照射方面起着重要作用，其常用辐射权重因子为 20。该值也可用于裂变碎片与重离子，裂变碎片也是内照射的重要来源，重离子通常在高空飞行和空间探测中出现。中子的辐射权重因子约在 2.5 至略高于 20 的范围内，其具体数值由中子能量决定。

同样，由于组织权重系数以及损伤估值具有一定的不确定性，也需要区分其不同的影响权重。为了实现辐射防护，目前适宜采用根据年龄和性别平均后的组织权重因子以及数值风险评价方法。对于低剂量辐射产生的随机性效应，全种群患癌标称概率系数为 5.5×10^{-2} Sv^{-1}，成年职业人员则为 4.1×10^{-2} Sv^{-1}；从遗传影响来看，全种群患癌标称概率系数为 0.2×10^{-2} Sv^{-1}，成年职业人员则为 0.1×10^{-2} Sv^{-1}。

上述风险系数之所以被国际放射防护委员会称为"标称值"，是因为涉及的遭受辐射的人口中既有男性也有女性，而且年龄分布不同，所以根据年龄与性别对数据进行了适当处理。同时，有效剂量（辐射防护领域推荐的剂量学数值）也根据年龄和性别情况进行了适当处理。虽然基于致死率和损伤系数的评估结果足以满足辐射防护的需求，但是在界定评估有效剂量所需的标称因素时仍然存在许多固有的不确定性。例如，从流行病学数据来看，标称风险系数显然不适用于特定个体，在评估某一个体或种群遭受辐射的可能后果时，有必要使用与遭受辐射个体或种群相关的具体数据。

在某些情况下，一些相关器官遭受辐射的剂量值可能超出产生确定性效应的阈值（每年 100 mSv），这时就需要采取防护措施。当辐射剂量低于每年 100 mSv 时，随机性效应发生的概率将略有增加，其增幅与高于背景剂量的那部分辐射剂量成正比。

在辐射管控方面，需要考虑以下方面：个人可能同时受到多个辐射源危害，需要评估"与个人相关的"辐射总量；此外，也需要评估所有个体遭受"单一辐射源或一组辐射源"辐射的情况（"与辐射源相关"的评估）。其中，"与辐射源相关"的评估最为重要，因为可以对某一辐射源采取相应的防护措施，从而保护所有个体免受其危害。

随机性效应固有的不确定性以及 LNT 模式的固有属性决定了以此为基础构建

的民众辐射防护科学体系不可能明确区分"安全"和"危险"。这必然会对辐射风险管控的解释造成一定的困难。LNT 模式的主要意义在于，任何时候都必须对数量有限却必须评估的特定辐射风险建立社会公众普遍认可的防护能力。这也是国际放射防护委员会致力解决的主要问题。

9.4 国际放射防护委员会提出的辐射防护体系

国际放射防护委员会的《建议书》主要为人类及环境的辐射防护建立了适当的标准，这种辐射防护既能够使人类免遭确定性辐射伤害，又不会过分限制其从事与辐射相关的活动。对于个人防护，无论何种放射源，控制（或限制）其辐射剂量在阈值以下非常重要。鉴于人们对辐射效应的认识，对人体健康的防护目标相对明确：管理和控制人们所遭受的电离辐射风险以杜绝确定性辐射伤害，并确保其随机风险控制在可接受水平以内。然而，在实现这一目标前，首先需要考虑可能会导致辐照伤害的情况。目前国际放射防护委员会将辐照情况分为以下 3 种：

1）计划照射

包括按照计划使用和操作辐射源的情况，以及以前的"实践"情况，主要有：预期会发生的（所谓"正常"照射）；某些不希望发生、但可能会出现的（"潜在"照射），如事故性照射。尽管人们并不希望发生"潜在"照射，但是仍然可以针对这种情况制订相应的预案（虽然该预案不必非常详细）。发生"潜在"照射时会面临多种风险，从偶然发生的事故到有明确意向的恶性行为。具体的指导建议已用于防御放射性袭击[15]。

2）应急照射

事先意想不到的情况，例如在计划操作过程中发生的意外事故等，这种情况需要加以密切关注。应急照射情况往往难以避免，具体发生的细节不可预知，需要特别注意其对健康的直接影响。

3）现存照射

采取辐照控制措施前就已经存在的照射，如天然本底照射。

个体可能会遭受多种辐射源危害。如果辐射剂量低于确定性效应（造成组织损伤）的剂量阈值，可以认为辐射源的剂量增幅与相应随机性效应发生概率的增幅成正比，据此可以对多个辐射源进行单独处理。

辐射防护领域广泛使用"实践"一词来表示能够导致辐射剂量或辐射风险增加的活动。该活动既可以是商业、贸易、工业或其他类似活动，也可以是政府承办或慈善性质的行为。然而，不论目的如何，该活动过程使用的辐射源均能够被人类行为直接控制。

人类遭受的电离辐射也被分为以下类型：

1）医疗照射（对患者）：包括因进行检查、介入、治疗而遭受的辐射。

2) 职业照射:因工作原因而遭受的辐射。

3) 公众照射:除职业照射或医疗照射以外的所有辐射,也包括怀孕女工的胚胎和胎儿所遭受的辐射。

当然,任一特定个体遭受的辐射都可能同时属于上述3种类型。

"患者"是指因进行检查、介入或治疗而遭受辐射的个人。剂量限值和剂量约束并不适用于个体患者,因为这可能会削弱对病人诊断和治疗的效果,弊大于利。因此,此类辐射的防护重点应该为调整诊疗程序、优化防护手段以及控制检查的辐射水平。

"职业人员"是指享有职业性辐射防护权利和义务的被雇佣者,包括涉及辐射的医疗专业工作者、机组人员等,但不包括"频繁飞行者"(对特殊情况下的宇宙辐射需要区别对待,如太空旅行中的辐射,因为宇宙辐射的剂量可能会非常大,需要根据特定辐射情况采取特定的防护措施)。

"雇主"的一个重要职责是对辐射源进行维护控制,并对遭受职业性辐射的职业人员提供防护。在辐射防护方面,划分作业区域优于对职业人员进行划分。通常作业区域可分为"受控区"和"监管区"两种类型:"受控区"中需要或可能需要制订具体的防护措施和安全规定,以控制正常辐射或防止正常工作条件下的污染物扩散,同时阻止或限制潜在辐射范围;"监管区"中需要定时检测工作条件,但通常不需要其他特别的防护程序。"受控区"往往涵盖在"监管区"内,但也并非必须如此。在"受控区"内作业的职业人员必须了解情况并受过专门训练,且易于识别。这些职业人员在工作场所遭受的辐射都将被监测,有时也需要接受特殊的医疗监测。

需要特别关注的是怀孕女工和哺乳母亲。怀孕女工将接受额外的监控措施,使其所遭受的辐射剂量相当于普通公众所遭受的辐射剂量,从而保护胚胎或胎儿。因此,怀孕工人的工作环境应该确保胚胎或胎儿在整个孕期内所遭受到的额外辐射剂量不超过 1 mSv。言外之意是,雇主应当严格关注孕妇所面临的辐射情况,如有必要,应当改变其工作条件以降低其遭受意外辐射以及放射性核素摄入的可能性[16-17]。

最后,"公众"指的是除职业需要和医疗原因外遭受辐射的任何个体。大量不同种类的自然或人造辐射源使公众遭受辐射,通常每个辐射源都可能使多个个体遭受辐射。为了保护公众,一直使用"关键组"来界定遭受一定辐射剂量的某类个体,他们是遭受较高辐射剂量的典型代表。在关键组内,采用剂量限值表示平均剂量值。目前,关键组这一概念在应用过程中已经积累了大量的经验,特别是在英国。公众辐射剂量的评估技术也取得了新的进展,其中概率技术的运用也越来越广泛。"关键组"中的形容词"关键的"也含有"危机"的意思,尽管国际放射防护委员会从未提及。此外,当评估个体辐射剂量时,"组"的概念也可能常被混淆。

因此,现在国际放射防护委员会建议在公众辐射防护领域使用"代表人"取代早期的"关键组"[18]。"代表人"既可以是真实的,也可以是假想的,但重要的是,用于表征"代表人"的生活习惯(如食品消耗、呼吸频率、位置、本地资源的使用等)应能代表大多数遭受高强度辐射个体所具备的典型习惯,而非某一个体的极端习惯。虽然也可以考虑一些极端或不寻常的习惯,但是这些不足以反映"代表人"的特征。剂量系数可用于计算不同年龄人群所遭受辐射的潜在剂量,但考虑到实际情况,目前建议将人群分为3个年龄组:婴儿(0~5岁),儿童(6~15岁)和成人(16~70岁),分别采用适用于1岁、10岁和成年人的剂量系数和生活习性数据。

针对上述辐射情况及辐射类型,要提出一致且符合逻辑的建议,就需要融汇上述概念和定义。为此,需要以现有科学信息和LNT模式为基础构建科学体系,并结合引入新信息。然而,如果要将它变成决策工具,还需要综合社会学、金融学和其他要素。为此,国际放射防护委员会提出以下3条基本原则:

(1) 正当性原则:任何改变辐射状况的决策都应当利大于弊。

(2) 防护最优化原则:在考虑经济和社会因素的前提下,尽量降低人们遭受辐射的可能性、被辐射的人数以及个体的辐射剂量。

(3) 剂量限值应用原则:计划照射情况下,任何个体遭受常规辐射源的辐射总量应不超过国际放射防护委员会制订的限值(医疗照射除外)。

正当性原则和防护最优化原则适用于前文所述3种辐射情况,而剂量限值应用原则仅适用于计划照射情况下预期会产生确切辐射剂量的情况。

9.4.1 正当性原则

职业及公众辐射情况下,应用正当性原则有两种不同的方式,这取决于辐射源能否被直接控制。第一种方式在实施新的辐射活动时使用,这种情况下需要预先制订辐射防护计划并对辐射源采取必要的控制措施。应用正当性原则时,要求不能发生计划外辐射情况,除非由此所遭受辐射的个体或社会所产生的净效益足以抵消辐射的不利影响。第二种方式适用于不直接控制辐射源,而主要通过改变辐照途径等措施来控制辐射的情况,它可能发生在现存照射或应急照射等条件下。此时,采用正当性原则来制定"是否需要采取措施以杜绝进一步辐射"的决策。如果利大于弊的话,减少辐射剂量(往往会存在一些负面影响)也是正当合理的。

两种情况下,通常由政府或国家主管部门负责对其"正当性"进行评估,以确保广泛意义上的社会整体利益,而非某一个体的利益。在采用正当性原则制订决策时,其输入可能包括来自用户、其他组织、政府外人士的告知等方面。因此,采用正当性原则决策时,往往通过公众协商的方式,这取决于诸如放射源大小等众多因素。正当性原则可能涉及负有不同职责的诸多组织。本文中,针对辐射防护所进行的考虑仅仅只是广泛决策过程的一个输入而已。

9.4.2 最优化原则

辐射防护优化过程适用于已初步满足正当性原则的情况。最优化原则对个人辐射剂量或风险大小进行限制，它是辐射防护体系的核心，适用于所有 3 种辐射情况。国际放射防护委员会将其定义为与辐射源有关的过程，该过程在考虑经济和社会因素的前提下，尽量降低遭受辐射（不确定是否可监测）的可能性、被辐射的人数以及个体的辐射剂量。持续数十年的优化过程是整个辐射防护方法的关键，它大幅降低了职业和公共辐照风险。本质上，其目的往往是在当前情况下通过持续的、反复的过程，实现最好的辐射防护，这些过程包括：

(1) 评价辐照情况，包括任何潜在照射风险(体系基础)；
(2) 选择适当的约束标准或参考水平；
(3) 确定可能的防护选项；
(4) 选择目前情况下的最佳方案；
(5) 实施所选方案。

9.4.3 剂量限值应用原则

只适用于计划照射的情况(不适用于医疗照射)。计划照射情况下，职业照射的有效剂量限值为每年 20 mSv，即 5 年的辐照总量为 100 mSv，同时任何一年内的有效剂量不超过 50 mSv。计划照射情况下，公众照射的有效剂量限值为每年 1 mSv，特殊情况下允许某一年中的辐射剂量超过平均剂量限值，但是 5 年内的年平均辐射剂量不超过 1 mSv。

有效剂量的辐射限值为外照射剂量和由放射性核素摄入所引发的内照射剂量的总和。对 5 年内的职业摄入辐射剂量取平均值，可能更为灵活实用。同样，在某些特殊情况下，对 5 年内公众摄入的辐射剂量取平均值也是可以接受的。

剂量限值并不适用于知情者个人从事的志愿行动，或试图阻止灾难发生等形势下的突发辐射情况。知情的志愿者开展应急救援行动，可以放宽其正常剂量限值。然而，突发核事件后进行恢复和重建的作业人员应被视为遭受职业性辐照的职业人员。相应地，需要按照职业辐射卫生防护标准进行防护，其辐射剂量不应超过职业辐射剂量限值(怀孕或处于哺乳期的女工，不应被聘为"先遣队员"承担救生或其他紧急行动)。

尽管国际放射防护委员会采取了基本的科学方法来设定剂量限值，但是其剂量限值的选择方法依然有必要考虑社会对不同属性"风险"的判断。在某一特定的社会中，这些判断可能因为业务环境的不同而不同，在不同的社会中更是如此。因此要提供通用的指导并非易事，由此，国际放射防护委员会也表示，其制订的指导方法力争具有足够的灵活性，以满足不同国家或地区的使用需求。

9.4.4 剂量约束和参考水平

剂量约束和参考水平需要与防护最优化原则结合使用，以限制个人受照剂量。剂量约束或参考水平通常为个人剂量水平值。因此，"初步的目标"是控制辐射剂量不超过或保持在剂量约束或参考水平内。而"所追求的目标"是在充分考虑经济和社会效益的前提下,将所有辐射剂量水平降至合理可行的最低水平。计划照射情况(除医疗辐射外)下使用"剂量约束",应急照射和现存照射情况采用"参考水平"来描述辐射剂量水平。之所以采用不同的术语,是因为:计划照射情况下可以预报辐射的剂量,所以在规划阶段使用个人剂量约束可以确保其不会超过限值。然而其他情况下,可能具有更大的辐射风险,当个人最初遭受的辐射剂量超出了参考水平时,则需要采取优化措施。通常,医疗诊断(如计划照射)中使用诊断参考水平来表示常规情况下和特定成像程序中病人所受辐射剂量或因管理活动所受辐射剂量异常偏高或偏低的情况。

剂量约束是在计划照射情况下对一个辐射源所造成的个人辐射剂量的预估值,它与辐射源的类型有关,在防护优化过程中作为某一特定辐射源的预测剂量上限。剂量约束值应当永远低于相应的辐射剂量限值,超过剂量限值表明对于某一辐射源的防护措施可能还不够优化。对于潜在辐射,与源相关的限制称为"风险约束"。

对于职业照射,剂量约束是一种个人所受辐射剂量值,用于界定优化方法的范围,只有那些能确保个人所受辐射剂量低于约束值的方法才能够用于优化过程。对于公众照射,剂量约束指的是在按计划对特定受控辐射源进行操作的过程中,市民所遭受的年辐射剂量上限。如果超过了剂量约束值,则有必要明确防护手段是否优化、选用的剂量限值是否适当以及将来是否有必要采取进一步措施使辐射剂量减少到可接受的水平。

应急照射或现存可控照射情形略有不同。参考水平代表了一定的剂量水平或风险水平,超过参考水平就意味着计划制订不当以至于发生了辐照事件,因此需要规划并优化防护措施。应当根据当时的辐照情况选择参考水平值。很显然,当应急照射情况已经发生(或现存照射的情况已查明),且防护措施也落实到位的时候,就可以测量或估算职业人员及公众所遭受的辐射剂量值。参考水平实际上可作为一个基准,用于对防护方法进行追溯性评判。需要牢记的是,在根据计划实施防护策略的过程中,辐射剂量是否超过参考水平值主要取决于该策略的成功与否。

当剂量高于 100 mSv 时,确定性效应与致癌概率都可能增加,所以短期或一年内的辐射剂量的参考水平值不应超过 100 mSv。只有在辐射不可避免或某些特殊情况等极端环境下,才能采用更高的辐射参考水平值,例如为拯救生命或预防严重灾害等情况。其他任何形式的个人或社会利益都不能弥补高强度辐照所造成的后果。

剂量值低于 100 mSv 时,可以根据某段时间内的预计剂量值将其分为 3 段,这种方法适用于所有 3 种辐射情况。通常,计划照射下使用的剂量约束值以及现存照射下使用的参考水平值都表达为年有效剂量($mSv \cdot a^{-1}$)。在应急照射情况下,参考水平值表达为个体遭受辐射的总剂量(含急性辐射、长期辐射),监控措施都应将辐射剂量控制在以年计的参考水平值以下。参考水平值分为以下 3 段:

第一段为小于 1 mSv,通常适用于个体遭受计划照射的情况,此时个体可能不会直接受益,但是可能会造福社会,核电设施运营给公众造成的辐射就是一个典型例子。该约束值和参考水平值适用于具备基本辐射信息并实施了环境辐射监测、监控或评估行为的情况,也适用于个体可能了解相关辐射信息但缺乏培训的情况。相应的剂量值高于天然本底辐射值的幅度极小,数值上至少比最大参考水平值低两个数量级,从而确保辐射安全。

第二段为大于 1 mSv、但不超过 20 mSv,适用于能够从辐照中直接受益的情况。该限值和参考水平值往往针对具有个体监测、剂量监测或评估的情况,以及个体可从辐射培训或辐射信息受益的情况,如计划照射中的职业照射情况。异常高水平的天然本底辐射或事故后的恢复阶段,也可能是在这一段。

第三段为大于 20 mSv,但不超过 100 mSv,适用于异常的、往往是极端的情况,此时为减少照射所采取的措施有可能具有破坏性。该参考水平值和约束值以及个别"一次性"低于 50 mSv 的辐射水平,适用于能够从照射环境中获取巨大收益的情况,例如为减少突发辐射损害而采取的行动就是此类情况的主要例子。任何接近 100 mSv 的辐射剂量,始终需要采取必要的辐射防护措施。此外,对于可能超过有关器官或组织的确定性效应阈值的情况,也需要采取防护措施。

9.5 英国实践中所采取的辐射防护措施

应该如何实施上述建议和指导,并将其真正应用于各类辐照情况呢?尽管解释起来可能非常复杂,但大体上都遵循相同的模式,概括如下:

(1) 对可能出现的辐照情况进行定性(计划照射、应急照射和现存照射)。

(2) 对辐照的类型进行分类(确定发生的、存在潜在风险的、职业照射、病患的医疗照射和公众照射等)。

(3) 对受辐照的个体进行识别(职业人员、患者和公众)。

(4) 分类评估,即按辐射源分类的评估或按被辐照个体分类的评估。

(5) 正当性原则、防护最优化原则和剂量限值应用原则的准确表述。

(6) 对需要采取防护或评估措施的个体辐射剂量水平进行描述(剂量限值、剂量约束和参考水平)。

(7) 辐射源安全条件的划定,包括辐射源的安全及其所需应急预案和响应。

在英国,辐射防护工作均在有关法律监督下进行,这些法律包括大量的规章制度,O'Riordan[19] 详细记录了其发展过程。

9.5.1 职业人员遭受的辐射

职业人员遭受的辐射主要来自 X 射线、γ 射线以及少量 β 粒子和中子。通常使用个人剂量仪检测职业人员体表所受的辐射剂量,但是也会针对与体表剂量相关的内照射进行评估。剂量检测需要经常进行,以确保其符合法律或行政剂量限值的规定。核工业雇用的职员主要从事核燃料循环、燃料制造和反应堆运行保养、维修和退役以及涉核场所恢复等工作。其他行业的职业人员在工作中也可能遭受辐射,例如军事防御及其相关产业的工作人员以及与核医学和辐射成像相关的工作人员。

尽管涉核职业人员的年辐射剂量率通常只有几毫希或更少,但是需要特别注意其长期集体辐射剂量,它对日常健康的影响较大,特别是涉核职业人员中的癌症发病率。人们对此开展了多项研究,其中最近的一项研究由卫生防护署发起[20]。这项研究采集了1976年前(追溯到第二次世界大战末)到2001年期间大约174 500名职业人员的数据,其中约68%的终生辐射剂量小于或等于10 mSv,约20%的终生辐射剂量为10~50 mSv,6%的终生辐射剂量高达100 mSv,其余6%的终生辐射剂量超过100 mSv。

与以往的研究结果一样,这项研究结果表明,在英格兰和威尔士的总死亡率以及由重大核事故造成的死亡率低于预期。这种"健康职业人员效应"也适用于其他社会阶层。据统计,唯有胸膜癌的死亡率明显高于全民预期死亡率,这可能是由石棉辐射造成的。

对白血病(不含慢性淋巴白血病)和(除白血病以外的)恶性肿瘤引起的死亡率和发病率进行的统计显示,它们随着外照射剂量的增加而显著增加。相应地,对风险随剂量变化趋势的评估结果也与对广岛和长崎原子弹爆炸后幸存者进行的评估结果相似。同时,有证据表明,因为辐射导致循环系统疾病的模式与吸烟导致肺癌的模式比较相似,所以循环系统疾病死亡率随剂量增加而增加的趋势可能受到吸烟因素的干扰。相比之下,如果排除与吸烟有关的肺癌和胸膜癌,所有(除白血病以外的)恶性肿瘤的死亡率和发病率随剂量增加而增加的趋势不受吸烟因素的干扰。

9.5.2 公众遭受的辐射

近年来,环境中放射性的来源很多,包括天然辐射、切尔诺贝利核事故的残留、大气层核试验以及核设施与非核设施的放射性物质排放(所谓的"许可排放")。经过认证的核设施是依照《核设施建设法》[21]建立的,并遵照《放射性物质法》[22]获得放射性废物的排放许可。排放的放射性物质主要为液体,最终排入河流、河口或沿海水域。其他场所(如医院、工业基地和研究机构等)放射性废物的排放仅需遵照《放射性物质法》,不需要遵照《核设施建设法》。少量固体低放废物通常来自一些非核设施。在英国,由于过去一些非核设施对放射性核废物的处置不当,它们所产生的低放废物仍会造成较大的放射性影响。这些低放物质也包括在环境中自然形成的放射性核素。尽管人们通常认为陆上非核设施排放的放射性废物难以造成重大影响,而且从保护公众健康的角度,无须对其影响进行经常性的环境监测,但是英国还是时常对这种低放废物的排放情况进行检查。

排放物的剂量限值由权威机构进行评估确定,这种评估活动既可由操作者发起,也可由相关环保机构发起。在这些评估过程中,首先假定排放物的剂量值都控制在许可值内,并在此基础上对公众可能遭受的辐射剂量进行评估。随后根据评估结果确定所许可的排放限值,从而确保该排放源所造成的公众辐射剂量低于每年 0.3 mSv 的剂量约束(如果排放物的辐射剂量确实低于排放许可值,也可将其定为每年 0.5 mSv),而公众从所有辐射源遭受的辐射限值为每年 1 mSv。

环境保护机构设定辐射排放限值,并管控经过许可的放射性废物排放行为。核设施的操作者不仅需要监测其废物排放情况,同时也要监测这些废物对环境的影响。在英国、威尔士和北爱尔兰,食品标准局、环境保护部和北爱尔兰环境保护部都建立了各自的监测程序。苏格兰环境保护部还在其监测程序中结合了食品标准局的相关要求。这些监测程序是非常重要的,因为它们可以对放射性废物排放的潜在威胁进行独立评估,这也是核设施运营方自身监测程序的补充。

这些评估基于收集到的食品中放射性核素浓度、外照射剂量率和设施附近居民的习惯等相关信息。由于食品中放射性核素浓度和外照射剂量率的变化,通常人体吸收的辐射剂量每年也在变化,但通过对饮食习惯的常规调查发现,年吸收剂量也会随着生活习惯(特别是饮食习惯)的变化而变化。

近几年,在坎布里亚郡,摄食了大量鱼类和贝类的人们遭受了较高剂量的辐射,预计在 2007 年时高达 0.52 mSv[23],其辐射源为塞拉菲尔德后处理厂长期向爱尔兰海排放(经许可)的液体废物,以及位于数英里外海岸上游的怀特黑文(Whitehaven)磷酸盐加工厂排放的液体废物。据估计,2007 年塞拉菲尔德排放的废物造成了 0.24 mSv 的辐射剂量,主要是因为排放液体废物中铯-137、钚同位素和镅-241 在海产品中的富集,以及放射性底泥的外照射。磷酸盐加工厂排放的废物(俗称"技术增强型天然放射性物质",即由工业操作导致某些放射性核素的浓度自然升高的现象)导致摄食海产品的人们吸收了 0.28 mSv 辐射剂量。这种辐射由海产品中富集的钋-210 引起,尽管自然界也存在钋-210,但是磷酸盐加工厂排放废液中铀-226 和铅-210 的衰变所形成的钋-210 却是其主要来源。

塞拉菲尔德附近的人们也食用以海草为肥料的谷物,在对其辐射剂量进行评估后发现,2007 年的吸收剂量仅为 0.012 mSv。使用附近沙滩和海岸线附近浅滩的人们,其吸收剂量小于 0.02 mSv。

2007 年,英国境内核电站附近居民吸收的辐射剂量小于 0.1 mSv,如此低剂量的辐射往往很难与天然本底辐射区分开来。然而,辐射防护的前提是"辐射剂量的增加导致辐射风险增加",而所谓"辐射剂量的增加"是指高于天然本底辐射剂量值(无论大小)的部分,需要注意的是,英国的天然本底辐射剂量为每年 1.5～7.5 mSv,平均值约为每年 2.2 mSv,这主要是由于氡元素辐射造成的。当居民家中的氡辐射水平过高时,需要采取相应措施来降低辐射。同时需要注意的是,相比而言,一次胸部 X 光透视的辐射剂量约为 0.02 mSv,胸部 CT 约为 8 mSv。

9.6 英国境外发生核事故的启示

上述所有环境都适用于计划的"正常"辐照情况,极少会发生异常情况。最近发生的异常情况为日本福岛核事故,此事故发生在 1986 年 4 月 26 日的切尔诺贝利核事故之后 25 年。切尔诺贝利核事故发生时正在对 4 号反应堆进行低功率工程测试。撰写本文时,对发生在福岛的核事故还知之甚少,回顾切尔诺贝利核事故就显得非常有用了。

切尔诺贝利核电站坐落在今天的乌克兰北部,在白俄罗斯边界以南 20 多公里、俄罗斯联邦边界以西 140 km 处。事故源于对核反应堆的误操作以及核反应堆的致命设计缺陷,以至于发生了无法控制的能量积聚,并最终导致了爆炸,严重损毁了反应堆建筑并完全摧毁了反应堆。事故造成大量放射性物质排入大气,并持续了 10 天之久,整个北半球被放射性云团所笼罩,同时被大量放射性沉降物所覆盖。核电站内 2 名工人重伤死亡,大约 600 名工作人员首日出现了急性辐射症状,这些工作人员包括核电站的职员、消防员、安全警卫以及当地医疗机构的工作人员。他们所遭受的辐射主要是全身的高剂量外照射和皮肤的 β 辐照。内照射的影响相对较小,中子辐射量也不大。从那时起,人们为追踪研究核事故灾难对人类的影响付出了很大努力,最新的进展详见 UNSCEAR 研究报告[24]。

急性辐射综合征(acute radiation syndrome,ARS)发生在核电厂职业人员以及所谓的"救援先遣队"中,并未发生在撤离人群或一般人群中。初步诊断出的 237 例 ARS 患者,有恶心、呕吐并伴有腹泻症状,最后确诊 134 人,28 人在最初的 4 个月内死亡,大部分人(95%)全身辐射剂量超过 6.5 Gy。在最初 2 个月内死亡的所有人中,骨髓造血功能衰竭是其死亡的主因,包括骨髓移植在内的各种尝试都于事无补。皮肤所受辐射剂量高于骨髓所受辐射剂量 10~30 倍,许多 ARS 患者的皮肤吸收剂量为 400~500 Gy。皮肤所受的辐射损伤加剧了其他身体机能的恶化,至少造成 19 人死亡。这种损伤显著增加了 ARS 的严重性,尤其是当皮肤灼伤超过体表面积的 50%时,会最终导致大面积感染。从那时起,截止到 2006 年,有 19 名 ARS 幸存者死亡,但是不排除其死亡是辐射以外的其他原因造成的。尽管如此,皮肤损伤和辐射诱发白内障等疾病仍然给 ARS 幸存者造成了持续的临床影响。

1986 年和 1987 年,约 44 万名职业人员参与了切尔诺贝利的恢复作业,更多的"从事恢复工作人员"参与了 1988—1990 年的各种作业。总的来说,约 60 万人(民间和军方)收到了一份证明其参与恢复工作的特殊证书(这些人也不幸地被称为"清理人"),其中约有 24 万名军人。1986—1990 年,从事恢复工作的人员主要遭受外照射,平均有效辐射剂量约为 120 mSv。有记录可查的职业人员辐射剂量从 410 mSv 到 1 Sv 不等,85%的人所受剂量为 20~500 mSv(个人剂量估算值的不确定性从 50%到 5 倍不等,对军事人员辐射剂量的估计倾向于取最高值)。迄今为止,根据俄罗斯联邦的研究结果发现,吸收高辐射剂量人群的白血病和白内障发病率显著增加,但没有证据表明辐射对其他疾病的发病率也存在类似影响。

对公众而言,约 115 000 人撤离,其中白俄罗斯约 25 000 人、俄罗斯联邦约 200 人、乌克兰约 90 000 人。人们撤出的地区称为"禁区",其中不仅包括以切尔诺贝利反应堆为中心方圆 30 km 内的地区,而且包括毗邻 30 km 区域的高度污染地区以及能检测到高密度放射性核素沉积的较远地区。

半衰期较短的 ^{131}I(半衰期为 8 天)和半衰期较长的 ^{137}Cs(半衰期为 30 年)是造成公众照射的主要放射源。在苏联,由于鲜奶遭到 ^{131}I 污染且缺乏及时的对策,导致公众(尤其是儿童)甲状腺的吸收剂量非常高。撤离人员的甲状腺吸收剂量因年龄、居住地、消费习惯、撤离日期的不同而不同。许多学龄前儿童甲状腺的吸收剂量超过 1 Gy。因此,事故发生后,白俄罗斯、俄罗斯联邦和乌克兰境内遭受辐射的儿童或青少年患甲状腺癌的人数大幅增加,而且在长达 20 年的时间里,这种趋势没有减少的迹象。在 1986 年时龄小于 14 岁的人中,白俄罗斯和乌克兰全境以及 4 个俄罗斯联邦的受灾地区,1991—2005 年间共报告了 5 127 例甲状腺癌症(1986 年时龄小于 18 岁的有 6 848 例)。2005 年发现 15 例致命病例。

从长远来看,普通民众遭受辐射的主要放射源为长半衰期的 ^{137}Cs,外照射来源是放射性沉降物,内照射来源是食用受染食品。然而,因为采取了必要的对策,由此产生的辐射剂量相对较低。除甲状腺的吸收剂量以外,外照射造成的有效辐射剂量,从白俄罗斯、俄罗斯和乌克兰撤离的人员来看,估计值分别约为 30 mSv、25 mSv、20 mSv,分别比相应的甲状腺遭受的内照射剂量数值至少低 90%。由内照射造成的有效辐射剂量,从白俄罗斯、乌克兰和俄罗斯撤离的人员分别约为 6 mSv、10 mSv、10 mSv,不到外照射造成有效辐射剂量的一半。

对于遭受辐射的胚胎和儿童,目前还没有足够证据证实辐射会导致白血病发病率的增加。这并非是不合理的,因为涉及剂量一般非常小,流行病学研究缺乏足够的统计数据来观察其影响后果。因此,总的来说,1986—2005 年遭受外照射和内照射的人群所吸收的平均有效剂量如下:撤离人员约为 30 mSv,苏联居民约为 1 mSv,其他欧洲国家居民约为 0.3 mSv。

最近,2011 年 3 月 11 日,地震和随后的海啸袭击了日本沿海地区,严重损毁了福岛第一核电厂,该电厂包括 6 个沸水反应堆(其中 3 个当时正在工作)。这一事件造成 3 名工作人员当场死亡(与辐射无关)。当地震发生时反应堆自动关闭,并启动紧急冷却系统,但这些措施都被 1 h 后由海啸所产生的约 14 m 高的水墙破坏了(海啸本身造成超过 26 000 名当地居民死亡)。随后发生的氢气爆炸严重损坏了 3 个反应堆(1~3 号)的控制室,4 号机组乏燃料池也出现故障并最终导致 4 号反应堆发生氢气爆炸。目前尚没有紧急事故处理人员患急性辐射综合征的记录。

当地居民被分级疏散到距离核电站 20 km 以外的区域,核事故疏散和海啸撤离同时进行。造成辐射的主要来源仍然是碘和铯。20~30 km 半径范围内的居民接到指示，要求待在室内。与切尔诺贝利核事故不同的是，此次事故放射性核素的扩散范围有限，而且随后发生的降雪造成了大量核素的沉降；同时迅速采取了防护措施，避免人们食用受染水源和食品，并对儿童采取了屏蔽措施，尤其对甲状腺中的碘浓度进行了监测。尽管目前还没有披露更详细的信息，但是很明显，在经历了严重的地震、海啸和核事故后，心理影响将长期影响当地居民。

9.7 结论

目前人类辐射防护体系的发展经历了很长时间，涉及科学、医疗和文化信息等多种学科。所有领域仍在积极推进，并对防护体系进行不断审查和修订。在应用领域，已经积累了几十年的丰富经验。医疗诊断或医学治疗都可能使人体遭受辐射，全球每天都有很多人承受这些辐射。涉及放射源的各种工业生产或者核设施和非核设施的放射性排放等也可能使人体遭受辐射。所有的辐射风险以及相应的辐射源都以相同的科学理论基础被认知，并在国际放射防护委员会的指导和支持下管控。如果该体系存在严重的漏洞，将很容易被发现。但是也没有任何理由感到自满，最近发生的福岛核事故以及切尔诺贝利核事故 25 周年纪念活动都在提醒我们，核事故随时都可能发生，正如工业界无论如何努力依然会发生事故一样。但是，不论辐射的来源或遭受辐射的人员类型如何，辐射防护系统都必须确保辐射安全并对其进行管控。为保障人体健康所采取的措施都源于丰富的实践经验，这是任何其他领域都无法比拟的。

参考文献

[1] ICRP, 1959 Recommendations of the International Commission on Radiological Protection, ICRP Publication 1, Pergamon Press, Oxford, UK, 1959.

[2] ICRP, 1977 Recommendations of the International Commission on Radiological Protection, ICRP Publication 26. Ann. ICRP 1(3), 1977.

[3] ICRP, 1991 Recommendations of the International Commission on Radiological Protection, ICRP Publication 60, Ann. ICRP 21(1-3), 1991.

[4] ICRP, 2007 Recommendations of the International Commission on Radiological Protection, ICRP Publication 103, Ann. ICRP 37(2-4), 2007.

[5] ICRU, 1938 Recommendations of the International Commission on Radiation Units, Chicago, Am. J. Roentgenol. , Radium Therapy Nucl. Med, 1937, 39, 295.

[6] ICRU, 1954 Recommendations of the International Commission on Radiation Units, Copenhagen, Radiology, 1953, 62, 106.

[7] ICRU, 1962 Radiation Quantities and Units, Report 10a of the International Commission on Radiation Units and Measurements, Natl. Bur. Std. Handbook, 1962, 78.

[8] ICRP, 2002 Basic Anatomical and Physiological Data for Use in Radiological Protection,

ICRP Publication 89, Ann. ICRP 32(3-4), 2002.

[9] R. J. Pentreath, Radioecology, radiobiology, and radiological protection: frameworks and fractures, J. Environ. Radioct. , 2009, 100, 1019-1026. Radiological Protection of Workers and the General Public 221

[10] UNSCEAR, Sources and Effects of Ionizing Radiation, United Nations Scientific Committee on the Effects of Atomic Radiation Report to the General Assembly with Scientific Annexes, United Nations, New York, NY, USA, 2000, vol. 2(Effects).

[11] NCRP, Evaluation of the Linear-Non Threshold Dose-Response Model for Ionizing Radiation, NCRP Report No. 136, National Council on Radiation Protection and Measurements, Bethesda, MD, USA, 2001.

[12] NAS/NRC, Health Risks from Exposure to Low Levels of Ionizing Radiation: BEIR VII Phase 2, Board on Radiation Effects Research, National Research Council of the National Academies, Washington, DC, USA, 2006.

[13] French Academies Report, La Relation Dose-Effet et l'Estimation des Effets Cancérogénes des Faibles Doses de Rayonnements Ionisants, 2005, http://www.academiesciences.fr/publications/rapports/pdf/dose_effet_07_04_05.pdf.

[14] C. Streffer, H. Bolt, D. Follesdal et al. , Low Dose Exposures in the Environment: Dose-Effect Relations and Risk Evaluation, Wissenschaftsethik und Technikfolgenbeurteilung, Band 23, Springer, Berlin, Germany, 2004.

[15] ICRP, 2005 Protecting People against Radiation Exposure in the Event of a Radiological Attack, ICRP Publication 96, Ann. ICRP 35(1), 2005.

[16] ICRP, 2000 Pregnancy and Medical Radiation, ICRP Publication 84, Ann. ICRP 30(1), 2000.

[17] ICRP, 2001 Doses to the Embryo and Embryo/Fetus from Intakes of Radionuclides by the Mother, ICRP Publication 88, Ann. ICRP 31(1-3), 2001.

[18] ICRP, 2006 Assessing Dose of the Representative Person for the Purpose of Radiation Protection of the Public and the Optimisation of Radiological Protection: Broadening the Process, ICRP Publication 101, Ann. ICRP 36(3), 2006.

[19] M. O'Riordan, Radiation Protection: A Memoir of the National Radiological Protection Board, Health Protection Agency, UK, 2007.

[20] C. R. Muirhead, J. A. O'Hagan, R. G. E. Haylock, M. A. Phillipson, T. Willcock, G. L. C. Berridge and W. Zhang, Health Protection Agency, UK, 2009.

[21] UK Parliament, 1965 Nuclear Installations Act, HMSO, London, UK.

[22] UK Parliament, 1993 Radioactive Substances Act, HMSO, London, UK.

[23] RIFE, 2008 Radioactivity in Food and the Environment, Environment Agency, Food Standards Agency, Northern Ireland Environment Agency, Scottish Environment Protection Agency, UK, 2007.

[24] UNSCEAR, Sources and Effects of Ionizing Radiation, UNSCEAR 2008 Report to the General Assembly with Scientific Annexes, Vol. 11, Annex D, Health Effects due to Radiation from the Chernobyl Accident, United Nations, New York, 2011.

索 引

10％效能的有效剂量率　165
^{131}I　48,49
2005 年《能源政策法》　18
DNA　162
ERICA 工具　155,162
Flowers 报告　22
KBS-3 理念　116
LNT 模型　175
RBMLK 反应堆　11
α 粒子　176

A

癌症　11,51
艾奇逊-利连萨尔报告　2
安德森价格法　7
安全冗余系统　20
安全文化　21
澳大利亚铀信息中心　16

B

巴鲁克计划　3
巴塔耶法　24
白血病　54,56
包装　13,38
比释动能　172
玻璃化　38,42
玻璃化废物　123
不扩散　25
不扩散核武器条约　25
钚　3

C

采矿　1,34
参考动植物　1,154
参考方案　124
参考人　173
参考生物体 b 内的剂量转换系数　161
层次　78
产汽重水反应堆　10
长期管理　120,124
超碱性　114,126
车里雅宾斯克　4,75
沉积　51,70
重复工程　19
初始退役　106,107
创新　24,127
创新工程　19
次锕系元素　39

D

大气　3,11
大型反应堆容器制造　20
代表人　178
贷款担保　18,26
当量剂量　172
导出参考水平　164
导系　88
锝-99　73
低放废物　22,42
低功率石墨实验堆　3
低浓铀　17,35
低碳能源发电　12

地下水　　1
地质处置　　22
地质处置设施　　1
地质时间　　116
地质特征方案　　119
地质学　　16
碘化钾　　60
电子　　78,84
调节　　85,90
东京电力公司　　22
动物　　54,58
动物组织　　159
独立计划　　8
端点　　162
堆芯损坏事故　　21
多重屏障　　114,119

E
二氧化碳　　1,12

F
乏燃料　　2,3
乏燃料后处理　　22,41
法国　　8
反核国家　　14
防护　　9,20
防护最优化原则　　1,179
放射病　　60,81
放射性碘　　60,156
放射性废物　　22
放射性废物安全管理条例　　23,120
放射性废物管理理事会　　102,120
放射性废物管理委员会　　23
放射性核素　　34,37
放射性核素的迁移　　84,114
放射性铯　　50,58
放射性锶　　53,156
非霍奇金淋巴瘤　　56
废物管理　　23,24
废物罐　　77

风化　　156
风险评价　　21,81
风险熵数　　165
佛罗里达电力和照明公司　　19
弗雷德里卡　　163
辐射防护　　1
辐射防护培训　　60
辐射权重因子　　163,173
辐照途径　　179
福岛　　1,13
腐殖的　　143
富集　　73

G
改进型气冷反应堆　　7,11
概率　　21,138
肝　　60,61
高放废物　　22,23
高放射性萃余液　　112,114
高活度废物　　1,42
高强度岩石　　125
戈[瑞]　　161,172
工程方法　　119
公众参与　　23
公众辐射　　178
公众和利益相关方参与　　23
汞　　76
共同处置　　144
骨骼　　137,159
固液分布系数　　156
管理失策　　22
灌浆封装　　114,120
光子　　161,176
国际放射防护委员会　　1,60
国际辐射单位委员会　　172
国际原子能管理局　　5
国际原子能机构　　20
国家煤炭局　　7

H

含铀磷酸盐矿物质　88
汉福德　2,3
和平利用原子能　5
核材料　25
核电　2,4
核电厂　22,60
核电项目　13
核电站　1
核反应堆　1,2
核反应堆的成本　17
核废物　18,22
核废物处置　22
核复兴　27,43
核管理委员会　15,57
核扩散　3,10
核能　1
核能机构　1,126
核能研究所　20
核燃料　2
核设施　1,20
核设施群　73
核退役管理局　70,100
核威慑力量　70
核武器　1,2
核武器计划　2
核武器生产　62
核研究　3
核责任　1
核责任评估　70
后处理　3
环境辐射防护　154,163
环境化学　1,126
环境介质浓度限值　164
环境污染　12,15
缓冲材料　116
回填材料　115,117
混合氧化物　35

J

基础设施　25,127
基准剂量　165
基准库存目录　122
极低放废物　42,103
急性辐射综合征　54,185
集体有效剂量　51,173
计划照射　1,177
剂量　22,42
剂量和剂量率效能因子　174
剂量限值　172
剂量限值应用原则　1,179
剂量约束　178
剂量约束和参考水平　180,182
剂量转换系数　155,161
甲状腺癌　49,51
监管环境恶化　19
监管区　178
监控与维护　101,106
健康保护局　172
健康影响　61,126
降水量　138
胶结态中放废物　124
胶体　79,88
介子　176
聚磷酸盐　88

K

卡德豪尔　6,70
颗粒物　75,115
可渗透反应格栅法　86
克什迪姆　1
快中子增殖堆工艺学　10,16
快中子增殖反应堆　2,10
矿物　8,16
框架　1,120
扩散风险　25

L

劳动力短缺　20
类似物　159
离子强度　80,89
联合国原子辐射效应科学委员会　63,172
裂变产物　36,37
临时储存　23,121
临时退役　101,106
零价铁　86,90
陆地的　132
陆生途径　1
陆生野生动物　1
络合反应　137

M

马勒维尔　10
马亚克　48,51
麦卡锡主义　5
麦克马洪法案　3
曼哈顿计划　2
梅斯默计划　8
美国清洁空气法　11
美国原子能法(1946)　5
美国原子能委员会　4,10
镁诺克斯　6,7
秘密　7,23
面临的挑战　27,101
模型　56

N

锘　39
内照射　161
能源安全　1,8
能源独立　6,8
啮齿动物　61
牛奶　49
浓度比　145,156

O

欧盟民意调查　13
欧洲碳排放交易体系　18
欧洲原子能联营　172
欧洲原子能联营条约　5

P

排放物　108,183
配体　38,84
贫铀　1,16
平衡　3,142
平流　138
评估　13,16
评价模式　155,157
普雷克斯/混合氧化物　25
普雷克斯法　25,26

Q

气候变化　1
器官　163,172
迁移　1,61
迁移途径　156
浅表层筛选标准　122
强氧化物　35
切尔诺贝利核电站　57,59
切尔诺贝利核电站事故　1
切尔诺贝利核事故　1,11
轻水反应堆　4,16
去污　104,108
权重因子　161,162
全球经济衰退　14
确定性　54,61

R

热中子堆氧化物燃料后处理厂　9,124
容量　4,6
肉　50,53

S

塞拉菲尔德　23,40
赛兹韦尔 B　10
三哩岛　1,11
铯　51
筛选　122,163
筛选标准　164
筛选剂量　166
射线照射　48,135
涉核操作　73
涉核场所　183
摄入　50,53
深层地质处置　23
深层地质处置设施　26
肾脏　159
生物半衰期　160
生物地球化学过程　119,127
生物利用率　159
生物修复　1,78
石油危机　7,8
实践　20,82
实施策略　125
食物链　56
世界核电厂营运者联合会　21
事故　7
噬铀菌　89
寿命研究　174
受控区　178
水解　84,88
私有化　11,27
锶　53
苏联　2
随机性效应　173,174

T

田纳西州瓦茨巴　15
通用电气　6
通用设计评估　122
统治　26
途径　23,51

W

土壤　53,56
钍　37
退役　3
退役成本　1,24
退役的俄罗斯核武器　17

W

外照射剂量转换系数　162
微生物　77,78
维护和保养　1
温茨凯尔钚反应堆　6
温茨凯尔公共调查　9
温茨凯尔核反应堆　3
温室气体排放　12
污染　5,11
物种敏感性分布　165

X

西屋公司　6
吸附　53
吸收　36,37
吸收剂量　155
希[沃特]　56,163
系数　54
细菌　84,85
现场　51
现场玻璃化法　83
相对生物效应　172
心理影响　187
新建核电站　1
修复　34,59
选址　18,26

Y

压水反应堆　4,6
岩石测试实验室　119
演化的矿物相　119
氧化还原　38,84
氧化还原作用　114,141

氧化态　4,38,39
野生生物　1
野生生物评估　160
医疗照射　177,179
遗传效应　174,176
遗留核废物　23,127
应急照射情况　177,181
英国　2,3
英国核电站发展前景　11
英国核燃料有限公司　9,101
英国中放废物地质处置的理念　125
影响　1,2
优化　10,100
尤卡山　24,39
铀　2,3
铀储量　44
铀价　16
铀矿开采　16,22
铀市场　17
有效剂量　163
与源相关的限制　181
预测的无确定性效应剂量率　164
原子弹　2
原子能委员会　2,3
原子能研究组织　4
运行后清理阶段　100,103

Z

再活化　78,88
再生　12,13
责任　1
照射　51
照射评估　155,165
真菌　59
蒸发岩　119,125
整个机体　1,160
整体浓度比　157
正当性原则　1,179
政府间气候变化专业委员会　12
职业辐照　135
植物　53,82
植物迁移　157
植物吸收量　157
植物遭受辐射　158
指导　4,21
志愿　121,122
转换　1,2
自由基　86
组织　61
组织失效　27
最终退役　101

郑重声明

高等教育出版社依法对本书享有专有出版权。任何未经许可的复制、销售行为均违反《中华人民共和国著作权法》,其行为人将承担相应的民事责任和行政责任;构成犯罪的,将被依法追究刑事责任。为了维护市场秩序,保护读者的合法权益,避免读者误用盗版书造成不良后果,我社将配合行政执法部门和司法机关对违法犯罪的单位和个人进行严厉打击。社会各界人士如发现上述侵权行为,希望及时举报,本社将奖励举报有功人员。

反盗版举报电话　　（010）58581897　58582371　58581879
反盗版举报传真　　（010）82086060
反盗版举报邮箱　　dd@hep.com.cn
通信地址　　北京市西城区德外大街4号　高等教育出版社法务部
邮政编码　　100120

图字:01-2014-0726号

Nuclear Power and the Environment, edited by R. E. Hester and R. M. Harrison, first published by Royal Society of Chemistry in 2011.

© Royal Society of Chemistry 2011.

All rights reserved.

图书在版编目(CIP)数据

核能与环境/(英)赫斯特(Hester,R. E.),(英)哈里森(Harrison,R. M.)主编;朱安娜等译.--北京:高等教育出版社,2015.11

(低碳能源技术丛书)

书名原文:Nuclear Power and the Environment

ISBN 978-7-04-043941-0

Ⅰ.①核… Ⅱ.①赫…②哈…③朱… Ⅲ.①核污染-环境污染-相关分析 Ⅳ.①X591

中国版本图书馆CIP数据核字(2015)第223841号

策划编辑	刘占伟	责任编辑	刘占伟	特约编辑	陈 静	封面设计	姜 磊
版式设计	杜微言	插图绘制	邓 超	责任校对	李大鹏	责任印制	韩 刚

出版发行	高等教育出版社	咨询电话	400-810-0598
社 址	北京市西城区德外大街4号	网 址	http://www.hep.edu.cn
邮政编码	100120		http://www.hep.com.cn
印 刷	廊坊市文峰档案印务有限公司	网上订购	http://www.landraco.com
开 本	787mm×1092mm 1/16		http://www.landraco.com.cn
印 张	13.25	版 次	2015年11月第1版
字 数	260千字	印 次	2015年11月第1次印刷
购书热线	010-58581118	定 价	49.00元

本书如有缺页、倒页、脱页等质量问题,请到所购图书销售部门联系调换
版权所有 侵权必究
物 料 号 43941-00